Becsi

Galaktische Philosophie

Kurt Becsi

Galaktische Philosophie

Der Mensch
als Meister des Universums

Econ Verlag
Wien · Düsseldorf

1. Auflage 1979

Gesetzt aus der Times der Linotype GmbH
Papier: Papierfabrik Schleipen GmbH, Bad Dürkheim
Druck und Bindearbeiten: Bercker, Graphische Betriebe, Kevelaer
Printed in Germany
ISBN 3 430 11256 7

Inhalt

I. Buch

II. Buch

III. Buch

Erstes Buch

1. Apokalypse oder galaktische Dynamik?

Dieses Buch handelt von dem größten Abenteuer des Menschen, seines Geistes, seiner Freiheit, seiner Zukunft, das überhaupt nur vorstellbar ist. Es ist eine Zukunft, die zu galaktischen Perspektiven führt. Die Vergangenheit ist, verglichen mit den galaktischen Perspektiven der Zukunft, klein, erbärmlich und oft voll des Wahnsinns gewesen. Aber in dem, was von der Zukunft her auf uns zukommt, liegt unsere Chance zur Entfaltung unserer Freiheit und unserer Phantasie wie unserer schöpferischen Potenzen ohnegleichen.

Doch was ist darunter eigentlich zu verstehen? Wir müssen in neuen und gewaltigen Dimensionen des Raumes und der Zeit zu denken, zu fühlen und zu leben lernen. Unsere Erde ist nur ein winziger Planet in einem Sonnensystem, eines unter 200–250 Milliarden Sonnensystemen eines kosmischen Lebensfeldes, das wir als unsere Milchstraße, unsere Galaxis, bezeichnen. Und wir alle sind »Kinder unserer Milchstraße«, wie uns einmal Harlow Shapley, Professor für Kosmographie an der Universität Cambridge/Mass., nannte.

In unserer Milchstraße, in unserer Galaxis, in unserem kosmischen Lebensfeld – und es gibt Trillionen, unzählbar viele solcher Milchstraßen, solcher Galaxien, solcher kosmischen Lebensfelder – vollzieht sich nun ein ebenso erregendes wie auch problematisches Leben. Ein Leben, das anscheinend von einem uns alle bedingenden kosmischen Schicksal wohin führt?

Denn gerade das Schicksal, welches das Leben und mit ihm auch das Leid in sich schließt, bildet das Zentralproblem der galaktischen Perspektiven. Und es soll auch nicht geleugnet werden: Einen der Ausgangspunkte dieses Buches bildet die sittliche Empörung, das leidenschaftliche Nein gegen das Leid, gegen den Tod, der Generationen unserer Menschheit verwesend zu Staub werden läßt, nachdem diese Generationen noch vorher neue Generationen gezeugt und geboren haben, die ebenso wieder zu Staub werden, nachdem sie sich selbst noch vorher unvorstellbares Leid wechselseitig bereitet, aber auch selbst erduldet haben. Das Leben enthüllt hier einen beispiellosen Skandal, der vom Menschen überwunden werden muß.

Dieser Skandal aber ist in den innersten Bereichen des Seins, des universalen und galaktischen, mit verwurzelt. »Das Leiden bestimmt das Sein, und der Verfall ist Bestandteil aller Dinge«, sagte Buddha. Das ist eine tiefgreifende, aber passive Erkenntnis. Sie ist jedoch durch eine aktive Erkenntnis zu ergänzen, nämlich: Es kann und darf keine Gleichgültigkeit, kein Sichabfinden gegenüber diesem Skandal, der diesem Sein eingeschlossen ist, geben. Gegen dieses Sein müssen wir unseren eigentlichen, unseren größten Freiheitskampf mit allen Kräften unserer Intelligenz und unseres Geistes führen.

Ein Kampf, den wir gewinnen werden, vorausgesetzt, wir sind »rein« in uns selbst geworden, jeder für sich. Und in diesem Sinne verstanden, können die Worte der Bergpredigt wie aber auch die anderer heiliger Schriften aller Religionen der Menschheit, in letzter Konsequenz verwirklicht, sehr wohl zu jenen auch sittlichen Perspektiven werden, die uns in den Kosmos führen, um dort in gewissen Bereichen dieses galaktische Sein sozusagen »in den Griff zu nehmen«, um es zu transformieren, um es zu verwandeln. Denn die Frage nach der Problematik des Seins, nach seinem es zutiefst bestimmenden Skandal ist auch eine galaktische Frage und auch ein galaktisches Problem von einer einzigartigen Bedeutung.

Denn wir vergessen, versuchen wir uns der gewaltigen Dimensionen der Galaxien irgendwie bewußt zu werden, daß diese Bereiche keineswegs abstrakte kosmologisch-physikalische Gebilde, sondern Bereiche sind, in denen höchstwahrscheinlich viele Sternenvölker, unzählbare Lebewesen wohnen, die voraussichtlich nicht nur einer phantastischen Herrlichkeit und Freude, sondern auch einem ebenso phantastischen Grauen und Entsetzen unterworfen worden sind. Wir vergessen viel zu oft, daß das Universum prall von Leben und daher auch prall von Leid, Sinnlosigkeit und prall vom Katastrophalen, vom Tode ist. Wir vergessen schließlich, daß der Skandal, der unserem Sein, unserer Wirklichkeit eingeschlossen ist, ein Skandal in galaktischen Perspektiven ist!

Dieses Leiden wurzelt zutiefst in der Tragik, die gerade nach den bisher überblickbaren Forschungen der Kosmologie das gesamte Universum bestimmt. In diesem Sinne wird daher das Universum als ein eminent tragisches Phänomen bzw. Ereignis zu begreifen sein.

Eine Tragik, die jedoch nicht nur die Welt des Großen, des Makrokosmos, nicht nur die Welt des Lebens, den Biokosmos, sondern auch die Welt des Kleinsten, ja des Allerkleinsten, nämlich den Bereich des Mikrokosmos, des Subatomaren mit erfaßt. Darauf weist Fritjof Capra, Professor für Physik, in seinem 1977 erschienenen Buch »Der kosmische Reigen« hin. Er charakterisiert diese subatomaren Bereiche mit den Worten: »Die moderne Physik hat gezeigt, daß der Rhythmus von Erstehung und Zerstörung nicht nur im Wechsel der Jahreszeiten und in Geburt und Tod aller Geschöpfe ist, sondern auch die eigentliche Essenz der anorganischen Materie ist.«

Dem Phänomen des Tragischen, das als Realität von jedem von uns erlebt und empfunden wird, kann nur eine radikale Antwort schöpferischen Geistes gegeben werden. Zu fordern ist die Revolutionierung des galaktischen Seins, um entweder zu einem höheren, schon existenten Sein vorzudringen oder um zu versuchen, überhaupt ein solches neues Sein durch uns selbst zu schaffen. Ein Sein, das diesen Skandal des Tragischen ausschließt.

Von diesem künftigen Perspektivpunkt aus enthüllt sich auch der letzte Sinn der Einbewegung unserer Menschheit in unsere Galaxis, die aller Voraussicht nach bereits zu Beginn des 3. nachchristlichen Jahrtausends stattfinden wird. Ein Moment, der nicht nur ein, nämlich ein galaktisches, Äon eröffnen, sondern auch ein Unternehmen, das wahrscheinlich zu einer Kontaktnahme mit anderen planetoiden Sozietäten führen wird. Ein Äon kosmischer Entdeckungen, der auch zu einer eminenten Erweiterung unserer Informationen und unseres Wissens für unsere Galaxis und vielleicht auch über Teilbereiche unseres Universums führen wird.

Ein Äon, der von einem neuen Lebensgefühl und einer neuen, einer galaktischen Geistigkeit bestimmt werden wird. Ein Äon, der bereits von unserer Gegenwart aus ahnbar wird.

Die Voraussetzung, diese Integration im Rahmen einer vielleicht bereits schon existenten galaktischen Zivilisation vollziehen zu können, die Voraussetzung ferner, die größte Idee des Universums selbst, nämlich sein Sein zu transformieren, verwirklichen zu können, bildet jedoch die Erkenntnis, daß unsere Menschheit die »apokalyptische Grenzschwelle« überschreitet, ohne sich vorher selbst vernichtet zu haben.

Unter der »apokalyptischen Grenzschwelle« wird hier die sittliche Prüfung der Menschheit verstanden, ob sie reif genug ist, jenen dritten Weltkrieg zu vermeiden, der zu ihrer fast absoluten Vernichtung führen wird. Es ist ein Krieg, der in apokalyptischen Dimensionen erfolgt, d. h. ein Krieg, der wesentlich jenen furchtbaren Visionen entspricht, welche in der sogenannten »Apokalypse«, in der Geheimen Offenbarung des Johannes, aufleuchten. In Visionen, die um etwa 100 n. Chr. auf der Insel Patmos geschaut und niedergeschrieben wurden. In Visionen, denen die Entwicklung der modernen Waffensysteme unserer Zeit entspricht.

Denn gelingt es uns nicht, die bereits mehrfach möglich gewordene Selbstvernichtung der Menschheit, wozu alle realen militärstrategischen und sonstigen Voraussetzungen gegeben sind, zu verhindern, so besitzen die galaktischen Perspektiven für unsere Menschheit nur mehr die Bedeutung eines niemals Wahrheit gewordenen Traumes, bestenfalls einer Utopie, einer niemals Realität gewordenen Illusion. Allerdings besitzen die galaktischen Perspektiven für unzählbar viele und uns noch vollkommen unbekannte planetoide Sozietäten eminente Aktualität und Zieldeutung weiterer Entwicklung galaktischer Dynamik und Geistigkeit.

Unsere Menschheit, und dieser Moment kann überhaupt nicht real und ernst genug genommen werden, bewegt sich gegenwärtig durch die bisher allerkritischste Phase ihrer gesamten Entwicklung. Eine Phase, in der sich mit einer Radikalität ohnegleichen die Hamletfrage nach dem Sein oder Nichtsein entscheidet. Und immer deutlicher und umfassender wird eine geradezu bewußt die Menschheit zur Vernichtung, zum Untergang treibende Energie erkennbar, die als die »apokalyptische Konstante« zu charakterisieren ist. Sie wurde der gesamten Menschheit im wahrsten Sinne des Wortes offenbar, leuchtete sie doch weithin sichtbar in der ersten atomaren Sonne über Hiroshima auf.

In dieser apokalyptischen Konstante ist vor allem die fortschreitende Entwicklung der Waffensysteme aller Art, die sich fast jährlich steigernde Vernichtungseffizienz eingeschlossen. So würde der Einsatz der vieldiskutierten Neutronenbombe, die Anton Andreas Guha, Redakteur der Frankfurter Rundschau, als eine »Perversion menschlichen Denkens« bezeichnet, unter bestimmten Voraussetzungen mit einer 64fachen hohen Wahrscheinlichkeit und in anderen Fällen sogar bis zu einer 128fachen Wahrscheinlichkeit zu erbgeschädigten Kindern führen. »Auch für Föten, sich entwickelnde Kinder im Mutterleib, dürfte eine ähnlich hohe Wahrscheinlichkeit bestehen, als Krüppel zur Welt zu kommen, als physische oder mentale. Und diese Erbschäden würden über Generationen weitergegeben, da nach den Erbgesetzen genetische Veränderungen nicht unbedingt bei den Kindern, sondern erst an der nächsten oder den folgenden Generationen zum Vorschein kommen können«, meint Guha in seinem 1977 erschienenen Buch über »Die Neutronenbombe«. Eine allgemeine Kretinisierung der Menschheit wäre in diesem Falle unsere Zukunft.

Aber auch ohne diese furchtbaren Auswirkungen der Neutronenbombe hat der amerikanische Genetiker Theodosius Dobzhansky eine sogenannte »Gendämmerung«, eine fortschreitende Verschlechterung des menschlichen Genbestandes prophezeit. Diese »Gendämmerung« wird durch bereits jetzt wirkende Strahlungen verschiedenster Art vorbereitet. Aber auch die Manipulationen der Gene selbst wie der Eingriff in das Gehirn könnten apokalyptische Dimensionen berühren.

Auf diese Gefahren, wie sie vor allem auch in den in den USA betriebenen Forschungen erkennbar werden, hat vor allem der bekannte amerikanische Autor Vance Packard in seinem 1977 veröffentlichten Buch »Die Große Versuchung. Eingriffe in Körper und Seele« eindringlich hingewiesen. Nicht nur die Herstellung von Tier-Menschen, sogenannten Chimären, sondern auch die Produktion von Cyborgs, d. h. von Computermenschen, also die Verbindung von lebenden Menschengehirnen mit Computern, wird angestrebt. So hat ein Kreis von Wissenschaftlern der Rand Corporation festgestellt, daß die Produktion spezialisierter »menschlicher Mutanten« bereits um das Jahr 2025 einsetzen könnte. Solche »Paramenschen« wären für niedere Arbeiten ausgezeichnet verwendbar.

Aber auch noch andere Aspekte werden ahnbar. So erklärte Professor José Egoscue von der Universität Barcelona anläßlich eines kürzlich von der UNESCO in Madrid veranstalteten Symposions über Genetik und Ethik u. a.: »Die schwärzeste Stunde der Genetik ist dann gekommen, wenn sie politischen oder wirtschaftlichen Interessen dient« (UNESCO-Kurier Nr. 1/1978). Damit wurde das wesentliche Problem des Mißbrauches der Genetik offen ausgesprochen.

Zu diesen entscheidenden Bedrohungen des Menschen, welche die Zentren des Mikrokosmos und des Biokosmos, nämlich

Atom und Gen, berühren, haben wir noch zusätzlich die oft unübersehbaren Gefahren der Umweltverschmutzung zu rechnen. Hinzu kommt die ungemein problematische Entwicklung der Weltpolitik, die oft von fanatischen Ideologien, auch manchmal von Geisteskrankheiten in den Spitzenpositionen der Weltpolitik mitbestimmt worden ist. Diese allgemeine Entwicklung der Menschheit wird noch außerdem von Psychosen bestimmter Gruppen negativ mit beeinflußt, die von Satansmessen über den Drogenmißbrauch bis hin zu organisierten Mördergewerkschaften und Terroraktionen ohnegleichen reichen.

Keineswegs darf auch die international fortschreitende Erkrankung sozialer Organismen übersehen werden. So die oft systematisch bewirkte Auflösung aller Werte der Ethik und der Bildung, die Leugnung des Geistes überhaupt. Eine apokalyptisch soziologische Dimension wird aber auch in dem nicht mehr zu übersehenden »Lemuriawerden« der Massen einer sich unaufhaltsam vermehrenden Erdbevölkerung erkennbar. Diese wird im Jahre 2013 mehr als 8 Milliarden Menschen zählen. Eine Zahl also, die sich in wenigen Jahren verdoppelt, beziffert man doch gegenwärtig den Stand der Weltbevölkerung mit 4 Milliarden Menschen. Hinzu kommt die Gefahr einer fortschreitenden »Verkonsumierung, Verbankisierung« und Vermarktung der Massen einerseits wie eine Verarmung andererseits. In diesem »apokalyptischen Lemuria«, in dem die Angst über jedes Gefühl und die Zweckmäßigkeit wie das Funktionelle über den Geist herrscht, verbinden sich Gleichmacherei und Nihilismus, um eine dehumanisierte Masse erstehen zu lassen, deren Sinn nur mehr darin zu bestehen scheint, Sklaven einer immer perfekter werdenden Technokratie, der Multikonzerne oder Opfer der Atombombe wie der anderen unsere Menschheit bedrohenden Gefahren zu werden.

Hinzu kommt noch, daß die Strategie eines dritten Weltkrieges, die Erfahrungen der Astronautik und der Weltraumforschung einbeziehend, sich nun auch zu einem Krieg in solaren

Dimensionen ausweiten könnte. Die Militärstrategien der Großmächte beziehen dieses Moment schon seit geraumer Zeit in ihre Planungen ein.

Gerade die Erkenntnis und Diagnostik dieser »apokalyptischen Konstante«, die sich systematisch, und zwar seit Jahrtausenden, die gesamte Weltgeschichte erfassend, vorbereitet hat, führt aber auch zu der Entdeckung jener zweiten Konstante, die man als die »kosmische Konstante« bezeichnen kann. Sie ist als jene positive Energie zu verstehen, welche, ebenfalls durch die Jahrtausende vorbereitet, die Menschheit in den solaren und galaktischen Ereignisraum hinausführt.

Eine Einbewegung in galaktische Bereiche, welche parallel mit der bereits begonnenen Revolution der Wissenschaft mit einer Erweiterung des Bewußtseins zu einem planetoiden, solaren, galaktischen und letztlich zu einem universalen Bewußtsein erfolgt. So bewegt sich unsere Menschheit mit einer zunehmenden Beschleunigung ihrer bisher größten Entscheidung zwischen der »apokalyptischen Konstante« einerseits und der »kosmischen Konstante« andererseits entgegen. Eine Entscheidung, die zweifellos als eine Endzeit der bisherigen Geschichte, aber auch als eine Wandlungszeit, als eine einzigartige Chancenzeit zu verstehen sein wird.

Einen entscheidenden Ausgangspunkt dahin bildet jedoch die moderne Genforschung. Denn der Griff nach dem Gen wie nach dem Atom besitzt auch eminent positive, in die Zukunft weisende Aspekte, die zu erkennen, zu bejahen und weiterzuentwickeln sind. So wies der weltbekannte spanische Genforscher José Delgado darauf hin, daß die künftige Frage nach dem Menschen nicht mehr lautet, was er ist, sondern vielmehr, welche Art von Menschen wir entwickeln werden. Und Jacob Bronowski erklärte, daß der Aufstieg des Menschen, der zigtausend Jahre währte, durch die Umgestaltung des Menschen, die jetzt eingesetzt hat, binnen weniger Jahrzehnte erfolgen könnte. Auch die Veränderung der Intelligenz des Menschen ist möglich geworden. In diesem Zusammenhang erklärte der

Genetiker James I. Nagle von der Drew Universität, USA, der Mensch stehe heute an der Schwelle einer bewußten Lenkung und Gestaltung seiner Zukunft.

Auch die Anlage von Samenbänken, die Eingriffe in die Gehirnstrukturen, die Veränderung der Gene können im Sinne einer positiven Eugenik zu einer Steigerung der Intelligenzfähigkeit des Menschen, zu einer Weiterung seines Bewußtseins führen und sind daher zu bejahen. Diese positive Eugenik aber forderte als einer der ersten der amerikanischen Wissenschaftler Herman I. Muller, der nachgewiesen hat, daß sich Gene modifizieren lassen. Und der Molekularbiologe Charles Weismann erklärte, es wäre möglich geworden, jede gewünschte Veränderung in der DNS (d. h. in der Desoxyribonukleinsäure), in der unsere gesamte Erbmasse beschlossen liegt, durchzuführen.

Diese Forschungsergebnisse aber berechtigen dazu, durch eine genetische Veränderung eine Steigerung der Menschheit zu verwirklichen. So ist die »Aufzucht« genetisch höherwertiger Menschen möglich geworden. Entscheidende Momente der Philosophie von Friedrich Nietzsche werden somit von der modernen Wissenschaft bestätigt, und es besteht kein Zweifel mehr, daß seine Visionen wesentliche Perspektiven des dritten, des galaktischen Jahrtausends vorausbestimmt haben. Schließlich darf auch keineswegs übersehen werden, daß gerade die bewußte Schaffung eines neuen Menschen, mitbedingt durch die moderne Genforschung, Molekularbiologie wie Gehirnchirurgie eine nicht zu übersehende praktische Voraussetzung darstellt, um die »apokalyptische Konstante« zu überwinden.

So fand bereits im November 1962 in London, in Portland Place, unter Vorsitz von Sir Julian Huxley ein Symposion statt, in dem die Elite der biologischen Wissenschaft der westlichen Welt, vor allem der angelsächsischen Länder, über die Zukunft der Menschheit beraten hat. Insgesamt 27 Wissenschaftler, darunter 5 Nobelpreisträger, nahmen damals daran teil. Während dieses Symposions wurde vorgeschlagen, die menschliche

Fortpflanzung in Zukunft den Laboratorien der Wissenschaft anzuvertrauen, um *durch die Züchtung eines intelligenten Menschentyps in der Zukunft Katastrophen zu vermeiden.* Es wurde im Rahmen dieses Symposions auch die Erweiterung und Koordinierung bereits bestehender Samenbänke und die Beteiligung von solchen Samenträgern gefordert, welche die Elite unserer modernen Gesellschaft bilden. Und es ist der Intelligenzquotient, der den Wertmaßstab dieser Elite darstellt. So erklärte der Biologe und Nobelpreisträger Joshua Lederberg u. a.: »Ich meine, die meisten von uns glauben, daß die gegenwärtige Weltbevölkerung einfach nicht intelligent genug ist, zu verhindern, daß sie mit der Atombombe in die Luft geht. Wir wollen Vorsorge für diese Zukunft treffen, daß sie eine bessere Chance hat, dieser besonderen Gefahr zu entkommen.«

Hinter allen diesen Überlegungen aber enthüllt sich letztlich die Erkenntnis, daß wir gegenwärtig in einer Art Interregnum einer aristokratischen Ordnung leben. Denn viel spricht dafür, daß die künftige kosmische Gesellschaft – wobei an eine planetoide, solare und galaktische Sozietät zu denken ist – dennoch von einer neuen Aristokratie, von einer neuen Elite bestimmt werden könnte. Diese neue Elite wird bereits schon jetzt ahnbar. Der Zusammenbruch des alten aristokratischen Systems, zugeordnet einer längst zusammengebrochenen Wirtschaftsstruktur einerseits und das Aufbrechen der Massengesellschaft und Massenherrschaft andererseits bilden letztlich nur jene notwendigen Voraussetzungen, um aus einem mehr oder weniger schöpferisch-soziologischen Chaos jene neue Auslese hervorgehen zu lassen, die eine *Gen-Elite des Geistes* sein wird. Eine Gen-Elite, welche die Prinzipien der Demokratie, das heißt zugleich auch des freien Spiels der Kräfte, Möglichkeiten und Meinungen nicht verletzen, sondern vollenden wird.

Ein Streben nach einem noch verzerrten Begriff des Elitären deutet sich schon jetzt in den Führungsgremien aller Parteien ebenso an wie in den Kreisen der Manager und Technokraten. Auch die moderne Wirtschaft, welcher Art auch immer, ist ohne führende Spitzenpersönlichkeiten, trotz wertvoller und notwendiger Zusammenarbeit mit Fachteams ebensowenig denkbar, wie die weitere Revolution der Wissenschaften und der Künste ohne große dominante, d. h. geniale Persönlichkeiten nicht erfolgen kann.

Doch diese gegenwärtigen Eliten stellen teils noch reaktionäre, oft auch bösartig-egoistische, teils auch positive, dann aber auch nur bescheidene Ausgangspunkte jener Elite dar, von der zu hoffen ist, daß sie durch sittlich und geistig höchstentwickelte Persönlichkeiten bestimmt werden wird, verbunden einem neuen galaktischen Bewußtsein. Menschen, die zu einer Art neuer Mensch, eben zu *kosmischen Geist-Menschen* und nicht zu Dämonen geworden sind. Denn nicht eine neue Hierarchie der Dämonen ist aufzubauen, wie sie sich ebenfalls bereits andeutet – wie sie etwa in dem bedeutenden Schwarzmagier unserer Zeit, Aleister Crowley (1875–1947) ahnbar geworden ist –, sondern eine künftige Elite überragender, sittlich geist-schöpferischer Persönlichkeiten ist zu fordern. Persönlichkeiten, die gleichsam in sich einen neuen Organismus, etwas wie ein planetoid-kosmisch-soziales Gehirn bilden werden. Ein kreatives Gehirn ohnegleichen, das als Grundlage für den Aufstieg des Menschen zum »Meister der Galaxis« dienen wird.

Vance Packard schließt sein Buch »Die große Versuchung« mit der Forderung, der Mensch möge Herr des Schicksals und sein eigener Bildner werden. Und der Philosoph und Soziologe Sir Karl R. Popper erklärt in dem Schlußkapitel seines zweibändigen Werkes »Die offene Gesellschaft«, das die Frage nach dem Sinn der Weltgeschichte stellt: »Statt als Propheten zu posieren, müssen wir zu den Schöpfern unserer Geschichte werden.«

So schließen also das Buch von Vance Packard und das Werk von Sir Karl R. Popper dort, wo dieses Buch, wo die galaktischen Perspektiven beginnen: *Die Menschheit hat nicht nur Schöpfer ihres Schicksals, sondern auch Transformator, Ver-*

wandler und Gestalter eines neuen galaktischen Seins zu werden. Und von diesem eminent kreativen Geist, der letztlich zur Demiurgie drängt, zu einer Art Weltschöpfung, und zwar in galaktischen Dimensionen, handelt dieses Buch. Die galaktischen Perspektiven sind also gleichsam Scheinwerfer, die das Schicksal der Menschheit, vielleicht aber auch das Schicksal der vielen uns noch unbekannten planetoiden Sozietäten in künftigen Äonen beleuchten, bzw. den Sinn ihrer mit unserer Galaxis verwurzelten Existenz zu erhellen versuchen. Die galaktischen Perspektiven weiten sich somit dem Schicksal und der Zukunft unserer Galaxis, vielleicht aber auch noch dem Schicksal anderer Galaxien zu.

Da sich nun die galaktischen Perspektiven mit den Dimensionen und Möglichkeiten des galaktischen Seins, d. h. mit der Deutung der Entwicklung der Galaxien und des Sinnes ihrer Existenz auseinanderzusetzen versuchen, leiten sie notwendig zu einer »*Galaktischen Philosophie*« hin, die vielleicht als allererster Vorentwurf zu einer künftigen Philosophie des Universums verstanden werden darf.

Philosophie, ein griechisches Wort, bedeutet im ursprünglichen Sinn Liebe zur Weisheit, Liebe zur Wahrheit. Heute durchdringt der Begriff der Philosophie alle Bereiche des öffentlichen und privaten Lebens. Fast allmächtige Ideologien, bestimmten philosophischen Lehren verbunden, bestimmen die Weltpolitik unserer Zeit ebenso wie den Alltag der Menschen. Doch davon abgesehen, ist jeder Mensch zutiefst auf die Philosophie hin »angelegt«, mag ihm das nun bewußt sein oder nicht. Denn wer von uns hat nicht einmal, sondern immer wieder in seinem Leben die Frage nach dem letzten Sinn, nach dem letzten Sein, nach Vergangenheit und Zukunft, nach dem Wesen des Lebens und der Liebe wie nach dem Glück, nach der Existenz des Menschen, unseres Universums überhaupt gestellt?

So wird es auch verständlich, daß nicht nur jeder Mensch, sondern auch jeder große Denker, jeder bedeutende Seinsfrager in den verschiedenen Zeiten immer andere Fragen stellt. Fragen, die sich immer mehr dem Problem des Universums zubewegen. Und da sich unsere galaktischen Perspektiven einer »Galaktischen Philosophie« zuwenden, so erscheint in diesem Zusammenhang besonders die Vorstellung des deutschen Philosophen Nicolai Hartmann (1882–1950) interessant, die er von der Philosophie hatte. Er meinte nämlich, Philosophie sei »das Weltbewußtsein, in welchem der Mensch als in der Welt Stehender sich dieser und seiner selbst bewußt zu werden versucht«.

Von diesem Standpunkt aus, der also die Philosophie als *Weltbewußtsein* begreift, führt wieder der Weg hin zu einem kosmischen Bewußtsein des Fernen Ostens, hin zu China und Indien, hin zu der Philosophie des Taoismus, des Hinduismus und Buddhismus. Aber auch hin zu der tibetanischen Mystik, in welcher das kosmische Bewußtsein einen seiner Kristallisationspunkte gefunden hat. So vertritt u. a. Lama Anagarika Govinda in seinem Buch »Schöpferische Meditation und multidimensionales Bewußtsein«, 1977, die Überzeugung, daß die fortschreitende Verinnerlichung des Menschen, durch die wir uns seinem inneren Zentrum nähern, zu einem immer universaleren Erleben führt, »um beim Erreichen des Zentrums den vollen Querschnitt des Bewußtseins, die Ganzheit des universalen Bewußtseins zu verwirklichen«. Erlebt wird also die sich im Bewußtsein des Menschen vollziehende Einheit mit dem Universum.

Dieses kosmische bzw. universale Bewußtsein wird später noch eingehend zu beleuchten sein. Nun sei nur darauf hingewiesen, daß gerade die Raumfahrt viele Astronauten zu einer entscheidenden Erweiterung ihres Bewußtseins, zu einem Universalen, geführt hat. So erklärte z. B. James Irwin, daß die Mondlandung seine »seelische Erweckung« bewirkte. Der Astronaut Mitchell wandte sich wieder parapsychologischen Studien zu, und der frühere Kommandant Frank Borman sagte, er habe damals zu Weihnachten 1968 »den Beweis erblickt, daß Gott lebt«.

Die künftige »Galaktische Philosophie« wird aber in ihrer Frage nach dem Wesen und nach dem Sinn des galaktischen Seins keineswegs das so entscheidende tragische Moment übersehen, das eben dieses Sein mit bedingt.

Doch davon abgesehen, wird die »Galaktische Philosophie« sich auch der entscheidenden Bedeutung der modernen Wissenschaft, vor allem der Naturwissenschaft, bewußt sein. Und es war bereits Immanuel Kant (1724–1804), einer der größten Denker der Menschheit, der nicht nur zu ersten Vorstellungen eines galaktischen Weltbildes vorgedrungen ist, sondern der auch die Philosophie selbst auf das Vorbild der exakten Wissenschaften, auf Mathematik und Physik, verwiesen hat. Auf Wissenschaften also, aus denen sich dann in Verbindung mit der Astronomie und Astrophysik wie der Kernphysik und der Astrobiologie die moderne Kosmologie entwickelt hat. Eben jene Wissenschaft vom Kosmos, die das Tor zu den ersten Ausgangspunkten, zum Verständnis und zu den Dimensionen dieser galaktischen Perspektiven, der »Galaktischen Philosophie«, weit geöffnet hat.

Die »Galaktische Philosophie« aber zielt vor allem, und zwar als erste Philosophie der Menschheit überhaupt, die Bewältigung des Tragischen im universalen Sein an. Eine Bewältigung, die durch die Verwirklichung einer einzigartigen Aktion, durch eine *demiurgische Revolution,* erfolgen wird. Durch eine Revolution, welche alle bisherigen Revolutionen unserer Menschheit einem letzten Ziel, einer letzten Aussage zuführen wird.

Was ist unter dem Begriff *Revolution* eigentlich zu verstehen? Allgemein hat man bisher unter Revolution etwas wie einen stoßweisen und gewaltsamen Vorgang, einen Durchbruch und Umbruch verstanden, welcher bestimmte Staats- und Rechtsverhältnisse, aber vor allem die Gesellschaft selbst verändert.

In einem wesentlicheren und auch umfassenderen Sinne ist jedoch Revolution als die *Aktion einer Idee,* einer Ideologie oder eines Fortschrittglaubens zu begreifen, der sich einer geradezu erlösenden Zukunft zu öffnet. Einer Zukunft, die faszinierender sein wird, als es je die Vergangenheit gewesen ist noch sein konnte. Mit anderen Worten: Das Omega, der Perspektivpunkt der Zukunft, zugleich aber auch das Ende wie die Vollendung aller Dinge, ist aktueller geworden als das Alpha, als der Perspektivpunkt des Anfanges, einer alten Wirklichkeit und einer alten Schöpfung und aller Tragik mit ihr, wie aller Versklavung, Finsternis und Bedingtheit auch. Geradezu besessen wird in der Zukunft die Überwindung des bisher Gebundenen, des bisher Tragischen der alten Wirklichkeit überhaupt, erfühlt und erkannt.

Diese leidenschaftliche, der Zukunft zugewandte Vorstellung der Revolution kann jedoch nur von unserem modernen Weltverständnis aus erfaßt werden. Es ist ein Begriff der Revolution, der durch einen geradezu unbändigen Wandlungswillen charakterisiert ist. Ein Wandlungswille, der aber auch durch die Revolution der Wissenschaften, wie vor allem auch durch den allgemeinen Drang zu einer fortschreitenden Bewußtseinserweiterung mit vorbereitet wird.

Dieser moderne und ungemein interessante Begriff der Revolution setzt also »eine Einsicht in die Veränderlichkeit der Welt nicht nur, sondern auch eine Wertschätzung des Neuen und Umwälzenden voraus, die frühere Zeitalter als solche nicht kannten«, meint Karl Griewank, Historiker, in seinem 1969 veröffentlichten Buch »Der neuzeitliche Revolutionsbegriff«. Aber eben diese moderne Einsicht in die eminente Veränderlichkeit der Dinge, des Universums, seines Seins, führt zu jenem erweiterten und zugleich vertieften Verständnis des Begriffes der Revolution: Revolution ist demnach das Genieereignis der Geschichte, im weiteren Sinne unseres solaren, galaktischen und universalen Seins, wie aber auch seiner solaren, galaktischen und universalen Geschichte überhaupt. *Revolution ist somit jenes einzigartige Ereignis, jene demiurgische Aktion, welche zuletzt auf eine entscheidende Transformation des galaktischen und universalen Seins zielt.* In diesem Sinne ist Revolution jedoch als jener, das tiefste Sein mit erfassender entscheidender Befreiungsakt zu verstehen, in dem die in den unzählbar vielen planetoiden Sozietäten und Wesenheiten eingebundenen intellektuellen und geistigen Potenzen zur Bewußtwerdung, dadurch aber zu einer eigenen Gestaltung, nämlich hin zur Freiwerdung der Phantasie und Poesie, letztlich hin zur Demiurgie drängen, oder anders formuliert: Die Revolution wird unserem modernen und höchstwahrscheinlich noch mehr unserem künftigen Verständnis nach als etwas wie ein neuer Schöpfungsakt einer neuen Wirklichkeit verstanden. Ein Schöpfungsakt, der durch eine souverän bewußt gewordene Menschheit bewirkt wird. Ein Schöpfungsakt, der durch eine der Menschheit, aber auch anderen planetoiden Sozietäten, *bewußt gewordene kreative Methodik,* nämlich durch die *Demiurgie,* verwirklicht wird, wodurch er sich schließlich einer neuen *Weltschöpfungspoesie* zuwendet, in der sich das Demiurgische vollendet und erlöst.

Und so verstanden ist das Wort »demiurgisch« zweifellos ein ungewöhnliches Wort, zugleich auch als eines der hoffnungsvollsten Worte unserer Sprache zu begreifen. Denn es bedeutet, daß vielleicht auch der Mensch die Fähigkeit erwirbt, zu einem bestimmten Punkt seiner künftigen freien Bewußtseinsentfaltung vorzustoßen. Zu einem entscheidenden Punkt, in dem er nicht mehr bereit ist, diese Wirklichkeit passiv erleidend und verfügt hinzunehmen, sondern in dem er entschlossen ist, mit einer Kühnheit und einem Mut ohnegleichen, dieses Sein, diese Wirklichkeit zu verwandeln, um es eben dadurch selbst weiter mit oder überhaupt neu zu gestalten. Denn nicht einen einzigen Augenblick dürfen wir vergessen: Unsere gesamte Galaxis ist nicht nur als ein kosmisches Lebensfeld, sondern ebenso auch als ein einzigartiges *Kreativfeld* zu verstehen, das zu *aktivieren* sein wird.

Vergessen wir auch nicht: Die Bewußtwerdung hin auf den Sinn des Menschenlebens, auf seinen Wert, wie ihn immer wieder der Begründer der Logotherapie, der Wiener Psychiater

Viktor Frankl betont, ist nicht nur eine Konzentration in unsere Menschenwürde wie in unsere Freiheit, sondern sie ist auch der Beginn der Bewußtwerdung unserer geistigen Kräfte, und zwar vor allem auch in ihrer Weiterstrahlung in die Zukunft hinein.

Diese Zukunft aber ist eine kosmische. Der Sinn des Menschen als Individuum und der Menschheit als Ganzheit, als planetoide Einheit und Gesellschaft bewegt sich also in den kosmischen, genauer in den galaktischen Raum hinein.

Es ist also das Bewußtsein und die Bewußtwerdung eines Sinnes, der uns, auch verbunden mit den großen Geistlehren des Ostens, zu einem neuen und aktuellen künftigen Erleben des Geistes führen wird.

Bisher überwältigte uns die Materie oder das, was wir so bezeichnet haben, aber in Zukunft werden uns der Sinn und mit ihm der Geist und mit diesem auch die Potenzen des Geistigen überwältigen.

In diesem eminent tragisch und katastrophal bedingten Universum beginnen wir also etwas wie ein Reich des Geistes zu entdecken, sozusagen als Gegenpol zum Tragischen und Absurden. Ein Reich des Geistes, das sich uns immer mehr erschließen wird, und zwar nicht nur in der Methodik der Meditation, nicht nur in der Erleuchtung wie bisher, sondern auch in der Enthüllung seiner eminent kreativen, seiner zuletzt demiurgischen Potenzen und Wandlungsmächte, die sich in dem bewußten Zusammenwirken vieler planetoider Sozietäten dieses Universums, in deren schon existenten oder künftigen Demiurgen realisieren werden.

Aber das sind entscheidende Perspektiven und Begriffe, die in den folgenden Darlegungen eingehend zu erklären sein werden.

2.
Galaktische Perspektiven – »Galaktische Philosophie«

Eine neue, eine herrliche Philosophie ist also zu begründen. Eine grundsätzlich neue Dimension des Denkens und des Wirkens bricht auf, die in einer »Galaktischen Philosophie«, von einer Mächtigkeit ohnegleichen, ihren erstmaligen Ausdruck findet. Diese Philosophie wird nicht nur von der Kosmologie, nicht nur von den Wissenschaften, sondern auch von den Ideen und Möglichkeiten eines galaktischen Weltbildes bestimmt.

In diesem Sinne ist diese Philosophie, zu welcher die galaktischen Perspektiven führen, auch als eine mögliche Weiterentwicklung aller bisherigen sogenannten »Welt«- und »Seins«-philosophien zu verstehen. Davon abgesehen aber wenden sich die Inhalte und Aspekte dieser Philosophie nicht nur gewaltigen Räumen, sondern auch gewaltigen Zeiten, nicht nur künftigen Jahrhunderten und Jahrtausenden, sondern vielleicht künftigen Millionen, vielleicht sogar künftigen Milliarden von Jahren entgegen. Dimensionen, welche die phantastischsten Entfaltungen des Lebens, vor allem des Bewußtseins und des Geistes in sich schließen.

Auch wird die »Galaktische Philosophie« nicht nur von einer theoretischen und abstrakten, sondern auch von einer eminent dynamischen Dimension bestimmt. Denn die »Galaktische Philosophie« ist nicht nur als eine bewußte und künftig immer bewußter werdende *Kunst der Weltschöpfung,* der Demiurgie, wie in diesem Rahmen der Verwandlung, d. h. der Transformation des galaktischen Seins, sondern auch als jene einzigartige und höchste Revolution zu begreifen, in der die vornehmsten und mächtigsten kreativen Potenzen unserer planetoiden Sozietät, aber auch uns noch unbekannter Sozietäten, ihren Perspektivpunkt besitzen.

Mit anderen Worten: Die »Galaktische Philosophie« fordert geradezu eine *galaktische Revolution*. In ihr, und zwar erst in ihr und durch sie, vollendet sich die Revolution des Menschen und der Gesellschaft. So bildet die Transformation der galaktischen Wirklichkeit oder die Schaffung einer neuen Wirklichkeit das Ergebnis einer *dreifachen* Revolution, nämlich des Menschen, der Gesellschaft und des galaktischen Seins.

Von diesem Perspektivpunkt aus gesehen aktualisiert die »Galaktische Philosophie« die gesamte bewußte Entwicklung, die sich in den planetoiden Sozietäten unserer Milchstraße, darunter auch unserer Menschheit, konzentriert.

Die praktisch kreative Konsequenz dieser ebenso phantastischen wie erregenden Perspektivität führt nun dazu, das galaktische Sein, zumindest gewisse Bereiche unseres Universums, in einer künftigen, aber bereits schon jetzt anzuvisierenden Zukunft in den »demiurgischen Griff« zu nehmen. Oder anders formuliert: Das Schicksal der Menschheit ist mit einer Entschlossenheit und Kühnheit des Geistes wie einer Phantasie ohnegleichen, in Äonen voraus zu denken.

Ist dieses tief in die Zukunft hineindringende Denken überhaupt möglich? Besitzt die Menschheit die Chance, so lange zu existieren? Nun, diese Möglichkeit besteht wahrscheinlich. So schreibt Theodor Dolezal, der bekannte Wissenschaftsjournalist, in seinem 1969 erschienenen Buch »Aufbruch zu den Sternen«, daß die Menschheit mindestens zweihundert Millionen Jahre leben wird, wenn nicht länger. Er meint: »Davon hat sie bis heute höchstens 1 Prozent zurückgelegt. Ihre Zukunft liegt also noch vor ihr. Biologisch gesehen brechen wir bereits während unserer Kindertage in den Weltraum auf.« Und: »Die Menschheit wird, wenn sie sich nicht in den Wahnsinn eines

Atomkrieges stürzen läßt, aller Wahrscheinlichkeit nach ihre volle biologische Lebensspanne ausnützen. Die Zeit ist so lang, daß wir sicher sein können, wir werden soweit ins Weltall vorstoßen, bis es zu einer Begegnung zwischen uns und anderen intelligenten Wesen kommt.«

Doch der Zeitraum einer künftigen Entwicklung der Menschheit kann noch größer gedacht werden. So erklärte der englische Naturphilosoph Julian Huxley, die Menschheit hätte ihrer biologischen Möglichkeit nach eine sehr große Entwicklungszeit vor sich. In diesem Sinne schreibt er in seinem 1954 erschienenen Buch »Evolution des Lebens« u. a.: »Der Mensch ist sehr jung. Der menschliche Aufmarsch steht in einer sehr frühen und explosiven Phase. Der Mensch ist das Ergebnis von zwei Milliarden Jahren biologischer Evolution: Er hat alle Aussicht auf eine ebenso große oder gar größere Zeitspanne psycho-sozialer Evolution vor sich.« Es sind also nach Julian Huxleys These nicht weniger als zwei Milliarden Jahre und länger, welche die Menschheit zu ihrer biologischen Entfaltung vor sich hat, stets vorausgesetzt, die Menschheit vernichtet sich nicht vorher total selbst, oder sie geht durch eine derzeit noch nicht erkennbare kosmische Katastrophe oder durch sonstige uns noch nicht bekannte Einwirkungen zugrunde.

Welchen Sinn, welche Prädikatsubstanz, so ist hier nun zu fragen, besitzt in diesem gewaltigen Zeitraum, der sich vor der Menschheit öffnet, ihre kreative Potenz? Wohin steuert und wohin öffnet sie sich? Nun, es kann nur ein letzter Sinn, nur ein essentielles Prädikat sein, das die kreative Phantasie, die demiurgischen Potenzen auch unserer Menschheit, auch unserer planetoiden Sozietät, bis zur höchstmöglichen Entfaltung führt. Dieses höchste Prädikat aber ist nun eben in der Verwandlung, in der Transformation des galaktischen Seins, seiner Wirklichkeit oder seiner Neuschöpfung ahnbar. Eine Chance, eine letzte Zielperspektive, die bereits in allerersten Ausgangspunkten und Möglichkeiten deutbar erscheint.

Die Kardinalfrage, die sich nun stellt, ist: Wie aktiviert sich das spirituell-intellektuelle Feld einer galaktischen Sozietät, welche kreative Frequenzintensität entwickelt es? Ferner: Wohin bewegt sich die höchste Intelligenz- und Geistespotenz einer oder mehrerer planetoider Sozietäten, und wenn ja, welcher Sozietäten? Wie sind sie geartet bzw. entwickelt? Welche Tendenzen verfolgen sie, bzw. von welchen Kräften werden sie bestimmt?

In welcher Perspektivdimension ist nun auch, und zwar erstmals in unserer Geistesgeschichte, die Entfaltung unserer planetoiden Sozietät zu erkennen? Eine Entfaltung, die höchstwahrscheinlich, wenn auch noch so verschieden, eine Entsprechung in der Entwicklungsart und Entwicklungsrhythmik in anderen planetoiden Sozietäten unserer Galaxis haben könnte, die vielleicht ebenfalls einer letzten gemeinsamen Prädikatdimension, einem letzten und allgemeinen Ziele zustreben könnten. In dieser Zielperspektive kann daher auch angenommen werden, daß sich in diesem höchsten Prädikat die Prädikate auch aller anderen Galaxien, schließlich die kreativen Potenzen aller in diesem Universum existenten planetoiden Sozietäten konzentrieren. So etwa wie alle Linien eines Kegels sich einer ihnen allen gemeinsamen Kegelspitze zubewegen. Welche Morgenröten brechen hier also auf?

Nach der *kopernikanischen Wende* haben wir die *galaktische Wende* zu vollziehen. Das heißt: Im Zentrum unseres Welt- und damit auch Seinsverstehens befindet sich nicht mehr der Sonnenkosmos, in dem unsere Erde mit den anderen Planeten um die Sonne kreist, sondern jener kosmische Ereignisraum, in dem wir unmittelbar beheimatet sind, jene Weltinsel, der wir eingeschlossen sind, jener kosmische Lotus, jene kosmische, gewaltige Dikusscheibe, die wir eben »Milchstraße« oder »Galaxis« nennen. Unser Sonnensystem – an der Peripherie unserer Galaxis liegend – ist also jener kosmischen Weltinsel eingeschlossen, die auch wieder nur eine unter Trillionen anderer ist.

Von dieser galaktischen Peripherie aus haben wir nicht nur hin zum Zentrum unserer Milchstraße zu denken, das 30 000

Lichtjahre von uns entfernt liegt, sondern wir haben auch zu einem ganz neuen, zu einem galaktischen Bewußtsein vorzustoßen, welche die gesamte Galaxis umfaßt, deren Durchmesser 100 000 Lichtjahre beträgt. Dieses uns derzeit noch als utopisch und phantastisch erscheinende Denken, das solche gewaltigen Räume und Zeiten umfaßt, erfordert in der Zukunft ein einzigartiges Training unseres Geistes. Ein Training, das auch z. B. durch bestimmte Yogaarten vorzubereiten sein wird.

In diesem Zusammenhang ist auf den sogenannten »Zen-Yoga« zu verweisen, der nach der Ansicht des persisch-indischen Kulturphilosophen P. J. Saher einst in dem versunkenen Kontinent Lemuria, in dessen Hauptstadt Aloma, entwickelt worden ist. Es ist ein Yoga, dem ein galaktisch-esoterisches Wissen zugrunde liegt. Es ist ein Yoga, der wesentlich auf einer Aktivierung metapsychologischer Gehirnstrukturen beruht. Dieser Yoga ermöglicht, wie Saher meint, nicht nur die Loslösung des sogenannten Astralkörpers von unserem gewöhnlichen Körper, sondern auch astrale Wanderungen, die hin zu anderen Bereichen unserer Galaxis, vielleicht auch zu anderen Galaxien führen (vgl. P. J. Saher: »Zen-Yoga«, New-Delhi, 1976). In dieser Linie läßt sich nun vielleicht ein künftiger, bewußt entwickelter *galaktischer Yoga* vorstellen, der das Einüben und Einwirken eminent intensivierter ideoplastischer Fähigkeiten bestimmter Menschen auf galaktische Dimensionen und Bereiche zum Inhalt haben könnte. Ein kreativer Yoga also, der in einem unmittelbaren Zusammenhang mit der künftigen Einbewegung der Menschheit in unserer Galaxis zu entwickeln sein wird.

Ein Yoga auch, der unser galaktisches Bewußtsein in einem für uns derzeit noch unvorstellbarem Ausmaß intensivieren wird. Dieses galaktische Bewußtsein wird jedoch unser eigenes persönliches Leben, Empfinden und Denken, unsere kreativen Potenzen, unser Ereignisfeld insgesamt dem der Menschheit, des Sonnensystems und schließlich dem unserer Galaxis zuordnen. Das aber bedeutet: Unsere persönlichen kreativen Potenzen, mit denen der Menschheit und mit Energien des Sonnensystems verbunden, werden sich in unserer Galaxis, in unserer kosmischen Weltinsel 1–10 Millionen planetoiden Sozieäten zuwenden. Eine phantastische Chance, die, so großartig sie auch ist, niemals die letzte demiurgische Sehnsucht des Menschen befriedigt, sondern sie erst recht erweckt und aktiviert.

Diese Zahl von möglichen planetoiden Sozietäten in unserer Galaxis wurde von Adrian Berry, Mitglied der Royal Astronomical Society und der Interplanetarischen Gesellschaft, in seinem 1975 erschienenen Buch »Die große Vision. Von der Zukunft der Menschheit im Universum« zur Diskussion gestellt. Doch die galaktischen Perspektiven sind noch umfassender: Wir haben unser persönliches Ereignisfeld, unser Schicksal mit dem des gesamten Universums verbunden zu sehen.

Gerade aber das uns Bedingende des Schicksals ist zu überwinden. Das *Ereignis der Freiheit* wird nicht nur in planetoiden und solaren, sondern auch in galaktischen Dimensionen zu verwirklichen sein. In diesem Sinne haben wir zu erkennen, daß es doch eine Möglichkeit geben könnte, unser Schicksal, und mit ihm auch den Charakter unserer Galaxis, unseres Universums vielleicht, zumindest in gewissen Bereichen, zu ändern, zu wandeln, zu transformieren, ja die gegebene Wirklichkeit vielleicht auch durch eine von uns selbst bewirkte Schöpfung zu ersetzen. Das ist die größte Idee, die in diesem Universum überhaupt nur zu denken ist.

Auch haben wir uns erneut in Erinnerung zu rufen, daß die Ausgangspunkte dieser größten Idee des Universums gerade im Leid und Tod, in seinen zum Tragischen, in seinen zur Sinnlosigkeit und zum Katastrophalen drängenden Momenten liegen, da nämlich das gesamte universale Leben überhaupt nur durch Vernichtung anderen Lebens existieren kann. Das ist eine geradezu ungeheuerliche Erkenntnis, die uns eigentlich jede Zufriedenheit, jede Harmonie, jede Ruhe rauben sollte. Wir müssen also in einem universalen bzw. tiefer gesehen, in einem dahinterliegenden, in einem abgründigen, in einem sozusagen methaphysischen Skandal jenen Ausgangspunkt erkennen, der uns zur größten Idee des Universums, zu seiner Transformation oder Neuschöpfung führt.

Das bekannte Wort von Blaise Pascal (1623–1662): »Der Mensch ist die Existenz eines unvereinbaren Widerspruchs. Er ist der Kontrast von Elend und Größe«, wurzelt in dieser Ungeheuerlichkeit des universalen Seins bzw. des metaphysischen Skandals. Und: Eben dieser Kontrast, eben die Dialektik zwischen Elend und Größe, eben dieses »Elend« soll durch die »Galaktische Philosophie«, die in ihrem gegenwärtig realen Ausgangspunkt notwendig noch als eine *utopische Philosophie* zu begreifen sein wird, überwunden werden.

Mit anderen Worten: Das Elend des Menschen hat aufgelöst und seine Größe eröffnet zu werden. Eine Größe, die nicht einmal Friedrich Nietzsche ahnte. Eine Größe, welche den Menschen in seiner geistigen Natur, in seiner Integration hin zum Unendlichen, zum unendlichen Geist an sich entfalten soll. Ein Moment, auf den hin auch der Integrale Yoga, die Philosophie Sri Aurobindos, weist. Diese Darlegungen postulieren also eine Größe des Menschen, eine letzte Entwicklungsmöglichkeit und eine höchste Hoffnung überhaupt, die ohne die Bewußtwerdung und Aktivierung der demiurgischen Potenzen undenkbar ist.

Aber nicht nur unsere Größe, unser Freiwerden von diesem Elend ist zu denken, zu wollen und demiurgisch zu bewirken, sondern auch das Freiwerden, die Erlösung aller nur erfaßbaren planetoiden Sozietäten von diesem Leid, diesem universalen, im Sein selbst begründeten, also ontologischen Skandal, ist bewußt anzustreben und zu bewirken. Denn dieser metaphysische Skandal bestimmt das gesamte Universum und umfaßt daher voraussichtlich alle Galaxien, alle planetoiden Sozietäten, die sich in diesen Welteninseln entfalten. Und da es eben ein Skandal ist, ist er mit Einsatz aller kreativen Potenzen dieses Universums, nach deren Aktivierung und Koordinierung, radikal zu beseitigen.

Daher ist kein »amor fati« Nietzsches zu akzeptieren. Keine »Liebe zum Schicksal« ist zu lehren, vielmehr der gnadenlose Kampf gegen jenes Moment, das wir als bedingendes Schicksal bezeichnen, in welcher Art und Form auch immer. Ein gnadenloser Kampf, der mit der Vernichtung jener Kämpfe zu enden hat, die den Menschen knechten und sein Elend mit bewirken. Denn gerade dieses Schicksal, dem unsere Menschheit wie das Universum anscheinend unterworfen wurde, ist aufzusprengen. Gerade dieses schicksalhaft Bedingende ist aufzulösen, weil es nicht nur der eigentlichen Natur, nämlich der kreativen Geistesnatur jedes Menschen, zutiefst widerspricht, sondern höchstwahrscheinlich auch die Freiheit, die Würde und die geistigen Entfaltungskräfte vieler anderer planetoider Sozietäten ebenso kretinisiert. Diesem bisher ebenso primitiven wie sinnlosen und zugleich raffiniert abgründigen Schicksal ist eine neue Schöpfungsenergie unseres Geistes entgegenzustellen, welche die Freiheit aus den kreativen Potenzen neu zu entwikkeln versucht. Denn es ist eben jene Freiheit, dem höchsten kreativen, nämlich dem demiurgischen Geist zugewandt, welche die Menschen, ebenso wie auch wahrscheinlich die anderen galaktisch-personalen Wesen, möglichst vollkommen selbstverwirklicht.

In diesem Sinne ist also zu erkennen, daß die sittliche und zugleich auch geistige Aufgabe aller Aktionen in der Überwindung der Tragik besteht, bedingt durch den ontologischen Skandal, die unserem galaktischen und universalen Sein eingeschlossen ist und welche die galaktischen Lebewesen wie Prometheus an den Kaukasus schmiedet. So verstanden hat man daher in der »Galaktischen Philosophie« auch die größte Freiheits- wie Schöpfungslehre zu erkennen, die jemals in unserer planetoiden Sozietät proklamiert worden ist. Es ist aber nicht nur eine Lehre, sondern auch vor allem ein demiurgischer Wille zu einer einzigartigen Verwandlung und Neuschöpfung des galaktischen Seins ohnegleichen.

Diesem unbedingten, eminent bewußten Gestaltungswillen,

der wahrscheinlich »n« planetoide Sozietäten ebenfalls bestimmt und der in einer »Galaktischen Philosophie« seinen Höhepunkt erreicht, entspricht andererseits ein eminentes Verlangen des galaktischen und universalen Seins nach einer neuen Schöpfung.

Auf diesen Aspekt hat vor allem der französische Philosoph Henri Bergson (1895–1941) hingewiesen. Er behauptete, daß das Leben in seinem Wesen schöpferische Aktivität ist. Das Universum selbst aber, das nach seiner Überzeugung lebt, entwickelt sich wie auch jeder Mensch nach dem ihm innewohnenden Schöpfungsdrang, nach dem »élan vital«, wie er es nannte.

Doch zu welchem Ziel führt dieser Schöpfungsdrang des Universums? Das gesamte Universum scheint sich als ein einziges Ereignis in einer Art Quantensprung auf »etwas« noch »Offenes« hinzubewegen. Auf etwas »Offenes« also, das zugleich als letztes Ziel, als dominantes Prädikat zu verstehen ist, das den Sinn des Universums enthüllt. Das ganze Universum ist, wie angenommen werden darf, »offen« hin auf eine Verwandlung, »offen« hin auf eine Beendigung und »offen« hin auf eine Erlösung von diesem kosmisch-galaktischen bzw. metaphysischen Skandal. Das Universum ist also in seinem Drang, seiner Sehnsucht nach Verwandlung, nach Erlösung – das sich in seinem Gesetz von Werden und Vergehen offenbart – auf die Eingriffe der demiurgischen Potenzen der »n« planetoiden Sozietäten hin angelegt, welche entweder diese Sehnsucht nach Verwandlung beschleunigen oder sie überhaupt erst bewirken.

So verstanden wird das universale Sein als etwas eminent Weibliches ahnbar, das in seiner Sehnsucht nach Verwandlung hin auf das Eindringen phallisch-demiurgischer Potenzen wartet.

Doch sehen wir von diesen komisch-erotischen Aspekten ab, welche die tiefste Mystik indischen Geistes mitbestimmt haben, so erkennen wir in unserem Universum nicht nur jene negative Energie, die wir als tragisches Phänomen und als einen ontologischen Skandal bezeichnet haben, sondern wir erkennen auch in ihm eine positiv wirkende Energie, etwas »Zielgerichtetes«, etwas »Logoshaftes«, etwas, was zu einem letzten Sinn drängt.

So werden wir vor eine ungemein interessante, zugleich aber auch erregende Situation gestellt, die uns eine eminente Dialektik im universalen und galaktischen Sein selbst enthüllt, das stets von dem bereits vorhin in Erinnerung gerufenen Gesetz des Werdens und Vergehens bestimmt ist, und zwar bis in seine subatomaren Bereiche hinein. Es ist eine erregende Dialektik, die zwischen dem »Panlogischen« einerseits und dem »Pantragischen« andererseits deutbar wird.

Unter dem Begriff *panlogisch* wird hier vor allem jene Energie verstanden, welche das Universum in seiner Entfaltung, für uns teils erkennbar, teils noch unerkennbar, einem letzten Ziel und Sinn zuzubewegen scheint. Unter dem Begriff *pantragisch* wird hier jene dem gesamten Universum ausnahmslos zugrunde liegende Tragik, jene grundlose und blinde, alles Leid verursachende Energie verstanden, die Arthur Schopenhauer (1788–1860) als den Weltwillen bezeichnet hat. Es ist jene Dialektik, die einerseits in der Neuzeit im Denken von Gottfried Wilhelm Leibniz (1646–1716) in seiner »Philosophie des Panlogismus« – wie sie Aron Gurwitsch (1901–1973), Professor für Philosophie in New York, in seinem 1974 erschienenen Buch darüber profiliert – und andererseits in der Philosophie Arthur Schopenhauers erkennbar wird.

Es ist jener Weltwille Schopenhauers, der sich auch in den Menschen als Geschlechtstrieb konkretisiert. Es ist jener Trieb, der diesen an sich dumpfen Weltwillen trotz des unsagbaren Leides, das er mit sich bringt, immer wieder bejahen läßt. In diesem Sinne meinte daher Schopenhauer in seinem erst 1859 abgeschlossenen zweibändigen Hauptwerk »Die Welt als Wille und Vorstellung« u. a.: »Als Spiegel dieser Bejahung steht die Welt da, mit unzähligen Individuen, in endloser Zeit und endlosem Raum und endlosem Leiden, zwischen Zeugung und Tod ohne Ende.«

So wird diese eminente Dialektik, diese gewaltige Spannung, die heute als eine Dialektik im galaktischen Sein selbst zu erkennen ist, in der Spannung der deutschen Philosophie zwischen Leibniz und Schopenhauer, zwischen diesen beiden Giganten, offenbar.

In diesem Zusammenhang ist auch auf einen interessanten Gedanken Mao Tse-tungs hinzuweisen, den er seinerzeit in seiner Abhandlung »Über die Praxis« formuliert hat. Dort heißt es: »Die Grundursache der Entwicklung eines Dinges liegt nicht außerhalb, sondern innerhalb desselben. Sie liegt in seiner inneren Widersprüchlichkeit. Allen Dingen wohnt diese Widersprüchlichkeit inne, und sie ist es, die die Bewegung und Entwicklung dieser Dinge verursacht.« Diese Widersprüchlichkeit, diese Dialektik bestimmt zutiefst auch das galaktische Sein, aber auch seine Entwicklung, die allerdings auch zum an sich Sinnlosen treiben kann, wird nicht bewußt kreativ in sie eingegriffen.

Es ist jedenfalls eine Dialektik, und es ist eine durch sie bewirkte auch positive Entwicklung, die in unserer Menschheit zu einer faszinierenden Synthese führt, die von einer dreifachen Revolution bestimmt wird: nämlich von einer *Revolution des Menschen* (hin zu einem planetoiden, solaren, galaktischen und demiurgischen Menschen), von einer *Revolution der Gesellschaft* (hin zu einer planetoiden, solaren und galaktischen Sozietät, schließlich zu einer künftigen demiurgischen Elitesozietät) und letztlich von einer *Revolution des galaktischen bzw. universalen Seins selbst* (hin zu einem höheren Sein, das von einer geistigeren und auch von einer eminent poetischen Wirklichkeit bestimmt werden könnte).

Diese dreifache Revolution, welche stets den Menschen selbst zur entscheidenden kreativen Voraussetzung hat, öffnet ihn fortschreitend solaren, galaktischen und universalen Dimensionen zu bis hin zum Demiurgen. Erinnert sei in diesem Zusammenhang an den Dichter-Philosophen Rudolf Pannwitz (1881–1969), der einmal den Menschen als Vollender des Kosmos schaute.

Zu erkennen ist also mit aller Schärfe: Nur diese Revolution des galaktischen Seins – ein für uns derzeit noch kaum vorstellbarer gigantischer, geradezu phantastischer Wandlungsprozeß, der unsere Wirklichkeit zuinnerst transformiert oder neu schafft, bewirkt durch eine künftige Art neuer Menschen, durch geistige Übermenschen, durch Demiurgen zuletzt – kann diesen universal-galaktischen und auch metaphysischen Skandal, den eben dieses Sein, so wie es sich gegenwärtig geradezu provozierend darstellt, beenden. Denn keinen Augenblick dürfen wir unsere Realität vergessen: Das Tragische, Leid und Tod, Sinnlosigkeit und Verzweiflung, Grauen und Entsetzen, Vernichtung des einen Lebens als Voraussetzung der Weiterexistenz anderen Lebens beherrschen nicht nur unsere Menschheit, sondern höchstwahrscheinlich auch andere planetoide Sozietäten, zuletzt das gesamte Universum.

Das neue galaktische Weltbild, dem wir uns nun zubewegen, und das in einer neuen Philosophie seinen Kern wie seine Perspektivität, seinen Sinn, seine Aussage, d. h. sein Prädikat finden wird, nämlich in einer »Galaktischen Philosophie«, wird von den vorhin erwähnten Begriffen wie »dreifache Revolution«, »Demiurgie« und »Transformation des galaktischen Seins«, wie »Schaffung einer neuen Wirklichkeit« wesentlich mitbestimmt werden.

Ausgangspunkte dahin sind ahnbar. Da es uns gelungen ist, die Materie zu atomisieren, so könnte es uns doch auch gelingen, diese Materie in »etwas« zu transformieren, das wir noch nicht kennen, das aber feiner, höher, diffiziler als die Materie ist, die uns jederzeit bedingt. Bereits jeder sehr plastische, oft sehr »dichte« Traum läßt uns diese Zukunftsdimension einer anderen und geistigeren Wirklichkeit als Möglichkeit ahnen.

Mit anderen Worten: Wir könnten vielleicht diese Wirklichkeit durchstoßen, wie wir die Schallmauer durchbrochen haben, um in bereits schon existente Wirklichkeiten vorzudringen, um sie zu entdecken. Das bedeutet: Wir müssen in der Zukunft zu *faustischen Kolumbussen* werden. So wie einst Christoph Kolumbus in seiner Sehnsucht, Indien zu entdecken, Amerika fand, so müssen wir in einer durch nichts zu unterdrückenden Sehnsucht nach der Herrlichkeit einer neuen Wirklichkeit diese entdecken oder aber sie selbst bewirken, selbst schaffen. Neu schaffen durch unsere ideoplastische Fähigkeit, durch unsere demiurgische Geistigkeit, durch unsere befreite Schöpfungsphantasie.

Bereits der kurbayrische Hofrat Karl von Eckartshausen (1752–1803) scheint in seinem Buch »Aufschlüsse zur Magie« um die Imaginationskräfte und Bildschöpfungen zu wissen, wobei man hier natürlich sofort wieder an die legendären magischen Künste des Doktor Faust erinnert wird. Doch es gibt Hypothesen, die solche ideoplastischen Fähigkeiten auch jenen Sozietäten zubilligen, welche angeblich die UFOs herstellen und zu uns senden. So sollen diese Außerirdischen die Fähigkeit der sogenannten »präzipierten Lichtenergie« besitzen, welche nicht nur das wechselnde Farbenspiel, das die UFOs umgibt, erklärt, sondern das sie auch schützt. Diese Fähigkeit interpretiert Gottfried Herberts in seinem 1977 erschienenen Buch »Begegnungen mit Außerirdischen« mit der Annahme, den Außerirdischen wäre es gelungen, aus unsichtbarer Raumenergie Sichtbares zu formen und Grobmaterielles zu feineren Substanzen zu verwandeln. Wie auch immer, man muß hier an den bekannten indischen Yogi Sai Baba denken, der imstande sein soll, mit einer Handbewegung aus dem Nichts Materie zu formen. Sai Baba sagte auch, daß jeder Mensch über solche Kräfte verfüge, vorausgesetzt, er vermag sich dieser bewußt zu werden und sie zu aktivieren. Und dann meinte Sai Baba jedoch, wer die höchste Stufe der Spiritualität erreicht habe, für den bedeuten psychische und psychokinetische Kräfte bloße Nebenprodukte.

Doch das ist nur ein Aspekt einer möglichen künftigen Entwicklung des Menschen. Diese ist stets auch in Verbindung mit der Weiterentwicklung der Wissenschaften zu sehen. Und in diesem Sinne kann man vielleicht zu einer interessanteren Hypothese vorstoßen: Die Kernphysik hat in Zukunft der Kernspaltung die Kerntransformation gegenüberzustellen. Mit dieser Möglichkeit eröffnet sich vielleicht ein anderer Aspekt, dem demiurgischen Äon der Zukunft näherzukommen. Oder um diese Idee durch ein Bild verständlich zu machen: Der furchtbaren Sonne von Hiroshima ist die Sonne einer neuen Schöpfung, durch uns selbst bewirkt, gegenüberzustellen.

Wie auch immer: Es ist erst die Freiheit, welche die Entwicklung zu einer immer bewußter werdenden Kreativität, zuletzt zur Demiurgie, voraussetzt. Und so wird gerade die Freiheit für die Zukunft zu einem Wert ohnegleichen. Und es mag einer der bedeutendsten und zeitlosen Verdienste der modernen Demokratie sein, daß sie – wenn auch oft in Frage gestellt und sich selbst sehr oft auch in Frage stellend – gerade den Wert der Freiheit bewahrt und dadurch in eine künftige kosmische Sozietät mit einbringt. In eine künftige planetoide, solare und galaktische Sozietät, welche mit zur entscheidenden Basisvoraussetzung einer weiteren Entfaltung der kreativen Potenzen der Menschheit wird.

Die Bewahrung und Weiterentfaltung der Freiheit als künftiger entscheidender Wert eines galaktischen Äons ist eine der Wesensaspekte galaktischer Perspektiven. Georg Wilhelm Friedrich Hegel (1770–1831) sagte einmal: »Die Weltgeschichte ist der Fortschritt im Bewußtsein der Freiheit.« Damit meinte er natürlich die Geschichte unserer Menschheit, die nach unserer heutigen Sicht nur eine winzige planetoide Sozietät unter einer Zahl von 1–10 Millionen oder mehr planetoider Sozietäten allein in unserer Galaxis ist.

Und von dieser neuen Sicht aus können wir heute seinen entscheidenden Satz, und zwar vom Standpunkt eines galaktischen Weltbildes und einer ihm zugeordneten Philosophie, vom Aspekt der Existenz von Trillionen Galaxien aus, grundsätzlich neu formulieren, und zwar:

Die Geschichte dieses Universums ist der Fortschritt im Bewußtsein der Freiheit, die zur Voraussetzung einer zielgerichte-

ten Aktivierung der demiurgischen Potenzen von »n« planetoiden Sozietäten wird, welche wieder zur Transformierung des universal-galaktischen Seins führt.

In diesem Sinne vollendet sich der Fortschritt des Bewußtseins in einem transformativen und demiurgischen Bewußtsein, das nicht nur als die höchste Stufe der Entwicklung der Freiheit, sondern auch als die dominante Idee des Universums selbst zu begreifen ist.

Die »Galaktische Philosophie« vollendet sich also in der Erkenntnis und Forderung nach einer Revolutionierung des Universums bzw. gewisser konkreter galaktischer Bereiche, die durch einzigartige Demiurgie der galaktisch-personalen Geistsubstanzen bewirkt wird. Das ist tatsächlich nicht nur die titanischste, sondern auch die herrlichste Vision, die in diesem Universum zu imaginieren ist, da sie auf die Verwandlung des Universums bzw. gewisser Bereiche des galaktischen Seins in ein höheres, in ein meta-galaktisches Sein ausgerichtet ist.

Diese meta-galaktische Dimension aber ist von größter Bedeutung. Denn trifft die Annahme zu, daß es außer den Galaxien auch Metagalaxien gibt, die von *geistigen Energiefeldern,* von der *mentalen Realität des universalen Geistes* bestimmt werden, wie P. J. Saher es in seinem vorhin erwähnten Buch über den Zen-Yoga meint, so bedeutet die Transformation des galaktischen Seins zu einem meta-galaktischen Sein hin die Wegbereitung zu einer einzigartigen geistigen Realität, die selbst durch dieses pantragisch bedingte Universum durchleuchtet, wie etwa das Licht der Sonne durch die farbigen Glasfenster einer gotischen Kathedrale.

Bisher hatte die Philosophie mehr oder weniger ihre Aufgaben darin erkannt, den Sinn, die Ordnung und auch die Substanzen, Voraussetzungen und Möglichkeiten des Menschen zu erkennen. Ab Hegel will nun die Philosophie das innerste Prinzip des Seins, den Weltgeist, erkennen, und ab Karl Marx will sie die Weltgeschichte grundsätzlich in einem einzigen neuen Entwurf freien Menschengeistes verändern.

Eine Perspektive, die auch zur Befreiung der Gesellschaft von den sie beklemmenden »objektivierenden« Faktoren führen soll. Doch nun öffnet sich jene Philosophie, welche in den letzten Jahrzehnten fast ausschließlich dem soziologischen Raum zugewandt war, dem konkreten solaren und galaktischen Raum entgegen, nämlich unserem Sonnensystem und unserer Galaxis. Damit aber ist der Begriff eines abstrakten soziologischen Feldes, in dem sich einzig und allein die Veränderung unseres Bewußtseins und damit auch der Entwicklung des Menschen vollzieht, nicht mehr aufrechtzuerhalten. Denn das soziologische Experimentierfeld der gesellschaftlichen Revolution – oder Evolution – befindet sich in einem sehr konkreten solaren und galaktischen Raum. Und die Wissenschaften unserer Gegenwart lehren uns, wie sehr die Entfaltung des soziologischen Feldes auf unserem Planeten Erde von kosmischen Momenten und Strahlungen bedingt erscheint.

Allerdings wird auch in einem positiven Sinne ersichtlich, daß die Entwicklung der sozialen Bewegung, daß die Evolution und Revolution der Gesellschaft, ihre Veränderung insgesamt, unsere planetoide Sozietät auch zu einem eminent intellektuellen, aber auch spirituellen Feld wandelt, das sehr wohl imstande sein wird, in das Sonnensystem und in die galaktischen Bereiche einzugreifen. So ist den großen Sozial- und Revolutionslehren des 19. und 20. Jahrhunderts zweifellos eine entscheidende Voraussetzung zuzuerkennen, die es uns ermöglicht, in den Weltraum zu dringen. Ferner: Gewaltige moderne Industrien, die zum Ausgangspunkt für künftige, geradezu gigantische Astrotechnologien werden und die zu weitgehenden Veränderungen und Eingriffen in unserem Planetensystem selbst führen, haben nämlich neue soziologische Strukturen und Systeme zur Voraussetzung, aber auch zur Folge.

Alle diese heute kaum vorzustellenden titanischen Planungen aber haben das Risiko der Auflösung des Menschen, der galaktisch kleinsten personalen Bewußtseinseinheit in unserer planetoiden Sozietät, zu vermeiden. Mehr noch, gerade diese allerkleinste galaktische Bewußtseinseinheit ist nicht aufzusprengen, um aus ihr wie aus einem Atom eminente kosmische Kräfte zu gewinnen, sondern im Gegenteil, diese kleinste personale Bewußtseinseinheit ist zur höchsten überhaupt nur vorstellbaren Entfaltung der in ihr, dem Vermögen nach, gelegten kreativen Potenzen zu entwickeln. Mit anderen Worten: Unsere Menschheit, die sich gegenwärtig noch vor der ersten kosmisch-sozialen Entwicklungsphase, nämlich vor der Entwicklung zu einer planetoiden Sozietät, auch ihrem Bewußtsein nach, befindet, hat sich einer solaren und galaktischen Sozietät zuzubewegen, die sich dann in einer für uns derzeit noch kaum vorstellbaren demiurgischen Elitesozietät vollendet.

In dieser Perspektivität ist nun jeder künftige Mensch zu entwickeln. Er hat zu einem planetoiden, zu einem solaren und zu einem galaktischen Menschen, letztlich – zumindest einige wenige – zu einem demiurgischen Menschen zu werden. Und erst diese demiurgischen Menschen einer fernen Zukunft werden die Fähigkeit besitzen, die dritte, zugleich die größte aller Revolutionen, nämlich die demiurgische Revolution des galaktischen Seins, zu bewirken. Eine Revolution, die im Kombinat mit der Entfaltung der demiurgischen Potenzen von »n« anderen planetoiden Sozietäten zu denken ist.

So wird also die »Galaktische Philosophie« in ihren Vorentwürfen, und zwar aus ihrer gegenwärtigen Ausgangslage heraus, als eine auch utopische Philosophie zu begreifen sein. Diese utopische Philosophie aber beginnt nicht nur mit dem Mythos des Prometheus allein, sondern sie beginnt auch mit Christus wie mit Faust, aber sie beginnt auch mit Hegel und Marx wie mit Schopenhauer und Nietzsche. Sie beginnt aber auch mit jedem Werktätigen, mag er in den Hallen der Fabriken oder in den Laboratorien der Wissenschaft oder in den Bereichen der Kunst wirken.

Einen entscheidenden Ausgangspunkt zu einer utopischen Philosophie bildet jedoch, abgesehen von Hegel, mag das auch viele überraschen, gerade die Philosophie von Arthur Schopenhauer. Denn seine Erkenntnis, daß das Leben zu verneinen ist und dem Sein ein an sich blinder Weltwille zugrunde liegt, berührt eminent tragische Aspekte des Seins. Erstmals bricht nämlich in der Neuzeit der Zweifel, die rückhaltlose Tiefenlotung von der innersten Problematik nicht nur des Menschen, sondern auch des universalen Seins, auf.

Schopenhauers Philosophie aber ist, trotz aller Verschiedenheit, in einem unmittelbaren Zusammenhang mit der Philosophie von Leibniz, Hegel und auch von der Nietzsches zu sehen. Gerade in Friedrich Nietzsche (1844–1900) können wir einen der größten Utopisten aller Zeiten, das heißt aber auch einen der größten Visionäre eines künftigen Menschen erkennen. Und Martin Heidegger (1889–1976) sieht alles Sein vom Möglichen her bestimmt. So schreibt er in seinem Hauptwerk »Sein und Zeit« u. a.: »Aber auch die ›Einheit‹ des mannigfaltigen Vorhandenen, der Natur, wird nur entdeckbar auf dem Grunde der Erschlossenheit einer Möglichkeit ihrer.« Und: »Die Möglichkeit als Existential dagegen ist die ursprünglichste und letzte positive ontologische Bestimmtheit des Daseins.« Diese Möglichkeit aber ist doch auch die Möglichkeit hin zur Wandlung, zur Transformation des galaktischen Seins.

Auch die Philosophie von Jean Paul Sartre deutet auf Ausgangspunkte einer galaktischen, zugleich aber auch einer demiurgischen bzw. utopischen Philosophie hin. Sartres Philosophie bezeichnet jenen Punkt, der eine neue absolute Freiheit des Menschen begründet. Sie fordert daher auch in diesem Sinne eine permanente Schöpfung des Menschen, eine »création continue«, die der Mensch selbst produzieren muß, will er sich nicht selbst preisgeben. Damit aber berührt Sartre zugleich auch den Ausgangspunkt des Menschen, seiner Entwicklung zu letzten Möglichkeiten.

Denn in diesem Ausgangspunkt, der in unserer Schwellenzeit liegt, kann sich der Mensch entweder selbst vernichten oder er vermag sich einem künftigen Demiurgen entgegenzuentwickeln, freilich auch einem dämonischen Wesen. Um eben dies zu verhindern, scheint es notwendig, neue Momente und Einsichten einer künftigen galaktischen Christenheit und die Seinsphilosophie des Ostens der Entwicklung eines künftigen geistigen, sich dem Universalen und dem Göttlichen zubewegenden Menschen zu verbinden.

So kann besonders die eminente Geistigkeit Indiens als Gegengewicht zu einer schrankenlos rational-intellektuellen Entwicklung verstanden werden. Ein Gegengewicht zu einer Fehlentwicklung, die letztlich zur Dämonie einer abstrakten Intelligenz führen könnte. Eine Perversion des Denkens, die das Organische unserer Lebensentfaltung in rein mechanisch-rationale Prozesse auflöst, bis hin zum sogenannten Cyborg, zu diesem Kombinat von Roboter und menschlichem Gehirn.

Und von diesem Gesichtspunkt aus garantiert vor allem die Philosophie Sri Aurobindos die Entwicklung zu einem künftigen Geistmenschen. Zu einem galaktischen und demiurgischen Menschen, der die Transformation des galaktischen Seins nicht hochmütig als einen intellektuellen Zynismus, sondern als eine Kunst begreifen wird, die er in einer gewissen Demut, in Integration hin zum Geistigen, zuletzt zum Göttlichen, bewirkt.

Die Utopie, das utopische Denken überhaupt, oft skeptisch-kritisch verzerrt, erhielt vor allem durch Ernst Bloch (1885–1977) eine neue Würde und entscheidende Perspektivität. Denn: Eine Gesellschaft, die sich der Utopie, dem *Prinzip Hoffnung* verschließt, ist zur Verstarrung und schließlich zum Untergang verurteilt. So wird eines der Werke von Ernst Bloch, sein »Experimentum Mundi«, von der Idee mitbestimmt: »Das Reale enthält in seinem Sein dic Möglichkeit eines Seins wie Utopie, das es gewiß noch nicht gibt, doch es gibt den fundierten, fundierbaren Vorschein davon und dessen utopisch-prinzipiellen Begriff...«. Und über die Formen der Natursphäre bemerkt Ernst Bloch dann, sie »sind prozeßhaft, dialektisch-qualifizierend, morphologisch-experimentell, kurz, von Umtrieben der Utopie bewegt«. Das gesamte Universum aber wird von utopischen Dimensionen bestimmt, ist doch »die gesamte

Angelegenheit dieses Kosmos... objektiv noch nicht hell«, aber »eben deshalb voller vorgreifender, jedoch noch nicht ausreichender Naturutopie, von ihr bewegt, durchzogen, unfertig gefüllt... Ja, im Kosmischen kulminiert die Natur als ein Sein, das letzthin nur aus dem Ziel zu verstehen ist...« (S. 225).

Dieses Ziel aber, von dem aus die Natur als ein Sein verstanden werden kann, ist eben die Transformation dieses problematischen, »objektiv noch nicht hellen« Seins und der ihm zugeordneten Wirklichkeit in eine höhere.

So gesehen wird die utopische Dimension auch als eine provokative zu verstehen sein: Denn von einem »Urwissen« bestimmt, daß etwas in diesem Sein zutiefst utopisch ist – da das Sein eine Möglichkeit, ein Entwurf auf etwas hin ist –, werden die kreativen Potenzen des Menschen herausgefordert. Sie werden zur Sein- und Sinnbewältigung provoziert. Eine Bewältigung, die sich dann in der höchsten Steigerung der kreativen Potenzen zur Demiurgie, nämlich in der Transformation dieses Seins vollzieht. Ein Ereignis, das zugleich die Erlösung dieses Seins und seine Sinnbewältigung darstellt.

So ist also die Utopie als jene Eigenart des Denkens und Fühlens, zugleich aber auch als jene uns vorwärts werfende Macht zu verstehen, die jeden einzelnen Menschen wie die Menschheit insgesamt »offen« hält und nicht nur jedem Menschen, sondern auch jedem personal-galaktischen Wesen in diesem Universum die Chance bewußt werden läßt, sich, der Zukunft zu gesehen, vorwärts und aufwärts zu entwickeln, um sich schließlich auch selbst zu transformieren.

Utopische Philosophie ist daher jene Philosophie, die an die *Realwerdung des Utopischen,* das heißt an die Verwirklichung gerade der für unmöglich gehaltenen Ziele des Menschen glaubt, sie oft geradezu bewußt radikal proklamiert, um eben dadurch den Menschen nicht nur »offen« zu halten, sondern um ihn zugleich auch für eine große und phantastische Zukunft zu aktivieren. Für eine Zukunft, welche zuletzt nicht die abstrakten, sondern die poetischen Bildenergien in einer angestrebten Transformation und vor allem in faszinierenden neuen Weltschöpfungsentwürfen vollendet.

Utopische Philosophie ist auch jene Philosophie, welche den Menschen in Integration zu anderen planetoiden Sozietäten in diesem Universum erkennt und daran glaubt, ihn einmal in einer »Reihe« von »n« anderen planetoiden Sozietäten, vorerst unserer Galaxis, bestimmen zu können. Utopische Philosophie aber ist vor allem auch jene Philosophie, welche im Menschen, und nicht nur in ihm allein, sondern höchstwahrscheinlich auch in anderen personal-galaktischen Wesen, Entwürfe hin zur Demiurgie erkennt.

Zu einer Demiurgie, die dazu befähigt, dieses Universum bzw. das galaktische Sein bestimmter Bereiche zu verwandeln. Das aber ist eben die größte und entscheidendste Utopie – *die Utopie aller Utopien* –, die überhaupt nur zu proklamieren ist. Und sie kann daher auch nur von jenen Menschen verwirklicht werden, welche die Spitze unserer Menschheit bezeichnen, nämlich von den Demiurgen! Sie sind als jene eminent geistgewaltigen personal-galaktischen Wesen zu begreifen, die in unserer Menschheit, aber auch vielleicht in »n« anderen planetoiden Sozietäten, einzig und allein imstande ist, diese Utopie einer Transformation oder einer Neuschaffung galaktischen Seins zu realisieren. Sie sind daher in der Erlösungskraft, in der geistigen Transformationspotenz in einer gewissen Nachfolge Buddhas wie Christi und Sri Aurobindos zu sehen.

Diesem Aspekt der Transformation wie Erlösung und Neuschaffung ist jedoch auch in einem besonderen Maße die Dramatik als jene Kunst zugewandt, in der das Bewußtsein vom grundsätzlich problematischen und eminent tragischen Charakter des Universums am unmittelbarsten zu einer ganzheitlichen Darstellung gelangt.

Vergessen wir doch keinen Augenblick: Ausgangspunkt einer utopischen Philosophie bildet eben dieser zutiefst fragwürdige Grundbestand unseres Universums. Und ein entscheidendes Moment unserer Erkenntnis besteht darin, daß unser Universum nicht, wie man früher glaubte, von Harmonie bestimmt wird. Im Gegenteil, unser Universum ist von pantragischen Dimensionen bedingt, ein verzerrter Kosmos, will man an dieser Interpretation überhaupt festhalten. Nur in räumlich und zeitlich begrenzten Bereichen offenbart sich jene einst dem gesamten Universum zugrunde gelegte Idee eines »Kosmos«, aber auch hier nur in Ahnungen und Integralen. Die Dramatik weist nun dominant auf diesen tiefsten und durch nichts hinwegzuleugnenden Bruch im Universum und auf die Tragik des Seins, des Lebens hin.

Besonders die Dramatik wird also von der Bewußtwerdung eines zutiefst pantragisch bestimmten Universums profiliert. Dadurch aber enthüllt sie den eigentlichen Charakter des universalen Seins an sich. Sie läßt aber auch erkennen, daß sich erst im *dramatischen Ereignis* – vorbereitet und akzentuiert durch die Dramaturgie – der problematische, zuletzt tragische Wesensgrund des Universums ganzheitlich in bestimmten Werken des Welttheaters aller Zeiten offenbart. In diesem Sinne kann daher gerade die Dramaturgie als künstlerische Methodik der Wesensenthüllung des Seins verstanden werden. In dieser Perspektivität aber ist auch die Dramatik in einem unmittelbaren Bezug zu einer utopischen, das heißt zugleich auch zu einer *demiurgischen Philosophie* zu erkennen. Zu einer Philosophie also, welche mit einer geistigen Leidenschaft ohnegleichen, und zwar durch Aktivierung höchster kreativer, nämlich demiurgischer, Potenzen, diesen an sich zutiefst skandalösen Zustand überwinden will.

Zu dieser utopischen Philosophie führt aber nicht nur das Denken von Ernst Bloch, sondern auch die kosmische Theologie von Teilhard de Chardin, dessen Sehnsucht nach der Offenbarung des Christus – als Panthokrator, als Schöpfer des Alls – bekanntlich ein Universum konzipiert hat, das sich in steter, fortschreitender Entwicklung der Offenbarung des Punktes Omega, eben Christus – der nämlich in seiner Eigenschaft als Panthokrator auch das Alpha und Omega, d. h. den Anfang wie das Ende aller Dinge in sich schließt –, zubewegt. Jenem Christus entgegen, der von Teilhard auch als die »immanente Spitze des menschlich-kosmischen Kegels« verstanden wird.

Zu dieser utopischen Philosophie führen jedoch auch bestimmte Perspektivlinien der Philosophie und Ideologie von Marx, Lenin und Mao, denkt man nämlich ihr eigentlich von Hegel herkommendes Anliegen weiter, in dem sich der Weltgeist mit dem Bewußtsein der Menschheit bzw. mit einer neuen Gesellschaft gleichsetzt. Diese neue Gesellschaft aber kann wieder nur als eine solche verstanden werden, welche die gesamte Menschheit umschließt. Die neue Gesellschaft wird also unseren gesamten Planeten zu umgreifen haben, um nämlich in einer »planetoiden Sozietät« ihre erste Vollendung zu finden. In diesem Sinne wird sie sich dann aber auch als das einzigartige Bewußtseinsorgan des Sonnensystems zu begreifen haben. Als Bewußtseinsorgan, das, in eminenter Bewegung begriffen, sich einem neuen universalen und demiurgischen Bewußtsein zubewegt.

Allerdings hat diese Entwicklung die Einbewegung der Menschheit in den galaktischen Ereignisraum von »n« anderen planetoiden Sozietäten einzuschließen. Und in diesem Sinne darf auch angenommen werden, daß alle planetoiden Sozietäten in allen Galaxien, im Universum insgesamt, zu einer einzigartigen *demiurgischen Energieeffizienz* gelangen.

Innerhalb dieser universalen demiurgischen Energieeffizienz, die auf eine bewußte Transformation des galaktischen Seins zielt, ist nun auch die Entwicklung unserer planetoiden Sozietät zu erkennen. Das bedeutet, daß die Ideologien von Marx, Lenin und Mao wie überhaupt alle Ideologien, auch dort, wo sie konkret geworden sind oder noch konkret werden, bereits von einer weitaus umfassenderen, von einer galaktischen Perspektivität verändert, dadurch aber auch relativiert werden. Und zwar relativiert im Sinne der Formel

$$\frac{1}{\text{Trillionen}^{n}}$$

wobei »1« unsere planetoide Sozietät, »Trillionen« sich auf die Zahl der möglichen Galaxien bezieht. »n« aber meint hier die uns unbekannte Zahl von planetoiden Sozietäten, die in jeder oder in den meisten dieser Trillionen Galaxien existent zu denken sind. Sozietäten, die sich entsprechend ihren kosmischen und biologischen Voraussetzungen entwickeln, um dann zum Ausdruck ihrer höchsten geistenergetischen Wirkung zu gelangen.

Mit allem Nachdruck ist jedoch an diesem Punkt festzustellen, daß die utopische Philosophie, die eine demiurgische Revolution fordert, die Vollendung jedes revolutionären Denkens durch alle Äonen darstellt, und zwar nicht nur in unserer, sondern wahrscheinlich in fast allen planetoiden Sozietäten, vorausgesetzt, diese sind zu einem galaktischen Bewußtsein durchgestoßen.

Zugleich aber ist hier auch festzustellen, daß diese hier skizzierte utopische Philosophie etwas wie eine Einleitung, etwas wie einen Aspekt auch einer »Galaktischen Philosophie« darstellt. Eben diese »Galaktische Philosophie« – zu der uns die galaktischen Perspektiven hinführen – bildet das wesentliche Anliegen der hier gegebenen Darlegungen. Die »Galaktische Philosophie« begreift sich als die Fortsetzung, dadurch aber auch als die Vollendung der gesamten bisherigen sogenannten Welt- und Seinsphilosophien und in diesem Sinne auch der utopischen Philosophie.

Die »Galaktische Philosophie«, wesentlich, jedoch nicht ausschließlich der Kosmologie und Astrobiologie, aber auch den anderen Wissenschaften verbunden, vor allem jenen, die erst entstehen, die von der Zukunft her auf uns zukommen, kann derzeit selbstverständlich nur in den Morgenröten gedeutet werden. Daher vermögen die Darlegungen in diesem Buch nur allererste und notwendig durch Mängel bedingte Vorentwürfe dieser künftigen »Galaktischen Philosophie« zu skizzieren.

Zugleich aber muß die »Galaktische Philosophie«, zu der hin geradezu zwangsläufig die Einbewegung unserer Menschheit in den galaktischen Ereignisraum führen wird, als eine Philosophie verstanden werden, zu der auch andere, uns noch unbekannte planetoide Sozietäten höchstwahrscheinlich bereits vorgestoßen sind oder noch vorstoßen werden. Und zwar deshalb, weil auch diese anderen planetoiden Sozietäten, so wie wir dem Ereignisraum der Galaxie eingeordnet, sich mit ihm auseinanderzusetzen haben werden. Eine Auseinandersetzung, die bereits zu praktischen Aktionen vorgestoßen sein könnte, das heißt zur Entfaltung der kreativen, letztlich der demiurgischen Potenzen der planetoiden Sozietäten.

Diese Überlegungen lassen uns also folgende denkbare Möglichkeit annehmen: Der Begriff, die Existenz einer »Galaktischen Philosophie« entfaltet sich nicht nur in unserer Menschheit, sondern aller Wahrscheinlichkeit nach auch in »n« anderen planetoiden Sozietäten. Das aber ist vielleicht ein grundsätzlich neuer, bisher überhaupt noch nie vorher in Erwägung gezogener Perspektivbereich bzw. auch ein neues Verständnis der Philosophie, das sie entscheidend erweitert. Die weiteren Darlegungen dieses Buches werden versuchen, diese Hypothesen und Perspektiven einsichtiger zu machen.

Da sich unsere Menschheit – stets vorausgesetzt, sie vernichtet sich nicht selbst oder geht durch eine uns derzeit noch nicht bekannte Katastrophe zugrunde – einer planetoiden, einer solaren und schließlich einer galaktischen Sozietät zubewegen wird, so wird dieser dominanten Entwicklung zu galaktischen Dimensionen gerade die »Galaktische Philosophie« in einer immer mehr sich weitenden und steigernden Aktualität als künftiges Bewußtseins-, Steuerungs- und Kreativorgan verbunden sein. Sie wird in diesem Sinne immer mehr von ihrer derzeit noch vorläufigen utopisch-hypothetischen Dimension zu einer unmittelbaren Erfahrung des galaktischen Seins und

Lebens vorstoßen. Sie wird daher immer mehr befähigt werden, zu einer »Prädikatsanalyse« möglichst vieler planetoider Sozietäten zu gelangen.

Unter diesem Begriff der »Prädikatsanalyse« einer planetoiden Sozietät wird die Analyse der Aussage über eine ganz bestimmte Sozietät in unserer Galaxis, die Summe der Informationen, die wir über sie erhalten können, verstanden. So schließt also jede dieser Prädikatsanalysen über eine planetoide Sozietät auch das möglichst entwickelte Wissen über deren Eigenart, Intelligenz, Art des Geistes wie über ihre Gesellschaftsform und über ihre Geschichte notwendig ein.

Diese Erwägungen lassen es auch verständlich erscheinen, daß es voraussichtlich gewisse Zeiten währen wird, um eine immer mehr anschwellende Zahl von solchen Prädikatsanalysen planetoider Sozietäten nach bestimmten Systemen und Kategorien zu ordnen.

Ebenso wird eine geraume Zeit vergehen, um die Energien des Bewußtseins, der Intelligenz und des Geistes dieser wahrscheinlich sehr verschiedenen planetoiden Sozietäten zu aktivieren, um sie schließlich in einem gemeinsamen »demiurgischen Effekt« zu koordinieren, in dem sie sich vollenden.

Freilich ist aber auch das Gegenteil denkbar, nämlich daß wir von viel höher entwickelten planetoiden Sozietäten sozusagen in den Griff genommen und ihren Erkenntnissen wie ihren Machtbereichen zugeordnet werden.

In diesem Sinne ist nun auf eine Reihe von Hypothesen hinzuweisen, die in einem engen Zusammenhang mit dem Problem der UFOs stehen, also mit unbekannten Flugobjekten, die von Angehörigen anderer planetoider Sozietäten, vielleicht auch in anderen Wirklichkeiten beheimatet, gebaut und gesteuert werden. Es gibt Hypothesen, die behaupten, daß unsere Menschheit bereits seit Jahrtausenden von solchen außerirdischen Sozietäten nicht nur beobachtet, sondern auch gesteuert wird. Es soll Berichte geben, in denen »Meister« anderer planetoider Sozietäten erklären, ihnen wäre die Verantwortung über bestimmte Planeten zugeteilt worden, und sie wären daher für das Schicksal dieser Milliarden Wesen zuständig. Es gibt ferner Hypothesen, die auf eine äußerst rege und kontinuierliche Kontaktnahme der Ufonauten zu unserer Menschheit schließen lassen, die an verschiedenen Punkten der Erde ihre Stützpunkte besitzen. Manchmal sind die Stützpunkte, wie es heißt, auch mit den Bereichen untergegangener uralter kosmischer Hochkulturen wie etwa Atlantis oder Lemuria identisch. Der Brasilianer Jader U. Pereira aus Porto Alegrei hat sogar aufgrund einer Analyse von einschlägigen Berichten sowie sogenannter Kontaktberichte versucht, die Ufonauten in verschiedene Kategorien einzuteilen, die aus verschiedenen Bereichen unseres Universums stammen sollen. So hat er vier Typen mit jeweils drei Varianten, also insgesamt zwölf außerirdische Gesellschaften, unterschieden.

Vielleicht mag die Kontaktnahme mit anderen planetoiden Sozietäten auch in anderer Weise, vielleicht auch früher erfolgen, als wir derzeit annehmen. So meint der deutsche Raketenforscher Hermann Oberth, der Mensch könne vielleicht einmal »parapsychologisch« das All durchschreiten und entdecken, brauche doch die Seele des Menschen »für ihre Reise keine Zeit, die gibt es nur im dreidimensionalen Raum«. Und: »Der Mensch wird lernen, wie seine unsterbliche Seele den Körper verlassen und sich in ein anderes Sonnensystem versetzen kann. Dort wird die Seele aus Materie einen neuen Körper aufbauen und mit Lebewesen in Kontakt treten.« (Zit. nach Gottfried Herberts »Begegnungen mit Außerirdischen«, 1977.)

Alle diese Möglichkeiten und Hypothesen sind interessant, und der Mensch sollte sich für dieses offenhalten, ohne jedoch sein selbständiges und freies wie kritisches Denken und Forschen wie seine Kreativität und Phantasie dadurch beeinflussen oder gar lähmen zu lassen. Eine planetoide Sozietät, welche wie eben unsere Menschheit einen Michelangelo, einen Shakespeare und einen Beethoven hervorgebracht hat, besitzt zu dieser Erkenntnis jedes sittliche und geistige Recht. Solange wir nur mit problematischen, wissenschaftlich nicht erwiesenen Berichten rechnen können, haben wir diese unseren eigenen Planungen als Hypothesen einzuschließen, praktisch jedoch frei und unbeeinflußt, der Würde des Menschengeistes entsprechend, letzte Ziele anstrebend zu denken und kreativ demiurgisch zu wirken.

Nur diese Haltung garantiert auch die einzigartige Bedeutung einer sich in unserer Menschheit entwickelnden »Galaktischen Philosophie«. Zugleich aber führt diese Erkenntnis zu der weiteren, daß die Einbewegung unserer Menschheit in den galaktischen Raum sie nicht nur in ein Abenteuer, sondern auch in ein Risiko ohnegleichen stürzen könnte. Dennoch ist dieses Risiko anzunehmen. Ein Risiko, für das vor allem auch die »Galaktische Philosophie« eintritt, läßt sie doch der Menschheit ihre künftige Chance in galaktischen Perspektiven und Dimensionen erkennen oder erahnen. Eine Chance, die sie aber auch anderen planetoiden Sozietäten eröffnen könnte. Obwohl es eine Reihe von viel höherentwickelten planetoiden Sozietäten, vielleicht auch von sehr gefährlichen, geben könnte, so wäre auch eine Reihe von planetoiden Sozietäten vorstellbar, die sozusagen auf uns hin, und zwar bereits schon seit Äonen, zugeordnet erscheinen, damit wir ihr Bewußtsein erwecken und höherführen. Damit wir in ihnen allen schließlich das Bewußtsein für eine das Universum erfassende demiurgische Aktion bzw. Revolution erwecken. Und eben diese demiurgische Revolution wird von der »Galaktischen Philosophie« nicht nur proklamiert, sondern bildet ihren hauptsächlichen Inhalt.

Daher könnte die »Galaktische Philosophie« nicht nur zu einer Prädikatsanalyse von »n« planetoiden Sozietäten, sondern auch zum dominanten Bewußtseinserwecker für viele planetoide Sozietäten werden, um sie zu einer das galaktische Sein, diese Wirklichkeit selbst transformierenden demiurgischen Revolution zu aktivieren. Allein schon aus dieser Vorstellung, aus dieser Perspektivmöglichkeit ergibt sich eine Größe und eine Aktualität der »Galaktischen Philosophie«, die jede andere Philosophie vorher in ihrer Entscheidungs- und Bedeutungsdimension notwendig überhöht.

Gewisse Hypothesen und Berichte scheinen nun diese eigentliche große Chance, zu der unsere Menschheit berufen worden sein könnte, zu mindern. So soll ein »Meister« einer anderen planetoiden Sozietät, welcher zu einer bestimmten UFO-Besatzung zählt, erklärt haben, daß der Planet Erde etwas wie eine Strafkolonie darstelle. Und vom Standpunkt eines entwickelten kosmischen Bewußtseins aus befände sich unsere Menschheit noch in einer Art Steinzeit.

Beiden Behauptungen, wurden sie überhaupt jemals wirklich und in dieser Form von diesem außerirdischen »Meister« ausgesprochen, ist zuzustimmen, ohne daraus von vornherein eine grundsätzlich galaktische Minderbewertung unserer Menschheit abzuleiten. Zweifellos, unsere Menschheit befindet sich derzeit, das heißt in unserer Gegenwart, in einer einzigartigen Entscheidung. Aber gerade diese Entscheidung zwischen absoluter Vernichtung einerseits und dem Beginn einer kosmischen Entwicklung, die zur Transformation der Wirklichkeit führen kann, andererseits bedingt eine eminente Spannung, die alle kreativen Energien in unserer Menschheit aktiviert und auch noch wie nie vorher potenziert. Die Menschheit, die sich einerseits auf einem Planeten befindet, der tatsächlich als eine Art Strafkolonie und auch als eine Art Fegefeuer zu bezeichnen ist, und die auch noch immer in einem sittlichen Zustand einer Steinzeit verharrt, ist aber zugleich auch jene Menschheit, deren tiefstes Wesen durch ihre Künstler geoffenbart erscheint. Die Existenz und das Schaffen eines Michelangelo, Shakespeare und Beethoven – die für Tausende anderer Genies stehen – deuten nämlich unübersehbar auf die eigentliche Größe und Aufgabe unserer Menschheit hin, nämlich demiurgisch zu wirken.

Die gewaltigen Werke dieser drei Schöpfungstitanen sind jedoch andererseits wieder nur als Vorentwürfe zu den demiurgischen Aktionen der Menschheit der Zukunft zu verstehen. Ein Wirken, das aus einer neuen, einer galaktischen Geistigkeit und aus einer neuen Liebe, wissend um das Leid, um den metaphysischen Skandal dieses Seins, »weltenschöpferisch« werden will und schließlich auch demiurgisch-revolutionär werden wird.

So ist also die »Galaktische Philosophie« a priori mit einem Bewußtsein ohnegleichen auf eine galaktische Demiurgie hin ausgerichtet. Das bedeutet ferner: Die »Galaktische Philosophie« ist jene Art der Philosophie, welche sich erstmals überhaupt, seit es Philosophie in unserer Menschheit gibt, der kleinsten universalen Grundeinheit, nämlich der Galaxis, zuwendet. Eine Grundeinheit, die jedoch höheren Ordnungen, nämlich vorerst unserer sogenannten »lokalen galaktischen Gruppe«, eingeschlossen ist. Aber auch diese galaktischen Gruppen – denn unsere lokale Gruppe ist nur eine unter vielen – sind noch viel gewaltigeren Strukturen, wie etwa der sogenannten Metagalaxis, und auch voraussichtlich einer noch umfassenderen Einheit, nämlich einer sogenannten Teragalaxis, eingeordnet. Allein die Größe des vorhin erwähnten metagalaktischen Systems (hier wird eine kosmologische und keine metaphysische Struktur gemeint) wird, wie Nobelpreisträger Hannes Alfvén in seinem 1967 erschienenen Buch »Kosmologie und Antimaterie« bemerkt, nach Milliarden von Lichtjahren berechnet und besteht aus 10^{10} (= zehn Milliarden!) Galaxien. Aber außerhalb unserer Metagalaxie, der wir eingeschlossen sind, könnte es nach dem schwedischen Kosmologen Otto Klein noch weitere Metagalaxien geben, die zusammen ein noch gewaltigeres System bilden, nämlich eine »Teragalaxie«, wobei dieser neue Begriff vom griechischen Wort »teras«, d. h. »unerhört groß«, abgeleitet wurde.

Die »Galaktische Philosophie« ist also auch als jene einzigartige und neue Philosophie zu begreifen, welche erstmals die Frage nach *dem Wesen* unserer Galaxis, aber auch nach dem Wesen anderer Galaxien stellt. Das heißt, sie fragt nach den Strukturen, Substanzen und Prädikaten unserer, aber auch anderer Galaxien. Sie fragt außerdem nach der Bewußtseins-, Vitalitäts- und Intelligenz- wie letztlich Geistentfaltung in »n« planetoiden Sozietäten.

Von diesem Aspekt aus begreift daher die »Galaktische Philosophie« jede Galaxis als einen ganz bestimmten kosmischen Lebensbereich, der zwar in sich differenziert, gegenüber anderen Galaxien aber als eine in sich geschlossene Einheit zu erkennen ist. Jedoch als eine Einheit, die zu einer uns noch unbekannten Ergänzung durch andere Galaxien drängt, denen sie sich vielleicht »irgendwie« verbunden und zugeordnet »fühlt«.

Die »Galaktische Philosophie«, die sich vorerst – oder auch – in unserer Menschheit konzentriert, untersucht und aktiviert das galaktische Bewußtsein. Darunter wird ein Bewußtsein verstanden, das unsere Menschheit, aber auch höchstwahrscheinlich die anderen planetoiden Sozietäten als die kleinsten soziologischen Empfindungs- und Geistzentren unserer Milchstraße begreift, der wir alle als der uns gemeinsamen kosmischen Empfindungs- und Geistordnung eingeschlossen sind.

Als Aufgabe dieses galaktischen Bewußtseins, das unserer Heimatgalaxis zugeordnet ist, erkennt die »Galaktische Philosophie« die Aktivierung aller nur vorstellbaren kreativen Prozesse in allen planetoiden Sozietäten, die sich dann in einer immer mehr steigernden Bewußtwerdung der demiurgischen Potenzen vollenden. Diese wieder erstreben die Transformation des universalen Seins, erstreben die revolutionäre Aktion, die revolutionäre Verwandlung des galaktischen Seins in ein höheres, oder sie zielen auf eine neue Schöpfung hin.

Mit anderen Worten: Das Werden, das unser gegenwärtiges Sein bestimmt, ist ein Werden, das auch das Vergehen, das heißt das Leid, das Katastrophale wie das Sinnlose, einschließt. Dieses gegenwärtige sogenannte Werden aber ist sozusagen ab der Auferstehung, ab der christlichen Glaubensidee einer durch das Ostermysterium eingeleiteten Verwandlung des Universums an sich nicht mehr zu akzeptieren. Das Werden wird also grundsätzlich neu zu begreifen sein, nämlich als ein

Werden, das nicht hin zu einem Vergehen, sondern zu einem immer weiter fortschreitenden Höherwerden führt. Das Vergehen, das Verwesen, das sinnlos Tragische wird daher grundsätzlich aus dem gegenwärtigen Sein, aus dem Charakter unserer Wirklichkeit an sich zu eliminieren sein. Auch das ist einer der Wesensaspekte einer »Galaktischen Philosophie«.

Aber nicht nur an eine einzige Galaxis, etwa an unsere allein, ist hier zu denken, sondern auch noch an »n« andere Galaxien. An alle jene Galaxien jedenfalls ist zu denken, die entweder aus sich zu dem ihnen spezifischen demiurgischen Bewußtsein, zu der ihnen entsprechenden »demiurgischen Aktion« erwachen oder aber dahin überhaupt erst von unserer Galaxis aus erweckt werden.

Das aber bedeutet: Die Aktivierung aller planetoiden Sozietäten, die insgesamt als ein demiurgisch-revolutionäres Energiefeld zu begreifen sind, welches das Universum, zumindest gewisse Teilbereiche von ihm, erfaßt, ist zu einem ganz bestimmten Zeitpunkt einzuleiten bzw. vielleicht schon eingeleitet worden, ohne daß wir davon bis heute etwas wissen. Ein Energiefeld also, in dem jeder Punkt innerhalb der verschiedenen galaktischen Strukturen eine planetoide Sozietät darstellt.

Man kann aber dieses demiurgisch-revolutionäre Energiefeld nicht nur als ein »Feld«, sondern auch organisch, nämlich als etwas wie einen *demiurgisch-revolutionären Auferstehungsleib* verstehen. Als eine Art Geistleib sozusagen, der die Verwandlung des gesamten universalen Leibes einleitet bzw. schon eingeleitet hat.

Diese Vorstellungen werden vielleicht einsichtiger, versucht man die These eines lebenden Universums, eines organischen Aufbaues des Weltalls zu verstehen. Eine interessante These, wie sie Walter Bargatzky in seinem Buch »Das Universum lebt« zur Diskussion gestellt hat.

Der Gedanke eines sogenannten »Auferstehungsleibes« zeigt die Verklärung großer Heiliger, die Geistwerdung großer Meister des Ostens, die immer wieder erwähnte Fähigkeit, nicht nur verschiedene Bildwelten, sondern sich selbst auch in verschiedenen Körpern zu erschaffen bzw. in verschiedenen Körpern erscheinen zu können. Dies sind Zeichen und Hinweise auf die demiurgisch-revolutionär bewirkte Möglichkeit einer Transformation, Wandlung, Vergeistigung oder Neuschaffung des Universums, zumindest gewisser Bereiche in ihm.

So wird also die »Galaktische Philosophie« nicht nur als eine theoretische Lehre von der Natur, dem Wesen und den Perspektiven der Galaxien zu verstehen, sondern auch als eine eminent *praktische Philosophie* zu verwirklichen sein. Als eine Philosophie, welche die Demiurgie nicht nur postuliert, sie nicht nur mit Worten fordert, sondern sie auch de facto in allen nur vorstellbaren Denk- und Kreativbereichen zu verwirklichen sucht, nachdem sie für diese Demiurgie das kreative Bewußtsein, mehr noch die kreativen Potenzen, erweckt hat.

Das bedeutet auch: Die Transformation des bisher gewohnten und üblichen Charakters der Philosophie in eine neue Art der Philosophie überhaupt. Das bedeutet weiterhin, daß sich die »Galaktische Philosophie« in einer Kunst vollendet, und zwar in der Kunst aller Künste, in der Kunst der Weltschöpfung, eben der Demiurgie.

Das bedeutet ferner die Aktivierung aller planetoider Sozietäten innerhalb einer bestimmten Galaxis, innerhalb eines bestimmten Lebensbewußtseins, innerhalb eines ganz bestimmten Intelligenz- und Geistfeldes, das dann eben durch diese Aktivierung zu einem *einzigartigen demiurgisch-revolutionären Wandlungsfeld* wird.

Die Chancenmöglichkeit der Verwirklichung der Inhalte und Zielperspektiven der »Galaktischen Philosophie« kann jedoch nur dann überzeugend widerlegt werden, wenn sich in einer sehr fernen Zeit ihre Postulate und Aktionen, ihre Aspekte und Anliegen als falsch erwiesen haben sollten.

Auch ist zu bedenken, daß die Transformation des galaktischen Seins zu einem Wesensanliegen aller planetoider Sozietäten, ihrer Denk- und Kreativkräfte werden muß, weil sich die in den Galaxien entwickelten Geistespotenzen immer mehr in einer Umwelt befindlich erkennen, die schon längst nicht mehr ihrer eminent höheren Natur entspricht. Gleich Prometheus am Felsen des Kaukasus geschmiedet, drängen die galaktisch-personalen Wesen nach eigener Entfaltung ihrer zuinnerst herrlichen geist-poetischen Natur, nämlich zuletzt selbst Demiurgen, ja sogar selbst göttliche Wesen zu werden.

Und von diesen Überlegungen aus wird es einsichtig, daß bestimmte, sehr hoch entwickelte planetoide Sozietäten in unserer oder in anderen Galaxien diese Idee bereits verwirklichen könnten, während wir überhaupt erst die allerersten Silben eines neuen Wandlungs- und Schöpfungsalphabetes zu buchstabieren beginnen.

Der immer bewußter unternommene Versuch, allein schon in der Geschichte unserer Menschheit ab der ersten Renaissance, dann konzentriert in den letzten Jahrzehnten des 19. und im ganzen 20. Jahrhundert, die Natur, ihre Energien zu bewältigen, deutet auf dieses Ziel hin. Dadurch wurde jedoch ein Prozeß eingeleitet, der zuletzt nicht die Ausbeutung der Natur, die Nutzbarmachung ihrer Energien, sondern die Transformierung des galaktischen Seins, vielleicht den Durchbruch zu anderen Wirklichkeiten oder sogar eine demiurgische Neuschöpfung anstrebt.

Daher fordert die »Galaktische Philosophie« die Aktivierung aller unserem Universum eingeschlossenen Bewußtseinskräfte, die sich organisieren und potenzieren wollen, um an einem bestimmten Punkt der Entwicklung des Universums sein Sein, seine uns begreifbare Wirklichkeitsdimension zu durchstoßen. So wie etwa ein Küken seine Eischale aufschlägt, bevor es in eine ihm ganz neue Wirklichkeit springt. So wie sich der Demiurg Prometheus, Schöpfer des Menschen und Bringer des Feuers, endlich vom Felsen des Kaukasus reißen will, um nicht mehr länger die furchtbaren Qualen zu dulden, die ihm der von Zeus gesandte Geier jeden Tag, jahrein, jahraus bereitet.

Daher müssen sich einmal, und zwar noch vor jenem Zeitpunkt, da sich die Katastrophentendenz unseres Universums überwältigend offenbart – begründet durch die pantragische Konstante –, die diesem Universum eingeschlossenen Bewußtseinskräfte, seine Intelligenzen, seine demiurgischen Potenzen aus diesem katastrophal mitbedingten Universum lösen, um es sozusagen zu »erlösen«, um es eben demiurgisch zu transformieren.

Die »Galaktische Philosophie«, die auch als eine Philosophie in galaktischen Dimensionen, das heißt in galaktischen Räumen und Zeiten zu verstehen ist, behält ihre Aktualität auch dann, wenn unsere Menschheit, bedingt durch eine mögliche Selbstvernichtung oder durch eine kosmische Katastrophe, das vorhin charakterisierte Transformationsziel nie erreichen sollte. Ein Schicksal, das sie höchstwahrscheinlich mit »n« anderen planetoiden Sozietäten teilen könnte.

So ist also die Einzigkeit der »Galaktischen Philosophie«, zu der uns die galaktischen Perspektiven hinführen, mit aller Schärfe zu erkennen: Sie besitzt nämlich auch dann Gültigkeit, wenn unsere Menschheit zugrunde gehen sollte. Denn die »Galaktische Philosophie« tangiert, und zwar einzig und allein nur sie, auch den Sinn aller »n« planetoider Sozietäten, aller galaktisch-biozentrischer Bewußtseinseinheiten in dieser Galaxis und wahrscheinlich auch in allen anderen »n« Galaxien, die als kosmische Lebensfelder zu begreifen sind.

Die »Galaktische Philosophie« berührt somit auch den Sinn aller jener planetoiden Sozietäten, die sich vor Erreichung des demiurgischen Zieles nicht selbst vernichtet haben.

Dieses dominante Ziel, dem sich die demiurgischen Energien und Potenzen aller galaktisch-biozentrischer Bewußtseinseinheiten zukonzentrieren, ist eben die vornehmste Konzeption des Universums, seines Seins, nämlich seine Transformation in ein höheres Sein, in eine subtilere, in eine herrlichere Wirklichkeit.

Daher bedeutet der negativste Extremfall unserer Geschichte, nämlich der Untergang unserer planetoiden Sozietät, ein Ereignis, das vielleicht kaum bemerkt werden könnte. Der Untergang unserer so kleinen planetoiden Sozietät erscheint vielleicht für andere Sternenvölker deshalb bedeutungslos, weil unsere planetoide Sozietät vor ihrem Untergang nicht zu ihrer eigentlichen Aufgabe, zu ihrer Prädikatsspitze gelangte, weil es eben unserer Menschheit nicht gelungen ist, die Kommunikation zu anderen planetoiden Sozietäten zu finden.

Andererseits brechen jedoch grundsätzlich andere Perspektiven auf, akzeptieren wir nämlich die Existenz von bisher Unidentified Flying Objects (UFOs), damit aber auch die Existenz von bereits sehr weit fortgeschrittenen außerirdischen Zivilisationen und Kulturen. In diesem Falle müssen wir mit der Möglichkeit rechnen, daß der Untergang unserer Menschheit sehr wohl bemerkt wird, mehr noch, daß unsere gesamte Entwicklung, die verhängnisvoll und ab Hiroshima für jeden sichtbar zu einer apokalyptischen Katastrophe drängt, schon seit Jahrhunderten mit immer größerer Besorgnis verfolgt worden ist. In diesem Zusammenhang aber kann dann auch nicht die weitere Möglichkeit von vornherein abgelehnt werden, daß nämlich bereits mehrere »Eingriffe« in der Geschichte unserer Menschheit durchgeführt worden sind, von denen wir bisher keine Ahnung hatten oder die wir, mit anderen Etiketten versehen, mißdeutet haben. Schließlich ist aber auch damit zu rechnen, daß diese sich durch viele Jahrhunderte anbahnende Selbstvernichtung der Menschheit durch einen plötzlichen und überraschenden Eingriff der Außerirdischen seitens dieser Sozietäten verhindert wird. Freilich ist auch die gegensätzliche Hypothese nicht unwahrscheinlich, daß die Besatzungen der UFOs dem Untergang unserer Menschheit doch gleichgültig gegenüberstehen, ihn sogar bewußt mit verursachen.

Diese Frage aber hängt wieder mit der geistigen und sittlichen Art jener außerirdischen Spezies zusammen, die uns durch das noch immer nicht geklärte Phänomen der UFOs begegnet. Aber es erscheint naheliegender anzunehmen, daß diese außerirdischen Sozietäten nicht nur geistig, sondern auch sittlich so hoch entwickelt sind, daß sie, bis zuletzt unsere eigene Entwicklungsfreiheit achtend – oder nur in einem gewissen Maße –, in die Prozesse unserer Weltgeschichte eingegriffen haben, doch nun, angesichts der kritischen Entscheidungssituation unserer Menschheit, immer intensiver und systematischer den Kontakt zu uns aufnehmen, um uns vor der absoluten Selbstvernichtung zu bewahren. Auch das ist eine nicht mehr absolut auszuschließende Hypothese.

Wie auch immer, so ist nicht mehr zu übersehen, daß gerade in dieser besonderen Situation unserer Menschheit, zerrissen und bedroht wie nie vorher und zugleich von einer Dynamik und einer geistigen Energie ohnegleichen, die galaktischen Perspektiven das Bewußtsein für die höchste Idee des Universums aufzubrechen begonnen haben. Und in diesem Sinne ist die »Galaktische Philosophie« als jene zu bestimmen, in der sich vielleicht auch die höchsten Sehnsüchte und die tiefsten Visionen aller Weltreligionen und Weltphilosophien integrieren.

Weiterhin ist zu erkennen: Die »Galaktische Philosophie« besitzt in jedem Fall Realitäts- und Verwirklichungsdimension, vorbereitet durch die revolutionären Aspekte und Aktionen. Denn in unserer Menschheit, auch das ist nicht zu vergessen, sind die Uhren nicht nur auf die eigene Selbstvernichtung eingestellt, sondern feinere Uhren, feinste Seismographen enthüllen die revolutionären Verwandlungen unserer gesellschaftlichen Strukturen, zeigen das große System der dreifachen Revolution an, nämlich der Revolution des Menschen und der Revolution der Gesellschaft, die sich in einer Revolution des galaktischen Seins vollendet. Denn die hier immer wieder postulierte Transformation, höchstes Werk der demiurgischen Potenzen, ist als »Revolution par excellence« zu begreifen.

So zielt die »Galaktische Philosophie« zuletzt auf die Revolution des galaktischen Seins. In diesem Sinne wird sie nicht nur als die eminenteste Revolutionslehre, die bisher jemals in diesem Sonnensystem entwickelt worden ist, sondern auch im wahrsten Sinne des Wortes als eine »permanente Revolution« zu begreifen sein. Das heißt als eine Revolution, die unaufhörlich wirkend erst in ihrem vornehmsten Ziele, nämlich der Transformation des galaktischen Seins und in der möglichen Schaffung noch ungeahnter Wirklichkeiten ihre Vollendung findet. In diesem Sinne proklamiert daher die »Galaktische Philosophie« auch den höchsten, überhaupt nur vorstellbaren Typ des revolutionären Menschen, nämlich den Demiurgen der Zukunft, den sie aber nicht nur fordert, sondern den sie auch vorbereitet und entwickelt.

Die Erkenntnis der vornehmsten und größten Revolutionsidee unseres Universums, nämlich der galaktischen Revolution, ergreift und perspektiviert den Weltwillen und führt ihn – sollte er sich sogar, wie einst Arthur Schopenhauer meinte, in einem dumpfen irrationalen Zustand befinden – seinem höchsten Sinn, seiner letzten Erlösung und Vollendung entgegen!

Weist die Konstante des Pantragischen im Bereiche des universal-galaktischen Seins auf den dumpfen Weltwillen selbst hin, so werden wir nun ihres Gegensatzes ebenso bewußt, nämlich der Konstante des Panlogismus. Eben jener Konstante, die als eine einzige, geistig verwandelnde, galaktische Räume und Zeiten umfassende Energie nach einem letzten Sinn, nach einem letzten Perspektivpunkt hin zu begreifen ist.

Diesem letzten Sinn aber wendet sich auch, wie anzunehmen ist, die Sehnsucht des Geschöpflichen, des personal-geistigen Lebens in allen universal-galaktischen Dimensionen zu. Es ist eine Sehnsucht nach einer neuen Wirklichkeit, die als eine neue Herrlichkeit, verbunden einer einzigartigen Glückseligkeit, empfunden werden wird. Es ist eine Herrlichkeit, die auch als eine das Kreative und Poetische weit öffnende Lichtwirklichkeit zu verstehen sein wird.

So bewegt sich die »Galaktische Philosophie« dem Ereignis aller Ereignisse, nämlich dem einzigartigen Ereignis der Transformation unseres galaktischen Seins in ein höheres, entgegen, das für unsere konkrete Wirklichkeit derzeit den höchsten

Sinn, für die neue Wirklichkeit aber, die dahinter aufbricht, wahrscheinlich erst den allerersten Ausgangspunkt darstellt, der sich kreativen und poetischen Unendlichkeiten zu öffnet.

Haben die beiden vorangegangenen Abschnitte versucht, eine erste und noch sehr allgemeine Einführung in den Problemkreis der »Galaktischen Perspektiven« zu vermitteln, so scheint es nun notwendig, in dem folgenden Abschnitt die kosmischen Voraussetzungen dieser Perspektiven näher zu beleuchten. Daher stellt sich zuerst die Frage, was denn eigentlich unter dem Begriff eines »galaktischen Weltbildes« zu verstehen ist, zu der uns die sogenannte »Revolution der Kosmologie« führt.

3. Die Revolution der Kosmologie und das moderne galaktische Weltbild

»Die Astronomen leben in der faszinierendsten Zeit, die es jemals gab, überall im Universum finden wir wilde, aufregende Dinge. Unser ganzes Weltbild ist im Umsturz. Es ist wahrhaft eine Revolution!« erklärte William Press vom Caltech Laboratorium in Kalifornien. Diese Revolution muß jedoch auch in Verbindung zu der Entwicklung der anderen Wissenschaften, vor allem auch der Physik, der Biologie, der Psychologie (parapsychologische Aspekte einbeziehend), aber auch zur Anthropologie und vor allem zur Soziologie gesehen werden.

Der Fortschritt der Physik, die sich mit der Astronomie zur Astrophysik verbunden hat und die es ermöglichte, neben dem Mikro- auch den Makrokosmos in seiner gewaltigen Größe zu erahnen, bildet ein entscheidendes Moment. Das bedeutet, daß die Entdeckung der mikrokosmischen Bereiche eine entscheidende Voraussetzung für die Entwicklung der Kosmologie darstellt und daß beide Wissenschaften in einer einzigen kosmologischen Perspektivität gesehen werden müssen.

Hinzu kommt die allgemeine Situation, in der sich unsere Menschheit gegenwärtig befindet. Diese ist einzigartig. So schreibt Henri Prat, Biologe, Professor an der Universität Marseille, in seinem 1965 erschienenen Buch »Explosion und Verwandlung der Menschheit« u. a.: »Eine typische Eigenart unserer gegenwärtigen Epoche ist die zunehmende Beschleunigung aller menschlichen Dinge: von der Geschwindigkeit unserer

Fahrzeuge bis zur Schnelligkeit unserer Vermehrung, von der Ausbeutung der natürlichen Hilfsquellen unseres Planeten bis zur Entdeckung der Naturgesetze. Die Menschheitsmetamorphose, die vor einigen tausend Jahren begonnen hat, fällt im gegenwärtigen Augenblick in eine explosionsartige Geschwindigkeit, dadurch öffnen sich vor unseren Augen unbegrenzte Perspektiven: ganz nach unserer Wahl in Richtung auf eine Endkatastrophe oder auf ein Goldenes Zeitalter« (S. 386).

Und Hannes Alfvén, Nobelpreisträger, gelangt in seinem Buch »Atome, Mensch und Universum«, 1971, zu einem ähnlichen Schluß, meint er doch, daß der beherrschende Zug des gegenwärtigen Jahrhunderts der exponentielle Anstieg menschlichen Wissens und menschlicher Fähigkeiten ist. Der Beginn des Raumzeitalters stellt jedoch, so meint er weiter, vielleicht das wichtigste Ereignis im Laufe der Menschheitsgeschichte dar, möglicherweise mit Ausnahme des begonnenen Zeitalters der Computer. »Der Mensch kann sich jetzt von der Erde freimachen«, meint Alfvén, »die zu klein geworden ist, seine schöpferischen Kräfte zu beherbergen, und er kann sich hinaus in den Raum bewegen, der ihn umgibt.« Die Bewegung in den Raum hinaus könnte aber nicht nur seine kreativen Potenzen steigern und entwickeln, sondern den Menschen auch von jener apokalyptischen Bedrohung retten, die von der modernen Technik auf ihn zukommt. Denn die sich ständig erweiternde Technik, so meint Alfvén weiter, die nur auf einen Planeten allein beschränkt bleibt, der schon lange für sie zu klein geworden ist, »zeigt vielleicht deutlicher als alles andere den zerstörerischen Aspekt dieser Technik. Ohne Frage liegt die Gefahr der Zerstörung in der Gewalt dieser Größe, wenn sie auf ein zu kleines Gebiet beschränkt wird. Vielleicht kann eine Katastrophe nur dann vermieden werden, wenn der Mensch genügend Voraussicht und Imagination besitzt, die Technik und mit ihr sich selbst hinaus in den Raum auszudehnen.«

Andererseits aber ist ebenso nicht zu übersehen, daß man gerade in der Technik einen großartigen Befreiungsakt erkennen kann. Das hat Herbert Marcuse getan. Trotz seiner Kritik an der Technik, die er noch in seinem Buch »Der eindimensionale Mensch«, 1971, als »großes Vehikel der Verdinglichung« bezeichnet hatte, wird er in seinem drei Jahre später erschienenen Buch »Versuch über die Befreiung« zu jenem Propheten, der in »Wissenschaft und Technik« die »großen Vehikel der Befreiung« feiert, worauf Hans Lenk, Ordinarius für Philosophie an der Universität Karlsruhe, in seiner »Philosophie im technologischen Zeitalter«, 1971, ausdrücklich verweist.

Denn jene Technik, die sich den kosmischen Wissenschaften verbindet und die in den solaren und später dann auch in den galaktischen Ereignisraum vorstößt, kann zur Verwirklichung gigantischer Ingenieurvisionen führen, die zweifellos demiurgische Dimensionen berühren. Hier ist im besonderen an das Projekt Dysons, an das Projekt der sogenannten »Dyson-Sphäre« zu erinnern. Freeman J. Dyson, Professor am Institut für fortgeschrittene Studien in Princeton, entwickelte Berechnungen, die darlegen, wie man Planeten zerlegen, ganze Galaxien neu organisieren und den Reichtum der Menschheit um Milliarden Prozente vermehren könnte (vgl. Adrian Berry »Die große Vision«, 1975, S. 203). Sein Plan geht dahin, den Planeten Jupiter aufzusprengen, um aus seiner gewaltigen Masse etwa 38 erdähnliche Planeten zu bilden, die, von der Menschheit bevölkert, die Sonne in einer ideal berechneten Distanz umkreisen könnten.

Freeman J. Dyson war es auch, der in einem 1959 erschienenen Aufsatz erklärte: »Es ist offenbar vernünftig anzunehmen, daß eine intelligente Spezies schließlich durch Überbevölkerung gezwungen ist, mit einer wirksamen Ausbeutung der verfügbaren Naturschätze zu beginnen. Man darf erwarten, daß innerhalb einiger Jahrtausende nach Eintritt in das Stadium der industriellen Entwicklung jede intelligente Spezies eine künstliche Biosphäre besetzt hat, die ihren Stammstern völlig umgibt.« In dieser zweifellos faszinierenden galaktisch-demiurgischen Vision stößt nur das Wort »Ausbeutung der verfügbaren

Naturschätze« ab bzw. scheint es doch auf einem niederen Niveau der Zukunft zu liegen. Denn eine planetoide Sozietät, die sich so weit entwickelt hat, um ihren Stammstern, das heißt ihre Sonne, mit ihrer Biosphäre zu umgeben, wird die »Ausbeutung« in einer höheren Dimension erkennen, sie wird nämlich voraussichtlich die materiellen Energien in geistige Energien zu transformieren versuchen.

Auf die Loslösung von der Erde und die damit verbundene Einbewegung in den solaren und galaktischen Ereignisraum scheint die gesamte bisherige Geschichte der Menschheit hin angelegt. Bereits der Vater der Raumfahrt, wie ihn die Russen nennen, K. E. Zielkowskij (1857–1935) hatte erklärt: »Die Erde ist die Wiege der Menschheit – aber man kann nicht ewig darin liegenbleiben.« Und Louis E. Navia, Professor am New York Institute of Technology, erklärte in seinem 1976 erschienenen Buch »Unsere Wiege steht im Kosmos« u. a: »Die noch in den Kinderschuhen steckende Raumforschung wird unvorstellbare Horizonte erschließen und zu unglaublichen Abenteuern führen, an deren Ende vielleicht unvermutete kosmische Bindungen und Brücken stehen werden. Bis dahin können wir zumindest festhalten, daß die Raumfahrt bis in ferne Gebiete der Galaxis und des Universums keine physikalische Unmöglichkeit ist.« Und: »In diesem Zusammenhang ist auch festzuhalten, daß a priori technisch nichts unmöglich ist, solange es nicht gegen logische oder physikalische Grundgesetze verstößt.« An einer anderen Stelle seines Buches meint er dann: »Wir können uns auch Flüge zu entfernteren Sternen, zum Mittelpunkt der Galaxis (30 000 Lichtjahre von uns entfernt) und selbst zu Galaxien unserer lokalen Gruppe, z. B. zur Andromeda (M 31) vorstellen. Louis Berman hat geschätzt, daß der Hin- und Rückflug zum Mittelpunkt der Galaxis nur 40 Jahre dauern würde...« (S. 178).

Adrian Berry schreibt in seinem Buch »Die große Vision«, daß mit der beginnenden Entdeckung und Kolonisierung unserer Milchstraße bereits ab 2100 n. Chr. gerechnet werden kann.

Bis zu diesem Zeitpunkt hofft man, alle diesem Plan derzeit noch entgegenstehenden Schwierigkeiten überwunden zu haben. Es wird »wahrscheinlich Hunderte von Millionen Welten in der Milchstraße geben, die eine menschliche Besiedlung erlauben«. Und Professor Freeman J. Dyson stellte in diesem Zusammenhang die entscheidende Frage: »Gibt es irgendeinen physikalischen oder technischen Grund, weshalb eine wachsende industrielle Zivilisation auf die Nachbarschaft eines einzigen Sternes beschränkt bleiben muß? Ich meine, die Antwort muß selbstverständlich nein lauten.«

Diese Loslösung von der Erde ist nun im Rahmen einer einzigartigen Revolution zu erkennen, die in ihrer Perspektivdimension und in ihrer Radikalität und Konsequenz alles übertrifft, was überhaupt jemals geahnt werden konnte. Die Revolution der Kosmologie übertrifft in ihrer Intensität alle anderen. Hinzu kommt, daß sich nun das Universum, und hier vor allem unser unmittelbarer kosmischer Schicksalsbereich, nämlich unsere Galaxis, ihr Ereignis- und Schicksalsraum uns zu öffnet, wobei jedoch eine revolutionäre Perspektivität in die andere greift, so wie ein Zahnrad in ein anderes. Die Revolution der Gesellschaft öffnet sich der Revolution der Wissenschaften und öffnet sich, beide verbindend, der Bewegung in den solaren und galaktischen Raum. Eine Bewegung, die uns nicht nur zu einem neuen, nämlich zu einem galaktischen, Weltbild, sondern auch zu einem neuen Ereignis, zu einem neuen Lebensgefühl und einer neuen Geistigkeit führt.

Um aber dieses neue »Ereignis«, das von den neuen kosmischen Wissenschaften auf uns zuströmt, bewältigen zu können, müssen die seelischen, intellektuellen und geistigen Fähigkeiten des Menschen entsprechend entwickelt werden. Damit aber wird die Kreativität des Menschen, und zwar in ihrem höchsten, ihrem demiurgischen Moment, herausgefordert und der Mensch selbst zu einem Wesen, das künftig mehr von der Zukunft her zu bestimmen sein wird als von der Vergangenheit. Er wird zu einem solaren und galaktischen Menschen, der zugleich als eminent »revolutionär« zu begreifen sein wird. Ein revolutionärer Mensch also, dem ein revolutionäres Gesellschaftsmodell ebenso kongruent sein wird wie eine revolutionäre Intelligenz und Geistigkeit.

Dieser Mensch wird selbst zu einem »Quantenereignis« nicht nur für den soziologischen, sondern noch mehr für den galaktischen und im weiteren Sinn auch für den meta-galaktischen Bereich werden, und seine revolutionäre Potenz wird sich erst in der absoluten Kreativität seines Wesens, nämlich in der Demiurgie, vollenden.

Dieser in einer einzigen permanenten Bewußtseins- und Geistrevolution befindliche Mensch bewegt sich nun dem solaren und galaktischen Ereignisraum entgegen, um in seinem Perspektivpunkt in einzigartigen und geradezu phantastischen demiurgischen Prozessen dieses galaktische Sein zu transformieren. Doch zuerst muß dieses galaktische Sein in seinen Strukturen geoffenbart bzw. entdeckt und erkannt worden sein. Das bedeutet: Der revolutionäre Mensch hat sich mit dem auf ihn zukommenden galaktischen Weltbild auseinanderzusetzen.

Das galaktische Bewußtsein und Weltbild wurde – allerdings durch Jahrhunderte vorbereitet – erst vor sehr kurzer Zeit, vor mehr als 50 Jahren, wissenschaftlich begründet. Damals nämlich, als den amerikanischen Astronomen Powell Hubbel (1889–1953) und Humason im Jahre 1924 der Beweis gelang, daß es neben unserer Milchstraße, unserer Galaxis, noch viele andere Galaxien gibt und daß unsere Milchstraße ebensowenig im Zentrum des Universums steht wie unsere Sonne im Zentrum der Milchstraße oder unsere Erde im Zentrum unseres Sonnensystems.

Diese Entdeckung und Erkenntnis begründet nun ein neues Weltbild, das sich einer Perspektivität von Jahrmillionen zu öffnet, ein Weltbild, das uns die Galaxien als die größten kosmischen Grundeinheiten begreifen läßt, obwohl auch sie sich zu noch größeren Einheiten, zu Gruppen, sozusagen zu »galaktischen Sozietätsstrukturen« fügen.

In Vorentwürfen leuchtet das galaktische Weltbild jedoch bereits in Hinduismus und Buddhismus auf. Um eben jene Zeit, in der Papst Alexander VI. im Vatikan mit einem feinen Pinsel die Welt in eine spanische und eine portugiesische Einfluß- und Machtsphäre aufteilte, erzählte der große indische Heilige und Philosoph Krishna Chaitanya (1486–1533) eine kosmische Geschichte aus einem Purana. Sie sollte die Unendlichkeit des Einen in seinem dieser Welt zugekehrten Aspekt enthüllen. Krishna Chaitanya, der nur 48 Jahre alt wurde, »wird in allen zeitgenössischen Quellen ausnahmslos als der wiedergekehrte Krishna bezeichnet, als die ganze Fülle der gewaltigen Gottheit, die sich in einer menschenähnlichen Gestalt für eine kurze Weile auf Erden offenbarte«, schreibt Walther Eidlitz, der bekannte Indologe, in seinem 1957 veröffentlichten Buch »Der Glaube und die Heiligen Schriften der Inder«. Die Geschichte lautet: »Zur Zeit, als Krishna auf Erden wandelte und in seiner Stadt Dvaraka herrschte, kam eines Tages der vierhäuptige Brahma, der Schöpfer unserer Welt, dorthin, um Krishna zu sehen. Der Pförtner brachte die Meldung dem Höchsten. Dieser fragte: ›Welcher Brahma?‹ Der Pförtner kam zurück und wiederholte die Frage: ›Krishna will wissen, welcher Brahma du bist.‹ Ungeduldig und verblüfft antwortete der Weltschöpfer: ›Geh und sage ihm, es ist der vierhäuptige Brahma.‹ Nachdem der Pförtner Krishnas Erlaubnis eingeholt hatte, führte er den Schöpfer Himmels und der Erde hinein. Brahma warf sich anbetend vor Krishnas Füßen nieder, der ihm Ehren bezeigte und ihn nach dem Grunde seines Besuches befragte. Brahma antwortete: ›Ich werde Dir das später berichten. Zuerst aber erkläre mir, was meintest Du, als Du fragtest: ›Welcher Brahma?‹ Krishna begann zu lächeln und versank in tiefe Schauung: Und augenblicklich kamen unzählbare Scharen von Brahmas herbei – solche mit zehn Häuptern, solche mit zwanzig, solche mit hundert, mit tausend, einer Million Häuptern – es war über alle Macht, alle ihre Häupter zu zählen ... Alle diese Brahmas und Scharen von anderen Devas warfen sich vor Krishnas

Throne nieder, der von ihren gesenkten Kronen berührt wurde. Sein Thron, umringt von den Kronen der Brahmas, begann zu tönen ... Der vierhäuptige Brahma unseres Weltalls warf sich vor Krishnas Füßen nieder und stammelte: ›An diesem Tage ist mir bewußt geworden, was ich doch schon einstmals in meinem Geiste gewußt habe.‹ ›Dieses Weltall ist sehr klein‹, sagte Krishna, ›obwohl sein Umfang viele Hunderte Millionen Meilen beträgt. Andere Weltenräume messen Tausende Millionen, Hunderttausende Millionen Meilen Umfang. Und deren Brahmas haben Häupter in solcher Anzahl, die diesen Größen angemessen sind. So trage Ich die Reiche aller Weltenräume. Selbst Meine der Welt zugekehrte Göttlichkeit ist unermeßlich. Wer will das Maß Meiner verborgenen Göttlichkeit erahnen?‹ «

Viele Weltenschöpfer, viele eng mit ihren verschieden großen Universen verbundene Brahmas sind also dem Einen, sind Krishna zugeordnet. Die Größe der Welten, die diese Brahmas schufen, wird von der Zahl ihrer Köpfe ablesbar bzw. erkennbar – wie es ausdrücklich im Chaitanya-Charitamritam heißt. So enthüllt diese Geschichte aus dem Purana einerseits ein Universum, das sehr wohl aus auch in ihrer Größe sehr verschiedenen Weltallen – Galaxien – bestehen kann und andererseits einen göttlichen Schöpfungsbereich, der »n« Universen umfaßt, von denen unser Universum nur eines unter vielen ist. Und Carl Friedrich von Weizsäcker schrieb in seinem 1971 erschienen Buch »Die Einheit der Natur« folgenden Satz: »Das Weltall selbst kann nur sein, insoferne es nicht eines, sondern vieles ist. All dies viele aber besteht nicht für sich, so wie es die Logik und die klassische Ontologie beschreibt. Es besteht nur im undenkbaren Einen.«

Jedenfalls, es gibt keine Stelle in irgendeinem der anderen heiligen Texte, welche die Größe der kosmischen Perspektivität dieses Berichtes übertrifft. In ihm offenbart sich die Majestät eines Weltbildes – es gibt keinen anderen Ausdruck dafür! –, das unser galaktisches noch durch ein Weltbild der weltschöpferischen Brahmas übertrifft. Ein Weltbild, das zugleich die mögliche Existenz eines multiplen Universums annimmt. Einzig und allein der indische Geist hat bereits vor Jahrtausenden versucht, unser Universum – seine Entstehung, sein Blühen und Verwelken gleich dem einer Blume, eines Lotos – in jenen Zahlendimensionen zu beschreiben, die erst von der modernen Kosmologie, und hier auch erst in unserem Jahrhundert, bestätigt worden sind. Denn nach unserer Kosmologie beträgt der Durchmesser unseres Universums derzeit 20 Milliarden Lichtjahre, wobei sich dieses Universum mit 250 000 km pro Sekunde weiter ausdehnt. Solche Zeit- und Raumdimensionen, solche Zahlendimensionen zugleich, wie sie uns die moderne Kosmologie bzw. Astronomie vermitteln, wurden bisher nur von der indischen Kosmogonie behauptet, weshalb man sie im Westen viele Jahrhunderte als phantastisch bezeichnet hat. Erst unsere Zeit, erst unser modernes kosmologisches Denken rechtfertigten das indische.

Aber auch der Buddhismus, ebenfalls der indischen Geistigkeit verbunden, weist in Vorentwürfen auf ein galaktisches Weltbild hin. So lehrt er, daß im Laufe eines sogenannten »kalpa«, in jener Zeitspanne zwischen Entstehen und Vergehen, ein Weltsystem die ganze Entwicklung durchläuft, angefangen von der ursprünglichen Kondensation bis zur endgültigen Verbrennung. Ohne Anfang und Ende folgt ein Weltsystem dem anderen, wobei jedes aus einer großen Menge von Sonnen und Monden besteht. So dehnen sich zahllose Weltsysteme unberechenbar weit in den Raum hinein. Zu dieser kosmisch-galaktischen Perspektivität, denn um eine solche handelt es sich hier, bemerkt Edward Conze, der weltbekannte englische Experte des Buddhismus, in seinem 1953 erschienenen Buch »Der Buddhismus. Wesen und Entwicklung« u. a.: »In gewissem Sinne hat die moderne Astronomie eine ganz ähnliche Vorstellung, wenn sie von inselartigen Universen spricht, von denen bereits mehr als eine Million bekannt sind und von denen viele 1–2 Millionen Lichtjahre entfernt liegen. Jeder dieser Spiralnebel besteht aus Tausenden Millionen von Sternen, die um einen gemeinsamen Mittelpunkt kreisen. Ihre Form ist oft, genau wie die Buddhisten angenommen hatten, die eines Mühlrades.« Letzteres trifft, wie wir heute wissen, auf die elliptischen Galaxien und auf die Spiralgalaxien zu, die überwiegen, weniger jedoch auf die sogenannten Balkenspiralgalaxien und auf die sogenannten irregulären Galaxien. Grundsätzlich aber besteht kein Zweifel, daß die Interpretation des buddhistischen Weltbildes, wie Edward Conze darlegt, eindeutig auf unser modernes galaktisches Weltbild hinweist, auch wenn heute nicht mehr als eine Million, sondern Milliarden von Weltinseln (Galaxien) angenommen werden.

Dieses Weltbild wurde im Westen erst sehr spät, dann allerdings wissenschaftlich exakt, begründet. Aber auch Vorentwürfe dahin sind erkennbar: Als erster spekulierte bereits der Instrumentenbauer Thomas Wright (1711–1786) über im Raum isolierte Weltensysteme. Um 1755 baute Kant, dessen Lieblingsastronom Wright war, »diese Wrightsche Theorie zu einer Form aus, die, wie Hubble betont, für ein und ein halbes Jahrhundert unverändert gültig blieb«, wie E. L. Schatzmann, Professor für Astrophysik an der Sorbonne, in »Die Grenzen der Unendlichkeit. Struktur des Universums«, 1972, ausdrücklich bemerkt.

Und Hoimar von Ditfurth schreibt in »Kinder des Weltalls«, 1970, daß Kant durch scharfsinnige Schlußfolgerungen zu der Annahme kam, unsere Milchstraße müsse »von außen« betrachtet die Gestalt einer Riesenlinse haben. »Vollkommen zutreffend folgerte der Königsberger Philosoph weiter, daß es sich auch bei ihr um einen jener zahlreichen, damals schon bekannten Spiralnebel handeln müsse, der uns nur aus perspektivischen Gründen als das bekannte Band am Himmel aufscheint.« Um 1761 veröffentlichte Johann Heinrich Lambert, Philosoph und Astronom, der bedeutendste erkenntniskritische und kosmologische Vorgänger Kants, unter dem Titel »Kosmologische Briefe« die ersten modernen kosmologischen

Konzeptionen. In diesen Briefen lehnte Lambert nicht nur das geozentrische Weltsystem ab, sondern »er beließ nicht einmal die Sonne im Zentrum des Alls. Die Sonne war ein Stern wie alle anderen in unserer Galaxis auch. Die Galaxis wiederum war eine von vielen, eine Weltinsel unter anderen Weltinseln« (E. L. Schatzmann).

Doch diese sehr entscheidenden und interessanten Konzeptionen Lamberts mußten wissenschaftlich bestätigt werden. Hier war es nun Wilhelm Herschel (1738–1822), einer der größten Astronomen, der als erster das schimmernde, aus unzähligen Sternen bestehende Band unserer Galaxis, unserer Milchstraße, als Teil eines riesigen Systems erkannte, dem auch unsere Sonne als Stern unter unzähligen anderen Sternen eingeschlossen ist:

Erst im 20. Jahrhundert gelang dann dem Vorstand des Observatoriums auf dem Mount Wilson, Edwin P. Hubble und Humason, die »Auflösung« der uns am nächsten gelegenen Milchstraße – des sogenannten Andromedanebels – in einzelne Sterne. Damit aber war, wie Hoimar von Ditfurth erklärt, »erstmals bewiesen, daß die mit bloßem Auge gar nicht mehr sichtbaren sogenannten Spiralnebel, die sich in unzähligen Mengen auf den photographischen Platten der Astronomen finden, weit außerhalb unserer Milchstraße gelegene Milchstraßensysteme (Galaxien) sind«. (»Im Anfang war der Wasserstoff«, 1972)

Das große Spiegelteleskop auf dem Mount Wilson, mit dem man nun nach anderen Galaxien suchte, zeigte dann immer neue Galaxien in immer weiteren Entfernungen. Schließlich nahm Hubble an, das Universum wäre von mindestens 100 Milliarden Galaxien erfüllt, von denen jede durchschnittlich etwa 10 Milliarden Sonnen umfaßt. Heute sind diese Zahlenangaben weit übertroffen. Das Universum ist noch viel gewaltiger, noch praller an Galaxien, als man ursprünglich angenommen hatte. So erklärte Sir Bernard Lovell, einer der bedeutendsten Astronomen der Gegenwart, daß man mit Trillionen Galaxien zu rechnen hat, und zwar »innerhalb der Reichweite eines 200-Zoll-Teleskopes«. (»Signale aus dem Weltall«, 1970)

Man entdeckte auch, daß sich die Galaxien zu »galaktischen Sozietätsstrukturen« ordnen, zu Haufen und noch größeren Ordnungen. So gehört unsere Galaxis zu dem sogenannten »lokalen« System, das aus 18 Galaxien verschiedener Größe besteht, darunter auch die »Riesengalaxie«, der sogenannte Andromedanebel, und unsere eigene Milchstraße. Insgesamt nimmt man an, daß das »lokale System«, dem wir eingeschlossen sind, etwa eintausend Milliarden Sterne, d. h. Sonnen, umfaßt. Andere sogenannte »Nebelhaufen« bestehen aus 60, 100, einzelne sogar aus Tausenden von Milchstraßen, von Galaxien. Ferner: In der Blickrichtung zum Sternbild des Zentauren entdeckte man ungefähr 3000 Galaxien. Im Sternbild der Berenike wieder entdeckte man zwei gewaltige Milchstraßenhaufen, und zwar einen Haufen von 2775 Milchstraßen und einen zweiten von 800, insgesamt also von 3575 Galaxien! Von den vorhin erwähnten 2775 Milchstraßen sind einige rund 20 Millionen Lichtjahre, andere dagegen bis zu 320 Millionen Lichtjahre entfernt. Schließlich rechnet man mit gewaltigen galaktischen Systemen, mit sogenannten »Supergalaxien«, die aus circa 10 000 Galaxien bestehen und einen Durchmesser von 40 Millionen Lichtjahren besitzen.

So wird es verständlich, daß der Nobelpreisträger Hannes Alfvén in seinem Buch »Kosmologie und Antimaterie. Über die Entstehung des Weltalls«, 1967, schreiben konnte: »Wie Sterne sich zu Sternhaufen gruppieren, bilden Galaxien Galaxienhaufen. Alle diese Galaxien bilden ein noch größeres System: das meta-galaktische System. (Seine Größe zählt nach Milliarden von Lichtjahren und besteht aus 10^{10} [zehn Milliarden] Galaxien.) Außerhalb unserer Metagalaxie könnte es weitere Metagalaxien geben, die ein noch größeres System bilden, eine ›Teragalaxie‹ (abgeleitet vom griechischen Wort ›teras‹, unerhört groß, bedeutend).«

Der Begriff »Metagalaxie« klang das erstemal in der Theorie

des schwedischen Kosmologen Otto Klein auf, der damit eine Art Urgalaxie bezeichnete, aus der sich alle Galaxien gebildet haben sollen. Und die Summe aller Galaxien und Galaxienhaufen bildet dann das meta-galaktische System. Die Idee jedoch, daß das Universum als ein System in immer größeren Dimensionen aufgebaut sei, wurde erstmals von dem schwedischen Astronomen Carl Wilhelm Ludwig Charlier (1862–1934) bereits im Jahre 1908 zur Diskussion gestellt. Und dieses Aufbausystem, aus kleinen zu immer größeren Systemen vorzustoßen, scheint durch Forschung und Beobachtung bewiesen zu sein. Diese immer höheren, sich ineinander fügenden Ordnungen lassen eine »galaktische Sozietätsstruktur« erahnen, aber auch etwas wie einen »galaktischen Sozietätseros«, eine Bewegungssehnsucht von einer Galaxie hin zu einer anderen. So weist die deutsche Raumfahrtforscherin Irene Sänger-Bredt darauf hin, daß zwei Astronomen des argentinischen Instituto de Radioastronomia in La Plata, nämlich F. Strauss und G. M. Warsawski, dem Carnegie-Institut berichteten, daß sie mit dem 30-m-Teleskop ihres Institutes einen »Arm« neutralen Wasserstoffes entdeckt hatten, der sich »von der äußeren Spirale der Milchstraße in Richtung zu der kleineren der etwa 140 000–170 000 Lichtjahre entfernten Magellanschen Wolken hinzöge. Sie vermuten folglich einen materiellen Zusammenhang (Wasserstoffbrücken) zwischen beiden dem gleichen Galaxienhaufen, der sogenannten ›lokalen Gruppe‹ angehörenden kosmischen Objekten.« Und weiter: »Der amerikanische Astronom Halton Arp vom Hale Observatorium auf dem Mount Palomas konnte neuerdings zeigen, daß noch eine ganze Reihe weiterer Galaxien durch ›Brücken‹ aus kosmischem Staub und Sternen mit anderen Galaxien verbunden sind. Er schloß daraus, daß nicht alle Galaxien – wie man bisher glaubte – selbständig durch Zusammenballung kosmischer Gaswolken entstanden sind, sondern zumindest einige von ihnen aus den Zentren großer älterer Galaxien herausgeschleudert wurden.« So kann man also von »Muttergalaxien« und »Tochtergalaxien« sprechen. Im weiteren Sinne von etwas Weiblichem und Mütterlichem, von einer muttergleich kosmisch-galaktischen Urkraft, die auch in diesem Universum wirksam wird – ein Moment, auf das die indischen Denker immer wieder hingewiesen haben.

Die Kosmologie hat seit der Entdeckung Hubbles mit einem Universum zu rechnen, das von Materiemassen erfüllt ist, die sich vor allem in Galaxien und Galaxiehaufen konzentrieren. Die Weltinseln aber befinden sich keineswegs, wie Hubble nachwies, in einem harmonischen Schwebezustand, sondern sie bewegen sich mit einer »Fluchtgeschwindigkeit« von einem angenommenen Ausgangspunkt in den Raum hinaus, wobei alle Galaxien voneinander wegfliegen. Das bedeutet, das Universum dehnt sich aus, mehr noch, es befindet sich in einer ungeheuerlichen Explosion, die »irgendwann einmal stattgefunden hatte und deren Sprengstücke die Galaxien darstellten. Das Universum war nun nicht mehr statisch, sondern im höchsten Maße dynamisch und in einer Ausdehnung begriffen, die in den fernsten Bereichen des Alls phantastische Fluchtgeschwindigkeit für die Nebel ergab, die merklich in den Bereich der Lichtgeschwindigkeit rückten.

Ein Raum also, der sich in einem einzigartigen kosmisch-revolutionären Zustand befindet. Ein Zustand, eminent katastrophal auch, in dem die Galaxien nicht nur als Opfer, sondern auch als Faktoren, als bewußte Aktivisten dieser gewaltigen dynamisch-kosmischen Revolution zu begreifen sind. Vor allem dann, wenn wir diese Galaxien nicht nur als Grundeinheiten des Universums, sondern auch als die dominanten Konzentrations- und Energiefelder des im Universum enthaltenen Bewußtseins und Geistes zu begreifen haben. Dieser Geist aber strebt die revolutionäre Transformation dieses revolutionär-expansiven Zustandes des Universums an. Die Methodik ist also dem Wesen des Vorganges in diesem Sinne kongruent.

Auf diesen expansiven, zutiefst ruhelosen Zustand des Universums wies bereits auch der Atomphysiker Max Born hin. In seinem Buch »Das ruhelose All« erklärte er ausdrücklich, daß »in der Welt des Großen, des Makrokosmos, alles in Bewegung ist. Eben diese ruhelose Bewegung trifft aber auch auf die Welt des Kleinsten, auf den Mikrokosmos, auf die für das Auge anscheinend unbeweglich tote Materie zu, die sich aber in ihrer innersten Struktur als ein Feld unbeschränkter Bewegung enthüllt.«

Diese Überlegungen führen nun dazu, die Galaxien auch als eminente Zentren des Lebens – und damit auch des Bewußtseins – zu begreifen. Unsere Galaxis, 10–15 Milliarden Jahre alt, die mit ihrer ellipsoiden Form an eine kosmische Linse erinnern mag, die sich in 200 Millionen Jahren einmal um ihr Zentrum bewegt, dessen Durchmesser 100 000 Lichtjahre und deren Dicke 15 000 Lichtjahre beträgt, umfaßt nach neuesten Berechnungen zwischen 200–250 Milliarden Sonnen. Welche gewaltige Fülle von Licht- und Lebenszentren! Zugleich aber auch nur eine kleine Menge, bedenkt man etwa, daß eine andere Galaxis unserer lokalen Gruppe, nämlich M 31, die auch als Virgo A in der Astronomie bekannt ist, nicht weniger als 10 Billionen Sonnen umschließt. So groß also unsere eigene Galaxis, unsere Milchstraße, sein mag, sie wird doch von der Ausdehnung und Fülle der Sonnen anderer Galaxien, von der gewaltigen Struktur einer Supergalaxis übertroffen.

Aber auch unsere Galaxis, unsere unmittelbare kosmische Heimat, ist wie alle Galaxien einem einzigartigen revolutionären Ereignis eingeschlossen, welches das gesamte Universum erfaßt und in dem eine geradezu unfaßbare Sein-, Lebens- und Bewußtseins- wie Intelligenz- und Geistfülle engagiert ist. Von diesem Aspekt aus begreift man Heinz Haber, schreibt er in seinem 1970 erschienenen Buch »Brüder im All« u. a.: »Der Reichtum der Natur ist so unvorstellbar groß, daß wir die Existenz von intelligenten Brüdern im All mit Gewißheit annehmen dürfen.«

4.
Die Galaxien als kosmische Lebensfelder

Die Galaxien sind jedoch nicht nur als kosmologische Grundstrukturen, sondern auch als kosmische Lebens- und Bewußtseinsfelder zu begreifen. Heute wissen wir auch, daß sich wahrscheinlich allein in unserer Galaxis nicht weniger als 500 Millionen bewohnbarer Planeten befinden. »Heute gelangen wir immer mehr zur Überzeugung«, schreibt der amerikanische Autor Louis E. Navia, »daß unsere Erde, unser Sonnensystem und unsere Galaxis nur ›Weltinseln‹ in einer gedanklich nicht mehr erfaßbaren Unermeßlichkeit sind. Es wäre unvernünftig zu glauben, wir könnten in dieser Unermeßlichkeit allein sein…« (»Unsere Wiege steht im Kosmos«, 1976)

Eine Reihe von internationalen Konferenzen führender Wissenschaftler hat sich mit dem Problem der Existenz und Kommunikation mit extraterrestrischen Intelligenzen befaßt. So 1961 in Green-Bank, West Virginia, USA, wohin die US. National Academy of Sciences eingeladen hatte. Zwei weitere Konferenzen folgten, und zwar 1962 wieder in Green-Bank und 1964 in Eriwan, in Sowjetarmenien. Veranstalter war die Sowjetische Akademie für Wissenschaften. 1971, also zehn Jahre nach der ersten Konferenz in Green-Bank, fand eine weitere Konferenz in der Nähe von Byurakan, ebenfalls in der Sowjetunion, statt. Sie befaßte sich nun im besonderen mit dem Problem der Kommunikation mit extraterrestrischen Intelligenzen. An dieser Konferenz nahmen Astronomen, Physiker,

Mathematiker, Elektroniker, Computertechnologen und Kryptographen teil. Carl Sagan, Professor für Astronomie und Raumforschung und Direktor des Laboratory for Planetary Studies an der Cornell University in Ithaca, New York, der selbst an dieser Konferenz als Leiter der amerikanischen Delegation teilnahm, faßte ihr Ergebnis in den Worten zusammen: »Die Kongreßteilnehmer kamen zu dem Schluß, daß sowohl die Wahrscheinlichkeit der Existenz extraterrestrischer, zur Kommunikation fähiger Zivilisationen als auch gegenwärtige technologische Möglichkeiten, mit ihnen Kontakt aufzunehmen, ausreichend wären, um eine ernsthafte Suche zu rechtfertigen.« (Sagan/Agel »Nachbarn im Kosmos«, 1975). In diesem Zusammenhang schlug Carl Sagan vor, diese Kommunikation nicht mit einzelnen Sternen zu versuchen, wie dies bekanntlich erfolglos Professor Struve mit dem Projekt Ozma unternommen hatte, sondern mit ganzen Galaxien. »Ein kleines Radioteleskop«, so meint Carl Sagan, »könnte auf die unserer Milchstraße am nächsten gelegene Galaxie gerichtet werden – auf die große Galaxie M 31 im Sternbild Andromeda – und dabei 200 Milliarden Sterne gleichzeitig erfassen. Aber selbst wenn viele dieser Sterne nur Signale einer technologischen Zivilisation aussenden würden, die unserer nur wenig voraus ist, könnten wir sie nicht empfangen. Wenn aber nur einige wenige mit den Mitteln einer sehr weit fortgeschrittenen Zivilisation Signale senden würden, könnten wir sie leicht entdecken.«

Das Problem der Kommunikation mit anderen galaktischen Zivilisationen und Kulturen setzt natürlich deren Existenz voraus. Dieses Problem bildete nun ein Hauptthema der Konferenz in Green-Bank 1961. Dort stellte man, wie die Raumfahrtforscherin Irene Sänger-Bredt bemerkt, fest, »daß längst nicht jede Zivilisation ihre Reife erlebt habe oder erleben würde, sondern – in Analogie zum biologischen Leben des Individuums – früher zugrunde ging«. Der deutsche Astronom Sebastian von Horner schätzte die kritische Lebensdauer, oberhalb derer eine Zivilisation Chancen zur Erreichung eines sehr hohen Alters habe, auf 4500 Jahre. Die Konferenzteilnehmer einigten sich auf die Ansicht, daß die mittlere Lebensdauer außerirdischer Zivilisation entweder sehr kurz, d. h. kleiner als tausend (10^3) Jahre, oder sehr lang, d. h. größer als hundert Millionen (10^8) Jahre, sein müßte. Als hauptsächliche Ursachen für einen vorzeitigen Zerfall technischer Zivilisationen wurden genannt: 1. Allmähliche Degeneration und Auflösung, 2. Ablösung durch andere Interessen und 3. Gewaltsame Selbstvernichtung.

In der Konferenz, die dann ein Jahr später, also 1962, wieder in Green-Bank stattfand, nahm man eine von Professor Frank Drake vorgeschlagene Gleichung an, die versuchte, alle für die Wahrscheinlichkeit interplanetarer Kontakte nach maßgebenden Faktoren in einer mathematischen Formel zu erfassen. Sie lautet:

$$N_x = R - fp - nö - fL - fi - fK - nD$$

Diese Formel von Green-Bank 1962 bedeutet aufgeschlüsselt:

»N_x: die Zahl der Milchstraßen-Zivilisationen, die zu einem bestimmten Zeitpunkt in der Lage sind, untereinander Kontakt aufzunehmen.

R: die Geschwindigkeit, mit der sich zur Zeit der Entstehung eines Sonnensystems innerhalb der Milchstraße weitere Sterne gebildet haben, als maßgeblicher Parameter für die Anzahl der in günstigem Entwicklungsstadium stehenden übrigen Sterne.

fp: Prozentsatz der Sterne mit Planetensystemen.

nö: durchschnittliche Anzahl der innerhalb einer Ökusphäre befindlichen, bewohnbaren Planeten in einem Sonnensystem.

fL: Zahlenverhältnis von tatsächlich mit Leben bevölkerten Planeten zu bewohnbaren Planeten.

fi: Zahlenverhältnis von mit Intelligenzwesen bevölkerten Planeten zu überhaupt mit Leben bevölkerten Planeten.

fK: Zahlenverhältnis der an kosmischen Kontakten interessierten und dazu fähigen planetaren Gesellschaften zu intelligenten planetaren Gesellschaften.

nD: Dauer des Entwicklungsstadiums, innerhalb dessen eine Gesellschaft interessiert und fähig ist, mit anderen kosmischen Zivilisationen Kontakte aufzunehmen« (Irene Sänger-Bredt: »Die kosmischen Gesetze«, 1974).

Diese sehr komplexe Formel läßt in ihren Voraussetzungen wie in ihren dann noch näher bestimmten Themengruppen erkennen, welche Probleme und Aspekte kosmischen Lebens diese Konferenz berücksichtigte bzw. dann in die seither weltbekannte Green-Bank-Gleichung einschloß. Zu dieser Gleichung wie zu den anderen Ergebnissen über die Möglichkeit kosmischen Lebens bzw. der Existenz von bewohnten Planeten bemerkt dann Irene Sänger-Bredt weiter: »Wenn man die auf diesen Konferenzen ermittelten und alle anderen bekanntgewordenen Angaben miteinander vergleicht, so schwanken die Schätzwerte für die Anzahl der Planetensysteme in der Milchstraße bei den bekannteren Autoren der letzten zwanzig Jahre zwischen rund 10 Milliarden und mehr als 20 Milliarden, die geschätzte Zahl der bewohnten Planeten im gleichen Raum schwankt sogar zwischen zehntausend (10^4) und zehn Milliarden (10^{10}).« Im Gegensatz zur Green-Bank-Gleichung, daß nämlich zu jeder Zeit allein in unserer Galaxis 50 Millionen verschiedener Zivilisationen existieren könnten, und daß auch in anderen Galaxien einige Millionen erdähnlicher Planeten mit hohen Zivilisationen anzutreffen wären, berechnete der englische Zoologe Sandon den Zufallswert der evolutionären menschlichen Intelligenz auf 1 : 1 Quintillion. Diese geradezu phantastische Zahl mit 30 Stellen besagt, daß es im Universum mit seinen Trilliarden Galaxien überhaupt keinen zweiten Planeten mit intelligenten Lebewesen geben könne. Heute aber neigen nun, wie Professor W. Selhus in seinem Buch »Und sie waren doch da«, 1975, meint, nur mehr wenige Forscher zur

Ansicht von der Einzigkeit intelligenter Wesen. »Die meisten glauben«, wie Selhus weiter schreibt, »an die Existenz belebter Planeten im Weltall, wenn auch bei weitem nicht in dem Maße, wie es die Green-Bank-Gleichung verlangt.« Irene Sänger-Bredt aber erklärt zu dem hier akzentuierten Problem ausdrücklich, »daß der Annahme einer Sonderstellung unserer Erde als dem einzigen zu irgendeiner Zeit und an irgendeinem Ort des Kosmos mit Leben bevölkerten Planeten unter allen denkbaren Möglichkeiten die allergeringste mathematische Wahrscheinlichkeit im Sinne der Statistik zukommt«.

Mit höchster Wahrscheinlichkeit nimmt man nun die Existenz von Leben und von intelligenten Zivilisationen im Universum bzw. in anderen Galaxien an. So erklärte Professor Zdenek Kopal im Jahre 1975 in Manchester: »Die Wahrscheinlichkeit, daß in unserem Milchstraßensystem Leben vorhanden ist, ist überwältigend.« Und Professor Fabian, Astronom in Cambridge, ergänzte diese Erklärung mit dem Hinweis: »Die Aussichten, daß eine andere Zivilisation sich genau auf derselben Entwicklungsstufe wie wir befindet, sind nur gering. Es ist vielmehr als sicher anzunehmen, daß eine andere Zivilisation der unsrigen weit überlegen ist.« Louis E. Navia bemerkt zu diesem Aspekt u. a.: »Wir wissen jedoch, daß es keineswegs unsinnig ist, die Existenz anderer Zivilisationen im Universum zu bestätigen und dabei vorauszusetzen, daß einige von ihnen einen hohen Entwicklungsstand erreicht haben müssen. Vielleicht haben manche von ihnen ihr evolutionäres Wachstum Milliarden von Jahren vor der Entstehung der Erde begonnen, und falls sie nicht untergegangen sind (warum sollten Zivilisationen eigentlich stets untergehen müssen?), ist anzunehmen, daß ihre naturwissenschaftlichen Kenntnisse unsere weit übersteigen. Ihre Möglichkeiten, Raumfahrt zu treiben, müssen deshalb außergewöhnlich sein. Da es uns nach nur 70 Jahren Menschenflug gelungen ist, unbemannte Raumsonden Millionen von Kilometern weit ins Weltall zu schicken und Geschwindigkeiten von über 30 000 Kilometern zu erreichen, könnten wir uns kaum vorstellen, was die nächsten 70 Jahre bringen werden – ganz zu schweigen von den nächsten 700 oder 7000 Jahren.« (»Unsere Wiege steht im Kosmos«, 1976)

Diese Überlegungen erscheinen verständlich, erkennt man das Universum selbst auf Leben hin angelegt. Diese These vertritt sehr entschieden Carl Sagan in seinem bereits mehrfach erwähnten Buch »Nachbarn im Kosmos«. Er weist ausdrücklich darauf hin, daß ausgerechnet diejenigen Moleküle, deren ursprüngliche chemischen Bestandteile die Entstehung von Leben zuließen, im Universum am häufigsten vorkommen. In einer Art wissenschaftlicher Fabel meint er: »Sie (nämlich die wissenschaftliche Fabel) erzählt in groben Zügen von der Entstehung von Menschen, einem Prozeß, der sich über Milliarden Jahre erstreckte, und dessen Motor die Gesetze der Physik, der Nuklearphysik, der organischen Chemie und der natürlichen Auslese gewesen sind. Sie erzählt davon, wie die Materie, aus der wir beschaffen sind, vor mehr als 5 Milliarden Jahren an einem anderen Ort und in einer anderen Zeit in inneren Teilen eines sterbenden Sterns erzeugt wurde. Drei Aspekte der Fabel sind besonders interessant. Erstens, daß das Universum in einer Weise zusammengesetzt ist, die das Entstehen von Leben und die Entwicklung komplexer Lebewesen erlaubt, wenn nicht gar garantiert. Man kann sich leicht physikalische Gesetze vorstellen, die keine passenden Nuklearreaktionen gestatten, oder chemische Gesetze, die keine geeigneten Anordnungen von Molekülen zulassen. Aber wir leben in keinem derartigen Universum. Wir leben in einem Universum, das dem Leben gegenüber bemerkenswert aufgeschlossen ist. Zweitens kommt in der Fabel kein einziger Schritt vor, der für unser Sonnensystem oder für unseren Planeten einzigartig wäre. Es gibt in unserer Milchstraße etwa 250 Milliarden Sonnen und darüber hinaus Milliarden anderer Galaxien. Vielleicht besitzt die Hälfte dieser Sterne Planeten mit biologisch günstigen Entfernungen zu ihrer jeweiligen Sonne. Ausgerechnet diejenigen Moleküle, deren ursprünglich chemische Bestandteile die Entwicklung von Leben zuließen, kommen im Universum am häufigsten vor. Dieselben Prozesse, die auf der Erde den Menschen hervorbrachten, müssen in der Geschichte unserer Galaxis viele Milliarden Male stattgefunden haben. Es muß außer uns noch andere Sternenvölker geben.«

Alle Forschungsergebnisse berücksichtigend, erklärte 1974 George Wald, Nobelpreisträger und Professor für Biologie in Harvard: »Ich bin davon überzeugt, daß wir in einem bevölkerten Universum leben, das von Leben überströmt.«

So meint Roger A. Mac Gowan, Atomtechnikum Redstone/Alabama, im gesamten Universum könnten etwa 130 Milliarden Kulturen existieren. Nach der vorhin erwähnten, 1962 erstellten Gleichung von Green-Bank gibt es zu jeder Zeit etwa 50 Millionen verschiedener Zivilisationen allein in unserer Galaxis. Carl Sagan nimmt an, daß es in unserer Milchstraße zur gleichen Zeit etwa eine Million planetoider Sozietäten mit fortschrittlichen, d. h. für Carl Sagan stets technischen, Zivilisationen gibt und daß die Existenzdauer solcher Zivilisationen bei etwa 10^7 Jahre liegen könnte.

Diese planetoiden Sozietäten, und zwar verschiedenster Art und Entwicklung, konzentrieren sich nun in den Galaxien und bestimmen diese auch zu kosmisch-galaktischen Lebens-, Bewußtseins- und Geistesfeldern. Ist aber eine Reihe von »n« planetoiden Sozietäten anzunehmen, die innerhalb des galaktischen Lebensfeldes, jedoch in sich differenziert, ersteht, so ist auch anzunehmen, daß diese planetoiden Sozietäten innerhalb des ihnen zugeordneten galaktischen Feldes wie ein einziges Energiefeld wirken, und zwar einerseits in sich hinein wie andererseits nach außen hin. Wie ein Energiefeld, in dem gleichsam jede planetoide Sozietät zu einem Bewußtseins- und geistenergetischen Zentrum werden kann, sei es als energetischer Spender auf andere planetoide Sozietäten hin oder aber auch als Empfänger.

Von diesem Aspekt aus ist nun auch das Problem der sogenannten Kolonisation eines bestimmten Planeten durch einen anderen bzw. durch eine andere planetoide Sozietät oder galaktische Rasse grundsätzlich neu zu erkennen.

So gesehen müssen wir eine Galaxis auch als ein kosmisches Mengenfeld erkennen, in dem die einzelnen Einheiten, d. h. die verschiedenen planetoiden Sozietäten, ihre Energien weitergeben wie auch selbst andere Energien empfangen, um diese dann, verwandelt und transformiert durch ihre eigene Bewußtseinsentwicklung und Kulturleistung, wieder weiterzugeben. Wir haben also die Galaxien in Zukunft auch als kosmische Mengen-Energiefelder zu erkennen, die aus bestimmten Mengen verschiedener galaktisch-bioenergetischer Zentren bestehen.

Von diesem Gesichtspunkt aus erscheinen Hypothesen von möglichen Kolonisationen unserer Menschheit durch andere planetoide Sozietäten oder galaktische Rassen einsichtig und werden um so verständlicher, bedenken wir, daß wir selbst bereits ab 2100 n. Chr., d. h. in etwa 100 Jahren, den Beginn der Kolonisation anderer Planeten in unserer Galaxis planen. Von diesem Aspekt aus sind daher viele Hinweise und Möglichkeiten noch ernster zu nehmen, als es die Kritiker dieser Hypothese wahrnehmen wollen. Auch eine andere Hypothese ist denkbar, nämlich daß die verschiedenen Rassen unserer Menschheit vielleicht das Ergebnis von Kolonisationen verschiedener planetoider Sozietäten bilden könnten, vielleicht um festzustellen, ob eine solche Integration, eine solche Vermengung entwicklungsfähig erscheint. Vielleicht schafft gerade diese besondere planetoide Rassenmischung überhaupt erst jene konkrete Voraussetzung für die Bildung einer eigenen solaren und galaktischen Sozietät, die sich dem Kommunikationsbereich anderer schon existierender galaktischer Reiche oder anderer galaktischer Kommunikationssysteme zu integrieren vermag.

Die Möglichkeit, daß sich andere planetoide Rassen feindselig unserer Menschheit nähern könnten, ist ebenso in die reale Perspektivität der Zukunft als Hypothese einzubeziehen wie die, daß eine andere planetoide Sozietät in unsere Weltgeschichte eingreift, um etwa einen 3. Weltkrieg zu verhindern oder entscheidend zu beeinflussen.

Überhaupt ist hier der Begriff »Weltgeschichte« als eine geradezu lächerliche Anmaßung grundsätzlich zurückzuweisen. Es ist ein Begriff, der noch einem mittelalterlichen, längst überwundenen Weltbild entspricht, in dem die Erde die einzige »Welt« war, um die herum die Sonne und die Planeten kreisten. Unsere sogenannte Weltgeschichte ist nur die außerordentlich problematische und oft geradezu skandalöse und mißglückte Entwicklung der Geschichte einer winzigen planetoiden Sozietät in einer Menge von »n« anderen planetoiden Sozietäten unserer Galaxis. Eine Menge, die zwischen 1–10 Millionen, vielleicht sogar 50–100 Millionen planetoider Sozietäten umfaßt. Zugleich aber enthüllt auch unsere sogenannte bisherige Weltgeschichte ihren spezifisch planetoiden Sinn, der allerdings dem Sinn, dem Logos aller Geschichtsentfaltungen aller planetoiden Sozietäten zugeordnet ist, und der sich letztlich dem Sinnbereich der gesamten Galaxis integriert.

Zweifellos aber ist unsere gesamte gesellschaftliche, geistesgeschichtliche und religiöse Entwicklung auf diese Integration hin zum Wesen des galaktischen Logos, hin zum Prädikat unserer gesamten Galaxis ausgerichtet. Eine Galaxis, die sich zugleich – und auch das darf hier nicht einen Augenblick vergessen werden – anderen Galaxien zu öffnet. Das aber bedeutet, daß sehr wohl bereits Kommunikationen zwischen planetoiden Sozietäten unserer Galaxis hin zu anderen Galaxien bestehen könnten, von denen wir wegen unserer erst sehr primitiven technologischen und auch parapsychologischen Entwicklung keine Ahnung haben.

Auch läßt sich keineswegs eine Fülle von Mythen übersehen, welche auf eine Verbindung zu anderen planetoiden Sozietäten schließen läßt. Von den vielen Publikationen der letzten Jahre soll hier auf das Buch von Professor Wilhelm Selhus »Und sie waren doch da. Wissenschaftliche Beweise für den Besuch aus dem All« hingewiesen werden. Auch er glaubt, daß Astronauten anderer planetoider Sozietäten »die primitiven Urbewohner unserer Erde durch zielstrebige Befruchtung irdischer Weibchen und auch Tiere nach mehreren Mutationen emporläuterten«.

In diesem Zusammenhang wird auch immer wieder, und zwar keineswegs so unbegründet wie es scheint, auf die Vereinigung sogenannter Engel mit den Töchtern der Menschen hingewiesen, wie sie in der Bibel (Mose 6,2) erwähnt wird. Dazu bemerkt der amerikanische Autor Louis E. Navia, daß Moses diese Berichte und auch jene, die von Riesen erzählen, von den Ägyptern erhalten hat, die sie wieder von der untergegangenen Kultur von Atlantis empfangen hätten. Im 1. Buch Moses 6, 1–4 heißt es: »Da sich aber die Menschen begannen zu mehren auf Erden, und ihnen Töchter geboren wurden, da sahen die Kinder Gottes nach den Töchtern der Erde, wie sie schön waren, und nahmen zu Weibern, welche sie wollten. Da sprach der Herr: Die Menschen wollen sich von meinem Geist nicht mehr strafen lassen, denn sie sind falsch. Ich will ihnen noch Frist geben 120 Jahre. Es waren auch zu den Zeiten Riesen auf Erden, denn da die Kinder Gottes zu den Töchtern der Menschen eingingen, und sie ihnen Kinder gebaren, wurden daraus Gewaltige in der Welt und berühmte Männer.« Die Außerirdischen begründeten also nach diesem Bericht die Weiterentwicklung der damals primitiven Menschen durch eine Elite, hervorgegangen aus der Mischung einer anderen planetoiden Rasse mit den Menschen.

Von vielen Seiten wurde nun nicht nur von Mythen, sondern auch von Chroniken und archäologischen Zeugen über eine angebliche Landung anderer planetoider Sozietäten auf unserem Planeten Erde berichtet. So schreibt u. a. der Journalist Karl Brugger in »Die Chronik von Akakor«, 1976, von einer angeblich vorhandenen südamerikanischen Chronik, die von einer solchen Berührung unserer Menschheit mit einer anderen planetoiden Sozietät zu erzählen weiß, und auch von einer großen Katastrophe, die etwa im Jahre 10 468 v. Chr. stattgefunden hätte und durch den Krieg zweier »Götterrassen«, zweier planetoider Rassen, verursacht worden wäre. Die eine planetoide Rasse – und hier muß man sofort an den Bericht vom Engelssturz denken – war dicht behaart und von rötlicher Farbe, während die andere hell und weiß war. Der Kampf, in dem unsere Erde mit »sonnenheißen Waffen« verbrannt wurde, war furchtbar. Diese Chronik von Akakor im brasilianischen Urwald erklärt diese zum Zentrum der weißfarbenen planetoiden Rasse, der Götter, berichtet aber auch von der Rückkehr der Götter um 3 166 v. Chr. und vom Ende der gegenwärtigen Menschheit im Jahre 1981 n. Chr.

Wie auch immer – zumindest gewisse Inhalte dieser phantastischen Chronik von Akakor sind nicht mehr aus dem Bereich des »Vielleicht-doch-irgendwie-Möglichen« von vornherein auszuschließen. Jedenfalls, und das erscheint noch interessanter, bekennt sich hier ein Naturwissenschaftler und Technologe wie Louis E. Navia zu dem Begriff einer sogenannten »Astroarchäologie«. Darunter versteht er: »Von meinem Standpunkt aus definiere ich die Astroarchäologie als die Masse wissenschaftlicher Aussagen, die auf dem Mythos beruhen, daß die Erde von Bewohnern anderer Planeten wahrscheinlich aus Regionen außerhalb unseres Sonnensystems besucht worden ist.« (»Unsere Wiege stand im Kosmos«, 1976). Angeregt, aber auch zuerst sehr kritisch gegenüber Dänikens Buch »Erinnerungen an die Zukunft«, überzeugten ihn dann allerdings eigene philosophische und astronomische Studien davon, »daß die vielen hier aufgeworfenen Fragen bestimmte reale und bedeutungsvolle Probleme enthielten, auf die weder die Philosophie noch andere Wissensgebiete eine Antwort wußten«. Seine Studien führten ihn auch dazu, an zwei Weltkongressen über die sogenannten »Götter-Astronauten« teilzunehmen, 1974 in Chicago und 1975 in Zürich. Schließlich war er davon überzeugt, »daß die Theorie von den Götter-Astronauten völlig ausreichend und bedeutungsvoll ist«.

Diese neuen Perspektiven, eingeleitet durch die Entwicklung der modernen Kosmologie, Raumforschung und Biologie, aber auch durch eine neue Betrachtung der archäologischen Funde sowie eine neue Interpretation der Mythen unserer Menschheit – in dieser Verbindung soll noch auf das Buch »Enträtselte Vorzeit« von Karl F. Kohlenberg, 1970, hingewiesen werden –, vermitteln uns nun ein neues, ein sehr weites Lebensgefühl.

Wir begreifen uns nun als eine »planetoide Zelle« in einem »galaktischen Organismus«. Als eine Zelle, die absterben, aber auch weiterleben kann. Als Zelle in einem Organismus, der zugleich nicht nur als ein galaktisch-bioenergetisches Mengenfeld, sondern auch als ein eminentes galaktisches Geistfeld verstanden werden kann. Ein Feld, das in einem geist-galaktischen Prädikat kulminiert, das voraussichtlich einerseits von einer »Erkenntnis« und andererseits von einer »Aktion« bestimmt wird, von einem »geist-revolutionären Impakt«, der über das galaktische Sein in Bereiche anderer Wirklichkeiten weist.

Allerdings erscheinen nicht alle planetoiden Sozietäten für eine Kommunikation mit anderen geeignet, sondern eben nur solche, die sich dafür durch bestimmte Voraussetzungen »qualifizieren«. Aber noch andere Aspekte sind zu berücksichtigen. So schreibt Carl Sagan zu diesem Problem: »Der technische Fortschritt, den wir innerhalb der vergangenen paar Jahrhunderte gemacht haben, ist erstaunlich. Wir haben nicht nur völlig neue Techniken entwickelt, sondern auch neue physikalische Gesetze entdeckt und gänzlich neue Wege gefunden, wie das Universum untersucht werden kann. Diese intellektuelle und technologische Entwicklung hält auch weiterhin an. Wenn die Zivilisation der Erde überlebt, dann werden auch in der Wissenschaft und Technik weitere Fortschritte gemacht werden. Zivilisationen, die uns Hunderte oder Tausende oder gar Millionen Jahre voraus sind, müßten eigentlich Wissenschaften und Technologien entwickelt haben, die über unsere gegenwärtigen Fähigkeiten so weit hinausgehen, daß sie uns wie Zauberei anmuten würden.« Und Sagan schreibt weiter: »Aber ich glaube nicht, daß eine Zivilisation, die zu uns eine Million in der Zukunft lebt, allzu großes Interesse an uns haben wird. Schließlich wird es ja andere Zivilisationen geben, die ebenfalls in dieser Zukunft leben, mit denen sie sich besser unterhalten können. Zur Kommunikation zwischen zwei sehr weit entwickelten Zivilisationen werden höchstwahrscheinlich Techniken benützt, die uns nicht zugänglich sind. Daher besteht für uns keine Aussicht, uns in einen derartigen Kommunikationsaustausch einzuschalten, weder rein zufällig noch absichtlich. Wir gleichen den Einwohnern eines einsamen Tales in Neuguinea, die mit Stämmen in benachbarten Tälern mittels Läufern und Trommeln kommunizieren.«

Gibt es aber planetoide Sozietäten, so ist anzunehmen, daß sie in gewissen Kategorien auftreten, die nicht nur innerhalb ihrer Galaxis, sondern auch darüber hinaus existent sind. Das heißt: Gibt es bestimmte Kategorien von planetoiden Sozietäten, die für alle Galaxien – selbstverständlich in Entsprechung zu den jeweiligen konkreten kosmologisch-biologisch evolutiven Voraussetzungen – zutreffen oder nicht bzw. nur innerhalb des galaktischen Feldes, dem sie unmittelbar verbunden sind?

Hier ist nun die weitere Frage zu stellen: Gibt es Chromosomenketten, die unsere Erbanlagen bedingen, dann könnte es doch auch ähnliche Ketten geben, die von bestimmten planetoiden Sozietäten einer Galaxis gebildet werden. Oder anders formuliert: Vielleicht befinden sich die Genketten unserer Erbanlagen in einer gewissen Entsprechung zu den Genstrukturen der planetoiden Sozietäten unserer Galaxis, welche wieder insgesamt das »Leben« unserer Galaxis wie ihre Entwicklungsperspektivität bedingen. Das bedeutet wieder, daß jeder Galaxis sozusagen eine ganz bestimmte, eine spezifische Chromosomenmenge eingeschlossen ist, die in Varianten, Entsprechungen, Ergänzungen oder Differenzen allen anderen planetoiden Sozietäten eben dieser bestimmten Galaxis gemeinsam und daher auch spezifisch eigen sein könnte.

Diese Frage, die auch auf eine galaktische Bewußtseins- und

Kulturlehre zielt, steht jedoch wieder mit einer anderen Frage in Zusammenhang, nämlich: Sind die planetoiden Sozietäten – ein Begriff, der zweifellos schon eine gewisse scharf profilierte Entwicklung zu einem akzentuierten gemeinsamen Bewußtsein voraussetzt – einander irgendwie ähnlich? Befinden sie sich also in einer gewissen Entsprechung zueinander, oder aber sind sie sehr wesentlich voneinander differenziert, vielleicht sogar grundverschieden?

Diese Frage berührt wieder die breiten Extrempunkte möglicher Entwicklung planetoider Sozietäten bzw. Wesenheiten. Zwischen diesen beiden Extremen – nämlich Ähnlichkeit oder grundsätzliche Verschiedenheit – aber ist noch eine dritte Möglichkeit denkbar, die durch die weitere Frage charakterisiert wird: Gibt es planetoide Sozietäten, die zum Teil voneinander grundverschieden, zum Teil aber einander auch sehr ähnlich sind? Und sind sie einander ähnlich, ist es möglich, daß innerhalb dieser Ähnlichkeitsreihe etwa eine galaktische Reihe aufzustellen ist, der wir einzuschließen sind? Und wenn ja, an welcher Stelle? Die Beantwortung dieser Frage ist der Zukunft vorbehalten. Bisher bewegen sich alle diese Fragen und ihre möglichen Antworten natürlich nur in einem rein hypothetischen Raum. Dennoch gibt es Überlegungen, die gewisse Wahrscheinlichkeiten einsichtiger erscheinen lassen als andere. Das bedeutet wieder, daß wir eine Reihe humanoider galaktischer Rassen annehmen dürfen.

Carl Sagan schloß seine Darlegungen über die wissenschaftliche Entstehungsfabel dieses Universums mit der Erkenntnis, es müsse außer uns noch andere Sternenvölker geben. Dieser Behauptung schließt er nun seine Hypothese von der grundsätzlichen Verschiedenheit dieser anderen Sternenvölker zu unserer planetoiden Sozietät an. Er meint: »Selbstverständlich würden sich die einzelnen Schritte dieser Entwicklung voneinander unterscheiden. Auch wenn die Erde noch einmal ganz von vorne beginnen würde und nur Zufallskräfte im Spiel wären, käme dabei bestimmt etwas völlig ›anderes‹ heraus – jedenfalls nichts, was einem menschlichen Wesen auch nur ähnlich sähe, denn der Mensch steht am Ende eines außerordentlich komplizierten evolutionären Weges, der viele Fehlstarts, ausweglose Sackgassen und statische Unfälle aufzuweisen hat. Doch wenn wir auch nicht gerade menschenähnliche Geschöpfe erwarten dürfen, so zumindest Organismen, die nicht viel anders funktionieren als wir. Da es Sterne der 2. und 3. Generation gibt, die viel älter sind als unsere Sonne, müßte es in der Galaxis eigentlich viele Welten geben, auf denen Wesen leben, die in Wissenschaft und Technik, in Politik, Philosophie und Kunst weitaus fortgeschrittener sind als wir. Der dritte Punkt ist der interessanteste. Dabei geht es um die enge Verbindung zwischen den Sternen und dem Leben. Unser Planet hat sich aus dem Abfall von Sternmaterial gebildet. Die Atome, die für den Ursprung des Lebens notwendig waren, stammen aus dem Inneren von Roten-Riesen-Sternen. Diese Atome ballten sich unter dem Einfluß von ultraviolettem Licht, Blitz und Donner, hervorgerufen durch die Strahlung unserer benachbarten Sonne, zusammen und bildeten komplexe organische Moleküle. Als der Nahrungsvorrat knapp wurde, entwickelte sich, ebenfalls angeregt durch das Sonnenlicht, die Photosynthese der Pflanzen – durch das Sonnenlicht, von dem alle Organismen der Erde abhängig sind und ohne das sie nicht existieren können. Aber damit kann die Fabel noch nicht zu Ende sein. Unsere Sonne kommt erst in ihre besten Jahre. Sie hat bestimmt noch an die 5–10 Milliarden Jahre als Stern vor sich.«

Nach Carl Sagan müßten sich andere Sternenvölker also aller Wahrscheinlichkeit nach wesentlich von unserer Menschheit unterscheiden. Dieser Standpunkt steht nun extrem jener Behauptung gegenüber, daß andere Sternenvölker humanoide Sozietäten sind und sich zu unserer Menschheit in einer gewissen Ähnlichkeit entwickelt haben. Für diese These sprach sich bereits vor Jahren in seinem 1963 auch in deutscher Sprache erschienenen Buch »Gibt es Leben auf anderen Welten?« der amerikanische Physiker Poul Anderson aus. Zu diesem Buch schrieb Isaac Asimov das Vorwort, worin er bemerkt, daß sich in diesen Fragen »die Geburt einer neuen, vorerst spekulativen Wissenschaft, der Astrobiologie – der Lehre vom Leben außerhalb der Erde –« verkörpert. Diese neue Wissenschaft aber setzt wieder die Kenntnis der Astronomie, Astrophysik und Astrochemie voraus. Inzwischen wurde besonders die Astrobiologie zu neuen Aspekten entwickelt.

Poul Anderson nimmt nun an, daß es allein in unserer Galaxis rund 50 Millionen lebentragender Planeten geben könnte. Und er gelangt dann nach Untersuchung der kosmobiologischen Kontinuität der oft sehr verschiedenen Entwicklungen zu dem Schluß: »Je weniger erdähnlich der Planet ist, um so deutlichere Abweichungen vom gewohnten Bild können wir erwarten. Im Sinne der Biologie wird die Anatomie des Extraterrestriers, wie fremdartig sie auch immer sein mag, für die spezifische Umwelt stets die vorteilhafteste sein. Immerhin können wir annehmen, daß viele intelligente Rassen extraterrestrischer Geschöpfe uns ziemlich ähnlich sehen – ›zumindest für einen, der nicht besonders gut sieht und seine Brille nicht finden kann‹, wie Willy Ley es einst ausdrückte. Es mag sogar einige wenige geben, die uns fast gleichen. Aber eine solche Gleichheit reicht nicht einmal einen Millimeter unter die Haut hinab. Die Anatomiker würden eine Unzahl von Verschiedenheiten entdecken.« Dennoch: Es könnte mit Hinblick auf die vorhin erwähnte kosmobiologische Kontinuität planetoide Sozietäten geben, die uns fast gleichen.

Von dieser Voraussetzung ausgehend, nimmt Poul Anderson statt einer einzelnen galaxisweiten Zivilisation mehrere weit voneinander entfernte Zivilisationsballungen an, »innerhalb derer es eine Anzahl verschiedener Rassen gibt, die miteinander Handel treiben, vielleich methodisch Informationen austauschen«. Solche Zivilisationsballungen könnten vor allem im Kern unserer Galaxis existieren, da im materiereichen Zentrum unserer eigenen Milchstraße Planeten der terrestrischen Klasse früher entstanden sind als in den Spiralarmen.

Ein Hinweis von Anderson aber scheint besonders wichtig – nämlich daß es »andere Galaxien gibt, die älter sind als die unsere und daher früher erdähnliche Welten und erdähnliches Leben hervorbrachten«. Es enthüllt sich also unsere Galaxis nicht nur als ein in sich differenziertes Lebensfeld, sondern auch andere Galaxien entwickeln Leben und Bewußtsein, mehr noch, das Universum selbst scheint als ein in sich differenziertes, vielleicht als ein sich ergänzendes Lebens- bzw. Bewußtseinsfeld, in dem es so etwas geben mag wie Chakren, also auch Herz- und Gehirn- bzw. Stirn- und Scheitel-Chakra. Diesem Gehirn, d. h. jenem Bereich älterer Galaxien, aber könnten gerade jene planetoiden Sozietäten zugeordnet sein, welche die Transformation des galaktischen Seins bereits vorbereitet, vielleicht sogar schon eingeleitet haben.

Diese Perspektivität setzt jedoch auch die zeitlich gesicherte Existenz von planetoiden Sozietäten voraus, die durch keine »apokalyptischen Katastrophen«, welcher Art auch immer, vernichtet wurden oder sich selbst vernichtet haben. Poul Anderson bemerkt zu diesem Problem: »Es läßt sich nicht bestreiten, daß die eine oder andere Art einer planetenweiten Katastrophe hier und dort im Universum ganze Rassen in einem Zug ausgelöscht hat. Aber es wäre wider den Geist der Wahrscheinlichkeit zu glauben, daß ein solches Schicksal allen Zivilisationen widerfahren muß. Es gibt im Universum ohne Zweifel Welten, auf denen progressive Zivilisationen relativ ungestört über lange Zeiträume existieren. Dabei muß deren allgemeiner Fortschritt mit dem Fortschritt in Wissenschaft und Technik identisch sein.«

Dieser Hinweis erscheint als wesentlich, weil fast alle naturwissenschaftlich orientierten Autoren, wie etwa Carl Sagan, den Begriff Fortschritt nur mit der rational-wissenschaftlichen und technischen Entwicklung gleichsetzen, dabei aber vollkommen die Möglichkeit der Existenz mentaler Kulturen in den Galaxien ausschließen, die den technischen Zivilisationen unter bestimmten Umständen sogar unendlich überlegen sein könnten.

Sehr entschieden vertritt Professor Vsevolod Sergevevich Troisky, Leiter des radioastronomischen Observatoriums in Gorkij, die These, daß intelligentes Leben sich millionenfach im Kosmos manifestiert. Er vertritt auch die Ansicht, daß diese Intelligenz sich äußerlich nicht oder nur geringfügig von den Erdbewohnern unterscheidet. »Da die biologischen Gesetze überall im Kosmos gleich sind, hat auch das Leben auf anderen Sternen die gleiche Entwicklung gehabt wie auf Erden. Darum kann es sich bei solchen Intelligenzen nicht um Rieseninsekten oder kleine grünhäutige Männchen handeln, und sicherlich sind es auch nicht etwa einäugige Ungeheuer und ähnliche Fabelwesen, von denen man mitunter in Büchern der Science-fiction liest. Notwendigerweise sind auch die organischen Funktionen solcher Lebewesen im wesentlichen den unseren gleich. Das gilt selbstverständlich genauso für die gesamte Flora und Fauna auf solchen Gestirnen.« Troisky bekennt sich also mit seinen Feststellungen eindeutig zum Gesetz der kosmologischen Kontinuität.

Auch Roland Puccetti, Professor für Philosophie in Singapur, gelangt in seinem Buch über »Außerirdische Intelligenz in philosophischer und religiöser Sicht«, 1970, zu ähnlichen Ergebnissen. Erste Voraussetzung für die Entwicklung außerirdischer Intelligenz auf anderen Planeten bildet seiner Meinung nach die kosmische Theorie Weizsäckers, der darlegt, daß die Entwicklung von Sonnensystemen im Universum nicht die Ausnahme, sondern die Regel ist. Diese These wird von der Spontantheorie der Biologie ergänzt, die annimmt, daß das Kosmische zwangsläufig zum Leben drängt.

Wichtig erscheint in diesem Zusammenhang auch der Hinweis auf die evolutionäre Konvergenztheorie. So meint Puccetti: »Meine ...Schlußfolgerung über die Konvergenz in der Evolution ist ganz einfach die, daß außerirdische Wesen im ganzen Universum dem Homo sapiens im großen Maße ähnlich sein müssen. Das ist auch das Ergebnis der Untersuchung von Bieri, Berril und anderen. Dieses Ergebnis folgt unvermeidlich aus der Tatsache, daß Tiere und Pflanzen auf unserer Erde nicht nur ähnliche Strukturen, sondern auch ähnliche biochemische Systeme und ähnliche Verhaltensmuster als Lösung derselben Grundprobleme entwickelt haben... Das heißt natürlich nicht, daß außerirdische, intelligente Lebewesen dem Menschen so ähnlich wären, daß sie sich nicht voneinander unterscheiden. Schon sehr geringe Abweichungen der planetarischen Außenwelt sorgen für bedeutende Unterschiede... Auf Planeten, die etwas größer sind als die Erde und infolgedessen eine größere Gravitation haben, könnten die intelligenten Lebewesen verhältnismäßig klein sein und schwere Knochen sowie eine sehr starke Muskulatur haben. Es könnten noch mehr Beispiele angeführt werden, jedoch lassen sie sich nicht endlos fortsetzen. Zum Beispiel können Klauen und Zangen nicht die Finger ersetzen, sie erreichen nicht die gleiche Geschicklichkeit... Schwimmfüße, Fühler, eingebaute Mikroskope und rechteckige Körper kommen mit Sicherheit nur in Science-fiction-Romanen vor. Bieri hat durchaus recht, wenn er sagt, daß eine größere Änderung an dem hier gezeichneten Bild nur dann ernsthaft in Erwägung gezogen werden könnte, wenn diejenigen, die sie vorbrächten, sie anhand einer Reihe von Schritten in der Evolution nachweisen und davon ableiten könnten. Wenn solche Fälle nicht auftreten, könnten wir sicher sein, daß mögliche außerirdische Wesen mehr oder weniger so aussehen würden wie wir.«

Doch es genügt nicht, nur die mögliche menschenähnliche Existenz und Erscheinungsform von »n« planetoiden Sozietäten festzustellen, sondern es erscheint auch wichtig, darauf hinzuweisen, daß die außerirdischen Intelligenzen als »Personen« verstanden werden müssen. Personen aber sind nach Puccetti Wesen, die fähig sind, sich ein Begriffssystem anzueignen und die auch Gefühle und Empfindungen erfahren können und daher auch in jedem Fall als potentiell »moralisch Handelnde« zu verstehen sein werden.

Mit dem Problem der möglichen Verschiedenheit oder Ähnlichkeit der planetoiden Sozietäten bzw. Rassen hängt aber auch das Problem der Klassifizierung der galaktischen Zivilisationen zusammen.

So erwähnt Carl Sagan in seinem mit Jerome Agel verfaßten Buch »Nachbarn im Kosmos« zwei Arten von Klassifizierungen, die auch noch kombiniert werden können, und zwar solche nach Energien und solche nach der Menge der Informationen. Die erste wird vom sowjetischen Astrophysiker N. S. Kardaschew, die zweite von Sagan vertreten.

N. S. Kardaschew reiht nämlich die bereits sehr weit fortgeschrittenen extraterrestrischen Zivilisationen aufgrund der Energiemengen, die sie zu Kommunikationszwecken benützen. So vermag etwa eine Zivilisation vom Typ I soviel Energie aufzubieten, wie dem Planeten Erde zum gegenwärtigen Zeitpunkt insgesamt zur Verfügung steht. Eine Energiemenge, die allerdings gegenwärtig für Heizung, Elektrizität, Transport und noch für viele andere Aufgaben eingesetzt wird, nicht aber für die Kommunikation mit anderen planetoiden Sozietäten. Daher zählt Kardaschew die Erde noch nicht zur Zivilisation des Typs I. Effizienter erscheint Kardaschew jedoch eine Zivilisation vom Typ II. Sie produziert nämlich zu Kommunikationszwecken so viel Energie, wie ein durchschnittlicher Stern ausstrahlt, nämlich ungefähr 10^{26} Watt. »Eine Zivilisation vom Typ II, die 10^{26} Watt auf ziemlich schmalen Radiobändern in unsere Richtung sendet, wäre«, wie Carl Sagan dazu meint, »über große intergalaktische Entfernungen hin zu erkennen. Wenn es in der großen Galaxis M 31, dem Andromedanebel, der unserer Milchstraße am nächsten steht, nur eine einzige derartige Zivilisation gibt, wäre es für uns nicht schwer, sie aufzuspüren, wenn wir uns der richtigen technischen Mittel bedienten. M 31 ist wohl die größte Galaxis der Gruppe, der auch unser Milchstraßensystem angehört. Aber beispielsweise enthält die kleine elliptische Galaxis M 87, die auch als Virgo A bekannt ist, schon ungefähr 10 Billionen Sterne. Schließlich stellt sich Kardaschew eine Zivilisation vom Typ III vor, die zu

Kommunikationszwecken die Energieabgabe einer ganzen Galaxis, grob gerechnet 10^{36} Watt, verwendet. Eine Zivilisation vom Typ III, die in unsere Richtung sendet, könnte, ganz gleich, an welcher Stelle im Universum sie sich befindet, von uns entdeckt werden.«

Sagan selbst will zur Klassifizierung verschiedener Zivilisationen die Gesamtmenge an Informationen, die sie speichert, heranziehen. Sagan: »Information läßt sich in Bit ausdrücken, der Anzahl der Nein-Aussagen. Es kommt also auf das Maß des Wissens an, das sowohl sie selbst als auch das Universum betrifft, das dieser Zivilisation bekannt ist...«

Sagan teilt den Reifegrad einer Zivilisation in die Buchstaben von A bis Z auf. Am Anfang der Skala steht die Zivilisation A, eine äußerst primitive Gesellschaft. Die griechische Zivilisation wäre bei C einzuordnen, unsere gegenwärtige bei H.

»Ein erster Kontakt mit einer extraterrestrischen Zivilisation würde nach meiner Schätzung mit einem Typ zwischen 1,5 J und 1,8 K zustande kommen. Wenn es eine galaktische Zivilisation gäbe, die sich über eine Million Welten erstreckte, und wenn jede dieser Welten einen Informationsgehalt hätte, der tausendmal größer wäre als der unserer terrestrischen Zivilisation, dann würde diese Zivilisation zu Typ Q gehören. Eine Milliarde solcher galaktischer Föderationen zusammengenommen, würde, wenn man alle ihr zur Verfügung stehenden Informationen addierte, schließlich als Zivilisation vom Typ Z bezeichnet werden.«

Allerdings versucht nun Carl Sagan in seinen weiteren Ausführungen zu beweisen, »daß das Universum noch nicht alt genug ist, um die Entwicklung solcher intergalaktischer Zivilisationen ermöglicht zu haben«. Die von Sagan entworfene Reihenfolge der Buchstaben von A bis Z gleicht also einer Stufenleiter, »die«, nach seiner eigenen Interpretation, »Gesellschaften beschreibt. Sie beginnt bei solchen, die viel primitiver sind, als es die menschliche je war, und endet bei Systemen, die weiter fortgeschritten sind, als der Mensch je wird erreichen können«, eine Behauptung, die zum Widerspruch herausfordert. Denn es ist eher zu vermuten, daß jede planetoide Sozietät die Chance in sich birgt, zur höchsten Möglichkeit ihrer Entfaltung vorzudringen, erscheinen auch die dafür benötigten Zeiträume für jede der planetoiden Sozietäten verschieden groß. Mit anderen Worten: Jede planetoide Sozietät vermag, erreicht sie ein bestimmtes galaktisches Basisbewußtsein und vernichtet sie sich nicht vorher selbst oder wird durch andere Einflüsse vernichtet, zur Stufe Z vorzustoßen. Und davon abgesehen besagt die Menge der Information noch nichts oder doch nur sehr wenig über den Intensitätsgrad von Kultursubstanzen, die sich nämlich überhaupt nicht mehr durch den Begriff von Informationsmengen erfassen lassen. Mit wie vielen »Bits« soll die Mystik des Meisters Ekkehart, das Jüngste Gericht Michelangelos, der Hamlet Shakespeares, der Faust Goethes oder die Achte Symphonie Bruckners ausgedrückt werden?

Und hier zeigt sich bereits der entscheidende Fehler der bisher erwähnten Klassifizierungsversuche galaktischer Zivilisationen. Diese Klassifizierungen erscheinen interessant und notwendig, aber sie berühren doch nur die Oberfläche, sie berühren doch nur Informationen rationalen Charakters. Sie erscheinen jedoch dort unpraktikabel, wo es gilt, die geistigen Substanzen einer Kultur zu erahnen, geschweige denn zu erfassen.

Die Klassifizierungshypothesen galaktischer Zivilisationen, wie sie Kardaschew und Sagan aufstellten, eignen sich also bestenfalls dafür, galaktische Zivilisationen nach ihrer Energiemenge und nach ihrer Informationsmenge zu bestimmen, eine Methodik, die zweckvoll ist, will man durch sie die rational bestimmbare Effizienz galaktischer Zivilisationen erfassen. Doch neben diesen rationalen Zivilisationen – und wer dürfte behaupten, daß nur sie allein existieren und daß sich nur durch sie der Fortschritt dokumentiert? – gibt es sicher noch grundsätzlich andere Arten von Zivilisationen bzw. Kulturen. Es könnte astrale Kulturen geben, die sich nicht der Entfaltung der Ratio, sondern der Entfaltung der mentalen, der spirituellen Potenzen zuwenden. Wir könnten also theoretisch durchaus mit einer großen Menge solcher astraler Kulturen spiritueller Potenzen zu rechnen haben, die nicht nur mentale Energie und Information, sondern auch Substanzen entfalten, und zwar in einem solchen überraschenden und phantastischen Maße, daß unsere planetoide Sozietät im Vergleich mit diesen geradezu unterentwickelt erscheint. Und vom Standpunkt dieser astral-spirituellen Kultur aus könnte die Entwicklung einer Zivilisation (wobei grundsätzlich zwischen Kultur und Zivilisation zu unterscheiden ist) ausschließlich nach Prinzipien einer rational-abstrakten Intelligenz – so wie sie derzeit von bestimmten Kreisen bewußt propagiert wird – sehr wohl als verhängnisvoll beurteilt werden. Verhängnisvoll für diese betreffende Zivilisation im besonderen, aber auch verhängnisvoll für eine galaktische Kommunikation im allgemeinen.

So deutet sich doch bereits aus diesen ersten allgemeinen Hinweisen an, daß die bisher zur Diskussion gestellten Hypothesen über die Klassifizierung galaktischer Zivilisationen nur allererste Ausgangspunkte einer allgemeinen und eben doch oberflächlichen Klassifizierung solcher galaktischer Zivilisationen darstellen. Denn keine dieser Hypothesen, die sich prinzipiell zu abstrakten Mengen bekennen, erklärt die Faszination des Lebens, der Liebe, des Geistes. Keine erklärt das Ereignis und das Wesen des Kreativen, keine vermag eine solche Leistung, wie es etwa die Neunte Symphonie Beethovens darstellt, zu erfassen. Und diese Möglichkeit, diese Chancen des Kreativen – und in diesem Sinne auch des Demiurgischen – muß man nicht nur unserer Menschheit, die keineswegs im Spitzenfeld galaktischer Zivilisationen und Kulturen liegen dürfte, sondern auch noch »n« anderen Sozietäten allein in unserer Galaxis, geschweige denn im Universum, zubilligen.

Je höher wir uns zu entwickeln scheinen, desto mehr wird unser ungemein komplexes Sein, die Abgründigkeit und Hintergründigkeit in ihm enthüllt bzw. bewußt. Es ist eben ein Sein, das sich nicht durch rational-abstrakte Strukturen demonstriert, die doch nur seine Vordergründigkeit bezeichnen, sondern es ist ein Sein, das sich zutiefst durch die Dimensionen des Poetischen und Phantastischen enthüllt, die beide das eigentliche Wesen des galaktischen Seins bestimmen. Sie bedingen zuletzt auch die ontologischen Schichtungen des Seins, auch jener vielen Wirklichkeiten, die uns zu entdecken die moderne Physik – zumindest teilweise – geholfen hat. Eben jene Physik, die uns auch die Frage nach dem eigentlichen Wesen unserer Wirklichkeit erneut stellen läßt, da sie unsere sogenannte Wirklichkeit eingeschlossen in einer Reihe von »n« anderen Wirklichkeiten erkennt. Von der Frage nach dem Wesen des galaktischen Seins führt sie auch zur Frage und zum Problem eines Variantenspektrums von Wirklichkeiten.

Keine einzige dieser vorhin erwähnten Klassifizierungen galaktischer Zivilisationen berücksichtigt Leben, Glück und Leid auch nur einer einzigen galaktischen Person. Aber schon das Wesen eines Menschen wird von einer bestimmten Schicksals- und Freiheitsgeometrie, von einem nur ihm eigenen Mysterium, von einem nur ihm spezifisch eigenen poetischen Quant bestimmt, das einem Prädikat zudrängt. Ein Prädikat, das nicht geschlossen, sondern auf etwas hin offen ist: Denn wäre dem nicht so, dann könnten wir niemals das Leben auch nur eines einzigen Menschen durch die Kunst, sei es durch den Roman oder in entscheidenden Schwerpunkten durch die Dramatik darstellen. Daß wir dies aber sehr wohl oder doch zumindest annähernd vermögen, enthüllt einen essentiellen Bezug zwischen dem Leben des Menschen einerseits und der Kunst andererseits. Das aber bedeutet doch: Im Wesen des Lebens, des Seins eines Menschen ist etwas, das auf dieses Kunstwerk hin angelegt ist. Sonst könnten wir es nämlich überhaupt nicht durch den Roman oder durch das Drama erfassen. Dasselbe gilt in anderen Aspekten auch von den anderen Künsten wie etwa Malerei, Musik oder Plastik und Tanz.

Und was für jeden Menschen gilt, das gilt in Varianten auch

für jedes andere Geschöpf in diesem Universum, vorausgesetzt, ein ähnlicher Grenzwert der Intelligenz und der Empfindung ist gegeben. So beginnen wir auch zu ahnen, daß *das Wesen des Universums zutiefst Poesie und Phantastik ist,* die die abstrakten und rationalen wie mathematisierenden Strukturen niemals zu erfassen vermögen, sind sie doch nur als die Orientierungs- und Verhältnis- wie Funktionsnormen dieses Seins zu begreifen.

Die Transformation dieses Universums, dieses kosmisch-galaktischen Seins in ein höheres, dieses Postulat einer demiurgischen Revolution ist daher auch als Impakt eben dieser poetischen Substanz, als ihre Sehnsucht nach einem noch herrlicheren, poetischeren und phantastischeren Sein zu begreifen.

Aber die Frage nach dem Mysterium, nach dem Wesen jener einzigartigen Kunst zugleich, die wir als Schicksalsgeometrie begreifen, die dem Leben jedes Menschen eingeschlossen ist, damit sie die Freiheits- und Schöpfungskraft eben dieses Menschen provoziere und eben dadurch bewirke, weitet sich nun zur Frage nach dem Schicksalscharakter, nach dem Schicksalsmysterium und nach der Kreativitätsentfaltung unserer planetoiden Sozietät, weitet sich ferner zur Frage, ob ihre Schicksalsrhythmik – damit auch ihre Kreativitätsentfaltung – einzigartig, typisch oder atypisch ist.

Es wäre in diesem Zusammenhang eine Lehre denkbar bzw. zu entwickeln, welche die Wahrscheinlichkeit der Schicksalsentfaltung unserer planetoiden Sozietät unter Berücksichtigung ihrer besonderen Natur, von der wir auszugehen haben, mit der anderer planetoider Sozietäten vergleicht. Eine Lehre also, welche die verschiedenen Schicksalscharaktere, das heißt den Verlauf ihrer Entfaltungen, in Bezug zueinander setzt. Und eben hier erhebt sich nun die viel umfassendere Frage, ob denn die Wellen(Schicksals-)schwingungen planetoider Sozietäten einer einheitlichen galaktischen Entwicklungs-(bzw. Schicksals-)rhythmik entsprechen oder ob jede planetoide Sozietät eben doch einzigartig und unvergleichlich nur in ihrer eigenen

Schicksalsrhythmik schwingt. In einem Schicksal, das jedoch zugleich als Voraussetzung für das aus diesem Schicksalsraum bzw. Schicksalscharakter erstehende Freiheits- und Kreativitätsbewußtsein zu begreifen ist.

Diese Perspektivität ist selbstverständlich noch utopisch, muß es notwendigerweise sein. Sie rückt erst dann in reale Dimensionen, bewegen wir uns in den galaktischen Ereignisraum, um dort anderen planetoiden Sozietäten zu begegnen – vorausgesetzt, andere planetoide Sozietäten begegnen nicht vorher uns.

Weiterhin stellt sich auch das Problem, ob nicht Mißbildungen planetoider Sozietäten bzw. bestimmter mentaler Kulturen auftreten könnten, die zur Entstehung von bedrohlichen und dämonischen Entwicklungen führen.

Alle diese Möglichkeiten und Erwägungen berechtigen nun doch dazu, die Klassifikation der galaktischen Zivilisation und Kulturen in ihrem denkbaren Entfaltungsspektrum entscheidend zu erweitern. In diesem Bestreben kann man daher erstmals *zur Idee und Konzeption einer galaktischen Kulturlehre vorstoßen,* die hier allerdings nur kurz skizziert werden kann:

Um jedes Mißverständnis a priori auszuschließen, sei nochmals auf die Notwendigkeit und Berechtigung der Klassifikation auch technischer Zivilisationen hingewiesen. Denn jede technische Zivilisation, hat sie sich einmal entwickelt, beruht auf Mathematik und Physik, beruht auf Gesetzen und Zahlen, beruht auf bestimmten Wahrscheinlichkeiten, die im gesamten Universum gültig und verständlich bzw. annähernd gültig und annähernd verständlich sind. Durch die Formeln, die die kosmischen Gesetze erklärbar machen, und durch die Zahlen sind vielleicht überhaupt erste Kontakte zu anderen planetoiden Zivilisationen möglich. Daher streben gerade die technisch-rational planetoiden Sozietäten, wie anzunehmen ist, zu einer Realisierung von Kontakten. Wie ferner anzunehmen ist, trifft dies allerdings nur auf jene technischen Zivilisationen zu, welche ihr abstraktes Denken dem Kreativbereich des Geistes einordnen. Dagegen sind technische Zivilisationen, welche das abstrakte Denken an sich als absolut setzen, also ohne Rücksicht auf die Wertordnungen des Lebens und des Geistes, auszuschließen. Diese könnten nämlich zu »Automatensozietäten« degenerieren, von deren Existenz Mac Gowan überzeugt ist. Es sind auch Zivilisationen, die die Vernichtung anderer planetoider Sozietäten und weiter Bereiche galaktischen Seins bewußt und geplant bewirken könnten.

Während also jene technischen Zivilisationen, einem positiven Denken verbunden, zum Zusammenschluß galaktischer Bereiche führen können, bilden die astralen Geistkulturen gleichsam die Substanzen dieser Bereiche, die Essenzen dieser Strukturen, um diese noch wesentlicher zu verbinden und in ihrer Existenz wie Entfaltung zu fördern, wobei die Wege, die dahin führen, oft sehr differenziert erscheinen, bedingt durch die konkreten biologischen und sonstigen Voraussetzungen dieser planetoiden Sozietäten.

Außer den vorhin erwähnten mathematischen Formeln, Funktionsbezügen und Zeichen könnte es noch andere Momente der Verständigung zwischen den verschiedenen planetoiden Sozietäten geben, nämlich telepathische Bildinformationen, also Informationen über Zustände und Erscheinungsformen, Körperhaftigkeit wie Lebensformen überhaupt, von einem Planeten hin zu einem anderen.

Noch weitere Möglichkeiten sind hypothetisch denkbar. So etwa die sogenannte ESP-Projektion. Sie behauptet, daß sich der Geist im Yoga-Training von seinem Körper lösen kann, um in einem »Zweitkörper« alle nur erdenklichen Orte in galaktischen und meta-galaktischen Dimensionen aufzusuchen. Darauf weist auch der vorhin erwähnte Zen-Yoga von P. J. Saher hin.

Auch auf die Möglichkeit einer galaktischen Urkultur sollte noch hingewiesen werden, nämlich auf die These, daß »n« planetoide Sozietäten nicht nur über ganz bestimmte Informationsmengen, über ein gemeinsames Wesen, sondern auch über ein »Höchstes Wissen« verfügen, das überhaupt nur einer Elite von »Eingeweihten« bekannt ist. Zu dieser Wissensmenge dürfte zweifellos auch der Yoga zählen. Und er, der sich vor allem im indischen Kulturkreis erhalten hat, könnte auch die Brücke zu jener Vergangenheit darstellen, zu jener planetoiden Kultur, von der aus dieses Wissen auf unsere Erde gebracht worden ist. Es stimmt immerhin nachdenklich, daß der Stammvater der Arier, Arya genannt, von einem fernen Planeten im Sternbild des Sirius gekommen sein soll. Auf diesen geheimnisvollen Stern aber deuten auch überraschende Legenden des primitiven afrikanischen Stammes der Dogon hin, die seit Jahrhunderten einen winzigen Stern, Sirius B, verehren, den sie aber überhaupt nicht sehen können, und dessen Existenz erst die moderne Astronomie feststellen konnte (Robert Temple, »Das Sirius-Rätsel«, 1977).

Versucht man nun, die Verschiedenheit planetoider Sozietäten in drei mögliche und wesentliche Kategorien und Perspektivreihen zu ordnen, die zugleich dialektisch als These, Antithese und Synthese zu begreifen sind, so kann man unterscheiden zwischen

1. Kulturen, die sich in der Linie einer Entfaltung geistig-kosmischer Energien bewegen, also letztlich bewußt einer galaktisch-demiurgischen Kultur zustreben,
2. Zivilisationen, die vornehmlich dem Weg wissenschaftlich-rationalen und abstrakten Denkens folgen und schließlich
3. Kulturen und Zivilisationen, die in einem Variations- oder Kombinationsspektrum zwischen dem Extrem einer eminent geistig-astralen Kultur einerseits und einer eminent technisch-rationalen Zivilisation andererseits angesiedelt sind. Kulturen und Zivilisationen, die sich etwa in einer überraschenden technologisch-parapsychologischen Perspektivität entwickeln.

Das Problem einer galaktischen Kulturlehre aber schließt auch die entscheidende Frage nach dem letzten Wesen einer Kultur, nach dem Bezug zum Göttlichen ein. Nimmt man nämlich an, daß sich im Universum etwa 10^{18} intelligente Bewußtseinseinheiten befinden, d. h. Planeten, auf denen sich astrale Kulturen und Zivilisationen bereits entwickelt haben oder erst entstehen werden, so müßten im Weltall, wie Roland Puccetti meint, nicht weniger als 10^{18} selbständige religiöse Traditionen bestehen. Viele dieser Sozietäten könnten auch das Göttliche an sich ablehnen, aber »n^{-n}« (wobei das hochgestellte »n« die Anzahl jener Zivilisationen bezeichnet, die das Göttliche ablehnen) könnten ihm dennoch zugewandt sein. Man könnte auch annehmen, daß es in manchen planetoiden Sozietäten, ähnlich wie in unserer Menschheit, keine einheitliche Religion, sondern ein Spektrum von Religionen gibt, zumindest bis zu jenem Zeitpunkt, in dem sich diese zu einer »galaktischen Religion« bzw. Geistigkeit entwickelt haben, die wahrscheinlich »n« vielen planetoiden Sozietäten, vor allem aber solchen, die einer galaktischen Urkultur verbunden sind, eigen sein dürfte. Das letzte Wesen einer Zivilisation und Kultur, dort wo sich diese dem Göttlichen zuwendet, wäre wohl darin zu erkennen, daß sie eben in Integration hin zu diesem letzten Einen ihre kreativen und demiurgischen Potenzen einsetzt, was keineswegs selbstverständlich erscheint. Das bedeutet aber, daß sie versuchen wird, eine Transformation des galaktischen Seins zu bewirken, d. h. durch ihre konkrete Wirklichkeit hin zu anderen Wirklichkeiten durchzustoßen oder aber neue Wirklichkeiten zu kreativieren. Bei Kulturen, die Tausende und Millionen Jahre älter sind als unsere Menschheit, ist es nicht auszuschließen, daß diese Revolution des galaktischen Seins bereits vorbereitet, vielleicht sogar schon eingeleitet worden ist.

Doch noch ganz andere, ungemein überraschende Perspektiven berührt das Problem einer galaktischen Kulturlehre. Es könnten sich nämlich in den verschiedenen Galaxien verschiedene geistige und ideologische Kraftfelder aufbauen bzw. auch abbauen, neuordnen, verändern, die letztlich zu einer Art metaphysischen Aufspaltung einer solchen Galaxis führen könnten, ähnlich wie sich Zellteilungen bzw. Zellabbildungen vollziehen, und zwar zu einem Zeitpunkt, an dem viele planetoide Sozietäten, erst am Beginn ihrer Entwicklung stehend, von diesen Vorgängen erfaßt werden, denen sie jedoch bereits eingeschlossen sind. Das Bewußtwerden der Entscheidung, sich der einen oder anderen metaphysischen Potenz zuordnen zu müssen, könnte dann erst viel später erfolgen.

Auch vorzeitige Eingriffe anderer hochentwickelter planetoider Sozietäten in galaktische und meta-galaktische Dimensionen sind denkbar. Eingriffe, welche die eigentlich evolutionäre Entfaltung einer bestimmten planetoiden Sozietät plötzlich und unmittelbar durch ein revolutionäres Ereignis, gleichsam durch einen Quantensprung, grundsätzlich verschieden von der ursprünglichen Entwicklungstendenz verändern, abbiegen und dann einer sich teils offenbarenden, teils aber auch verborgen bleibenden metakosmischen Potenz zuführen.

Grundsätzlich also ist das gesamte Universum als Lebensraum, und das bedeutet zugleich als geistiger Freiheitsraum, der Entfaltungen von 10^{18} möglichen Kulturen und Zivilisationen zu erkennen. Das aber bedeutet in weiterer Konsequenz auch folgendes: Dieser Freiheitsraum ist auch als ein demiurgischer Experimentierraum anzusehen, in dem sich das Ereignis der Revolution, nämlich der Transformation des galaktischen Seins, vollzieht.

So wird aus diesen Darlegungen – denkt man auch an die von Poul Anderson aufgestellten Thesen, an die kosmobiologische Kontinuitätstheorie von Vsevolod Sergevevich Troisky und an die evolutionäre Konvergenztheorie, wie sie Bieri, Berrill und andere vertreten – einsichtig, daß sich die verschiedenen planetoiden Sozietäten und galaktischen Rassen wahrscheinlich ähnlich zu unserer Menschheit entwickelt haben wie wir vielleicht zu ihnen, wenn auch variant, bedingt von der jeweils spezifisch kosmisch-biologischen Umwelt. Ebenso aber wird auch verständlich, daß diese »n« planetoiden Sozietäten und galaktischen Rassen, vernichten sie sich nicht vorher selbst oder werden durch kosmische Katastrophen zerstört, zu höheren Strukturen und Ordnungen vordringen können.

Es wird auch wahrscheinlich, daß diese »n« planetoiden Sozietäten ein Bewußtsein entwickeln, nämlich zuerst ein planetoides Bewußtsein ihrer Einheit in dem ihnen zugeordneten solaren Raum. Von diesem Bewußtsein ihrer planetoiden Einheit aus stoßen sie dann zu einem solaren und schließlich zu einem noch höheren, zu einem galaktischen Bewußtsein vor. Diese Kategorien eines planetoiden, solaren und galaktischen Bewußtseins sind mit der Integration in diese kosmischen Bereiche verbunden. Sie sind jedoch nicht nur als Bewußtseinsentfaltungen im Sinne der wissenschaftlichen und technischen, sondern auch im Sinne der geistigen Entwicklung zu verstehen. So strebt das Bewußtsein zu immer höheren Ordnungen und Einheiten. So verbindet es sich aber auch anderen, vielleicht schon bestehenden Kommunikationssystemen.

So drängt schließlich das Bewußtsein jeder planetoiden Sozietät hin zum Bewußtsein der gesamten Galaxis. So zwingt, wie auch Hoimar von Ditfurth meint, »die Logik der bisherigen Entwicklung zu der Annahme, daß die Zukunft den Zusammenschluß der vielen Tausend verschiedenen Kulturen herbeiführen wird, die es ... allein in unserer Milchstraße außerhalb der Erde geben dürfte« (»Am Anfang war der Wasserstoff«, 1972).

Übrigens spricht auch Carl Sagan von der Möglichkeit einer kulturellen Homogenisierung unserer Galaxis. Er schreibt darüber u. a.: »Es ist durchaus möglich, über die sehr entfernte Zukunft hochentwickelter Zivilisationen Spekulationen aufzustellen. Wir können uns vorstellen, daß derartige Gesellschaften in ausgezeichneter Harmonie mit ihrer Umwelt, ihrer Biologie und den Launen der Politik leben, so daß sie sich eines äußerst langen Daseins erfreuen. Sicher werden sie schon längst mit vielen gleichartigen Zivilisationen Kontakte aufgenommen haben und Wissen, technische Erfahrung und philosophische Einsichten austauschen, die mit Lichtgeschwindigkeit verbreitet werden. Mit der Zeit dürften die verschiedenen Kulturen der Galaxis, die eine große Anzahl völlig verschiedener Organismen einbeziehen – auch wenn sie anderen biochemischen Gesetzen gehorchen und einen unterschiedlichen kulturhistorischen Hintergrund haben –, sich homogenisieren, genauso wie sich die verschiedenen Kulturen der Erde heute in einem Prozeß der Homogenisierung befinden.« (Carl Sagan/Jerome Agel: »Nachbarn im Kosmos«, 1975). Auch wenn die Verwirklichung dieser Homogenisierung wahrscheinlich lange währen wird, so könnte sie dennoch stattfinden – und findet bereits vielleicht statt.

Dadurch aber wird unsere Galaxis immer mehr zu einem einzigen, sich selbst als Einheit bewußt werdenden Lebensfeld im Universum. Ein Lebens-, zugleich ein Bewußtseinsfeld, das voraussichtlich dahin drängen wird, seine gleichsam konzentrierte geistige Energie effizient werden zu lassen.

Es erhebt sich die weitere Frage: Wohin und wofür? Zweifellos: Die Menschheit wird in ihrer Art einmalig sein und bleiben. Das bedeutet aber keineswegs, daß sie nicht innerhalb einer exobiologischen Reihe des Universums zu bestimmen sein wird. Auch in dem Sinne, daß auf sie Integrationen hinführen, wie solche von ihr wegführen. Diese exobiologische Reihe aber entwickelt sich doch wieder nur innerhalb des gesamten Universums, in einer Menge von solchen exobiologisch-galaktischen Reihen. Das bedeutet jedoch: Alle Galaxien bilden wahrscheinlich eine uns noch verborgene Integration von Reihen, also eine Reihe von Reihen.

Ferner: Innerhalb jeder Galaxis bilden nun die verschiedenen planetoiden Sozietäten – die alle als planetoide Bewußtseinsaktionen des einen, ihnen allen zugrunde liegenden Bewußtseinsfeldes zu verstehen sind – etwas wie ein galaktisches Nervensystem, etwas wie ein Kommunikationssystem zugleich. Ein solches galaktisches Kommunikationssystem läßt, existiert es wirklich, überraschend an Strukturen unseres Gehirns denken, wobei es vielleicht überhaupt gewisse Ähnlichkeit zwischen den Strukturen unseres Gehirns und unserer Galaxis geben könnte. So entsprechen etwa die 10 Milliarden oder mehr

Nervenzellen unseres Gehirns, man nimmt bis 15 Milliarden an, den 150–250 Milliarden Sonnen in unserer Galaxis. Jede Nervenzelle unseres Gehirns aber bildet für sich eine »kleine Welt«, ein »kleines Universum«, das mit tausend anderen Nervenzellen verbunden ist, wobei aber alle Nervenzellen elektrische Signale empfangen, die zu ihrer Nervfaser leiten und von ihr entlang bis zu den »Endknöpfchen« führen, die mit Hilfe chemischer Umwandlungen für Übermittlung der Information an den Nachbarn sorgen.

Diese Endknöpfchen lassen jedoch irgendwie an »Nervenplaneten« denken. So wie aber der modernen Gehirnforschung der »Schaltplan« eines Gehirns noch völlig fehlt, der jedoch die entscheidende Voraussetzung zum Verständnis des menschlichen Gehirns bildet, so fehlt uns völlig jedes Wissen um einen Schaltplan, der die Entwicklung des Bewußtseins der Galaxis, der die sich in ihr vollziehenden Ereignisse regelt. Wie aber diese Milliarden Nervenzellen unseres Gehirns nicht reglos verbunden sein können, sondern eine geheime Ordnung aufweisen müssen, so können auch diese »n« planetoiden Sozietäten unserer Galaxis, die in ihnen konzentrierten Intelligenzen, von einer geheimen Ordnung, von einem ganz spezifischen galaktischen Gesamtbewußtsein bestimmt werden.

Da das Gehirn in seinen Strukturen von galaktischen Mengendimensionen bestimmt erscheint, so bedeutet die Weiterentwicklung bzw. Aktivierung unseres Gehirns möglicherweise auch die Zubewegung unserer Menschheit zu den anderen planetoiden Sozietäten unserer Galaxis. Jedenfalls deutet sich hier doch eine nicht zu übersehende mögliche Entsprechung zwischen den Funktionen unseres Gehirns und den Bewußtseinsfunktionen unserer Galaxis an.

Erinnert man sich aber nun daran, daß wir mit der Existenz von Trillionen Galaxien zu rechnen haben, so könnte unsere Galaxis als ein Trillionstel Gehirn- bzw. Bewußtseinsbereich eines geradezu gigantischen universalen Supergehirns verstanden werden bzw. eines Kommunikationssystems, das diesem

Supergehirn irgendwie nahekommt. Ein System, in dem zugleich aber auch eine eminente und kaum vorstellbare kreativ-demiurgische Energie, das bedeutet aber auch eine eminente Transformationsenergie, eingeschlossen ist.

In diese universale demiurgische Transformationsperspektivität wird auch die Entwicklung unserer Galaxis, ihres Bewußtseins, integriert. Wird nämlich die Beziehung der verschiedenen galaktischen Rassen kommunikativ hergestellt, so könnte die gesamte Galaxis zu einem bewußten Leben, zu einem bewußten Willen wie aber auch zu einer bewußten Aktion erwachen, das heißt zu einer demiurgischen Transformationsrevolution des galaktischen Seins.

Diese demiurgische Revolution des galaktischen Seins könnte nun auch andere, geradezu phantastische Wirklichkeiten berühren, d. h., sie würde wahrscheinlich auch die meta-galaktischen Dimensionen ergreifen bzw. die bisherige Relation zwischen dem meta-galaktischen Sein einerseits und dem galaktischen Sein andererseits aufheben. Diese Perspektivität aber berührt jenes Ereignis, das als »Auferstehung der Toten« bezeichnet wird. Denn diesen 10^{18} planetoiden Sozietäten sind möglicherweise auch 10^{18} sogenannte »Totenreiche« zugeordnet zu denken. Metaphysische planetoide Sozietäten sozusagen, die mit den planetoiden Sozietäten des galaktischen Seins einen untrennbaren Organismus, eine Art Blutkreislauf bzw. einen Existenzkreislauf besonderer Weise bilden. Diese »Totenfelder« könnten sehr wohl auch als »Transformationsfelder« hin zu einem meta-galaktischen Sein verstanden werden. Als Transformationsfelder hin zum Auferstehungsereignis eines geistigen Leibes, der diesem Universum entweder eingeschlossen oder sonst irgendwie essentiell verbunden ist.

Zwischen diesen verschiedenen metaphysisch-planetoiden Transformationsfeldern könnte aber auch ein metaphysisches Kommunikationsnetz bestehen, das sich im Sinne der karmischen Lehre auch mit den galaktischen Strukturen verbindet.

Mit anderen Worten: Von diesen sogenannten »Totenreichen«, von diesen Transformationsfeldern, gibt es vielleicht Schwingungsbewegungen hin zu anderen, oft sehr verschiedenen Wirklichkeiten oder Bewegungen innerhalb der gleichen metaphysischen Wirklichkeit – also von einem Transformationsfeld hin zu einem anderen – oder aber Rückbewegungen, d. h. »Wiedergeburten« in verschiedene planetoide Sozietäten entsprechend den karmischen, sittlichen und geistigen Voraussetzungen, entsprechend der »karmischen Physik«, welche die Physik der Kosmologie ergänzt und vertieft. Unterbrechungen und Aufhebungen dieser karmischen Gesetzlichkeit gibt es. Sie liegen im geistigen Erlösungsweg des Hinduismus, Buddhismus wie des Christentums.

Der Hinduismus aber läßt uns diese Perspektivität besonders eindringlich begreifen. Er zeigt außer unserer noch andere, auch höhere und astrale Wirklichkeiten, geistastrale Sonnen, Planeten und Kulturen. Aber auch innerhalb dieser geistastralen Kulturen gibt es wieder Schwerpunkte und Wertigkeitsordnungen. So sagte Yukteswar, der Lehrer des bekannten Yogi Paramhansa Yogananda, als er seinem Schüler nach seinem, Yukteswars, körperlichen Tode leibhaftig erschien, er weile nun als Erlöser auf einem der Astralplaneten, der den Namen Hiranya loka trägt, was »Erleuchteter Astralplanet« bedeutet. Alle, die auf diesem Planeten leben, haben während ihrer letzten irdischen Inkarnation durch ausdauernde Meditation die Fähigkeit erlangt, ihre Körper im Tode bewußt zu verlassen. Die Aufgabe Yukteswars wäre es nun, diese Elite zu einer noch höheren geistigen Ebene zu führen. Daher befreie er sie auch von ihrem astralen Karma, von ihrer astralen Wiedergeburt.

Diese Berichte verschweigen jedoch die freie Entfaltung dieser Lebewesen aufgrund der ihnen eigenen kreativ-demiurgischen Potenzen. Sie verschweigen jene Entfaltungsmöglichkeit, die ihnen auch die Chance zu eigenen Weltschöpfungen gibt, und sie verschweigen das entscheidende Moment, die ihnen eigene höchste, nämlich ihre ontologisch-poetische Potenz entfalten zu können.

Doch davon abgesehen, ist die Vorstellung nicht auszuschließen, daß die Galaxien, als Grundeinheiten kosmischen Seins verstanden, ihre Entsprechung in einer transzendenten astral-kosmischen Grundeinheit finden. Mit anderen Worten: Wir haben unsere Galaxis nicht nur als ein Lebensfeld in diesem Universum, sondern *zugleich* als ein Transformationsfeld eines meta-galaktischen Seins zu erkennen. *Wir haben also die Galaxis als nicht nur einer, sondern mehreren Wirklichkeitsdimensionen eingeschlossen zu begreifen, wobei die verschiedenen Wirklichkeitsdimensionen einander durchdringen, trennen, differenzieren oder auch ergänzen mögen.* Aber auch diese mögliche Perspektivität ändert keineswegs das grundlegende Postulat einer Revolution bzw. Transformation des galaktischen Seins, sondern fordert sie geradezu.

Zweites Buch

5. Aspekte des galaktischen Seins und Bewußtseins

Die Frage nach dem galaktisch-universalen Sein, die hier aufbricht, ist auch zur Frage nach einem ungemein phantastischen Sein geworden. Nicht nur Teilhard de Chardin erklärte: »Im kosmischen Maßstab, so lehrt uns die moderne Physik, hat nur das Phantastische eine Chance, wahr zu sein«, sondern auch der weltanschaulich ganz anders denkende weltbekannte Biologe I. B. S. Haldane sagte: »Die Wirklichkeit ist nicht nur phantastischer, als wir glauben, sondern noch viel phantastischer als alles, was wir uns nur vorstellen können. Das Universum aber enthüllt sich uns als ein eminent phantastisches Gebilde.«

Und Adrian Berry schreibt in seinem bereits mehrfach zitierten Buch »Die große Vision« über die Perspektiven der Kosmologie u. a.: »Wheeler, Hjellming und Weber bieten uns einen Kosmos, der komplexer und geheimnisvoller ist als alles, was die konventionellen Astronomen vorzutragen gewagt haben. Wir schließen eine Tür auf und finden dahinter eine weitere verschlossene Tür, und hinter dieser befindet sich eine dritte Tür, und dieser Prozeß geht so lange weiter, wie der menschliche Geist seine Fähigkeiten zu fragen und Hypothesen aufzustellen behält...« Und: »Das moderne kosmologische Wissen, das seinen entscheidenden Anstoß im Jahre 1905 von dem Genie Albert Einstein erhalten hat, wird gewiß noch Jahrzehnte brauchen, ehe es alles umfaßt.« Ebenso entscheidend sind die Konsequenzen, die sich aus der Quantentheorie des

Genies Max Planck ergeben haben. Sie führten zu der Erkenntnis, daß ein wesentlicher Teil des Naturgeschehens unruhig, und zwar in Sprüngen, in »Quanten« vor sich geht.

Die Frage nach dem Makrokosmos wird durch die Frage nach dem Mikrokosmos ergänzt. Denn den unvorstellbar gewaltigen Dimensionen des Universums entspricht die direkter optischer Wahrnehmung entzogene kleine Welt des Atoms. Der deutsche Physiker Max Born hat in seinem Buch über die Struktur des Mikrokosmos, »Das ruhelose All«, dargelegt, daß nicht nur in der Welt des Großen, des Makrokosmos, alles in Bewegung ist, sondern diese eminente Bewegung, diese einzigartige Ruhelosigkeit, beherrscht auch den Mikrokosmos, auch die für das Auge scheinbar unbewegliche, tote Materie. Außer dieser Unruhe überrascht uns in der Welt des Kleinsten die geradezu ungeheuerliche Leere, die sich hinter der scheinbaren Dichte und Undurchdringlichkeit der sogenannten kompakten Materie verbirgt.

Was aber ist, so muß hier nun gefragt werden, der Sinn dieser einzigartigen Ruhelosigkeit, jener eminenten Bewegung, die das gesamte Universum bestimmt? Es ist eine Bewegung, die, so erscheint es, den zutiefst verborgenen Willen, die Erlösungssehnsucht des Universums nach Transformation in ein höheres Sein in sich schließt. Diese Sehnsuchtsbewegung des Universums hin zur Transformation aber ist in Verbindung mit dem gerade von der modernen Naturwissenschaft festgestellten phantastischen Wesen unseres Universums zu sehen.

Das Universum ist nämlich keine ausschließlich materielle Angelegenheit, an die etwa noch Denis Diderot (1713–1784), Begründer und Herausgeber der berühmten Enzyklopädie, glaubte. Diderot erklärte damals, daß die Atome Träger von Empfindungen sind, aus denen auch das Denken entsteht, und daß aus der Berührung der Atome das alleinheitliche Bewußtsein entsteht. Der bekannte parapsychologische Forscher I. B. Rhine erklärte jedoch 1965 in einem Vortrag in London u. a.: »Unter den wissenschaftlichen Berufen der westlichen Welt ist die Überzeugung aufgewachsen, das Universum sei eine materielle Angelegenheit, und alles, was nicht in dieses materielle Bild hineinpaßt, müßte unreal sein und ignoriert werden, wenn es nicht widerlegt werden kann. Das logische Resultat ist der Boykott aller Behauptungen, die irgendwie in das zur Zeit bestehende materielle Weltbild nicht eingegliedert werden können.«

Doch gerade dieses Weltbild wurde von der modernen Naturwissenschaft dem Phantastischen zugeführt. Und von diesem eminent phantastischen wie aber auch tragischen Wesen des Universums haben wir auszugehen: Das Universum enthält zwar auch Momente des Mathematischen und Physikalischen, des Rationalen und Strukturellen. Aber diese Momente – die Gerhard Frey, Professor für Philosophie an der TH Stuttgart, in seinem 1965 erschienenen Buch »Erkenntnis der Wirklichkeit«, ein Buch über die philosophischen Konsequenzen der modernen Naturwissenschaft, hoch bewertet, und in diesem Sinne meint, »daß die Mathematisierung als die eigentliche Form der Bewältigung der Welt« verstanden werden kann – bilden nur Aspekte in einem weit gefächerten Spektrum von Möglichkeiten der Seinsbewältigung.

So meinte H. H. Price, Professor für Logik in Oxford, daß die »Parapsychologie das bedeutendste Forschungsgebiet ist, das der menschliche Geist je in Angriff genommen hat«. Und es ist weiterhin anzunehmen, daß die Parapsychologie auch ein gänzlich neues Schlaglicht auf das Wesen der menschlichen Persönlichkeit und auf deren Stellung im Universum werfen wird. Doch darüber hinaus könnte die Parapsychologie unsere gesamte intellektuelle Weltanschauung, auf der unsere gegenwärtige Zivilisation beruht, verändern. Und Professor Cyril Burt, ein bekannter Psychologe, erklärte, daß es neben dem physischen Universum ein »psychisches Universum« geben könnte, »das aus Vorgängen und Wesenheiten besteht, die durch psychologische Wechselwirkungen miteinander verbunden sind, ihren eigenen Gesetzen gehorchen und das psychische

Universum durchsetzen, zum Teil auch ›überkappen‹« (zit. aus Arthur Koestler: »Die Wurzeln des Zufalls«, 1972).

Wie auch immer, so zeigen uns diese überraschenden Aspekte doch, daß das Universum keineswegs »einfach« hinzunehmen ist, sondern daß es als ein ungemein komplexes und auch abgründiges Ereignis zu erahnen ist, das wahrscheinlich viele Dimensionen in sich schließt, mögen diese vielleicht gleichsam aus einem meta-universalen bzw. supergalaktischen Bereich in das materielle Universum eingestrahlt werden, es durchdringen und »überkappen«, oder mögen sie das höchste Ergebnis der evolutionären Entwicklung, etwa im Sinne des Buches von Hoimar von Ditfurth »Der Geist fiel nicht vom Himmel«, 1976, sein, das leidenschaftlich die Evolution unseres Bewußtseins zu einem galaktischen proklamiert.

Wie komplex, wie phantastisch, wie irreal dicht aber unser Universum vorgestellt werden kann, darauf weist Burkhard Heim, einer der interessantesten deutschen Philosophen, Physiker und Kosmologen in seiner Abhandlung »Der kosmische Erlebnisraum des Menschen« hin (in IMAGO MUNDI, Bd. V., 1975). Das Universum – nach Burkhard Heim von einer »Weltgeometrie« bestimmt – ist nicht, wie etwa noch Albert Einstein meinte, von vier, sondern von sechs Dimensionen bzw. Koordinaten charakterisiert.

Diese Ideen führen Burkhard Heim zum Entwurf einer »Transkosmologie«. Von dieser ausgehend, gelangt dann Burkhard Heim unter anderem zu der Überzeugung, daß der »Tod kein einfaches Verlöschen, sondern der Übergang in einen anderen Existenzzustand unter Beibehaltung personaler Integrität und personaler Erlebnisfähigkeit ist« (S. 58).

Doch in unserem Universum werden nicht nur parapsychologische und sonstige irrationale Energien eines sechsdimensionalen Universums möglicherweise ahnbar, sondern diese Energien deuten zuletzt auf eine verborgene, noch sozusagen »gefesselte Dimension« hin, welche als die entscheidendste des Universums zu erkennen ist. Es ist jene poetische Dimension, zugleich auch jene einer derzeit noch »gefesselten Phantasie«, die sich in jeder der unzählbar vielen galaktischen Wesen in einer nur diesem personalen Wesen spezifischen Eigenart und Einzigkeit kreativ offenbart.

Es ist zugleich aber auch jene Dimension, die in den galaktischen Bewußtseins- und Geistesfeldern aktualisiert wird. *Daher drängt gerade die poetische Dimension zur Transformation unseres Universums.* Und die revolutionäre Demiurgie ist der Weg zu einem neuen, zu einem freien Sein der Phantasie und Poesie. Zu einem Sein, in dem die schöpferischen Bildkräfte, die Potenzen der Poesie, zu Keimzellen künftiger Weltbildungen und Wesensentwicklungen werden können.

Dieser Transformation des galaktischen Seins zu einem neuen hin bewegt sich daher auch die vorhin festgestellte Bewegung und Ruhelosigkeit des gesamten Universums zu, um allerdings auch nach dieser Transformation nicht Ruhe, sondern eine noch höhere Vollendung in gleichsam unendlichen Schöpfungsreihen anzustreben.

Das galaktische Sein, das jedem galaktischen Bewußtsein vorangeht – ein Satz, der bestritten und auch umgekehrt behauptet werden kann! –, bildet nun innerhalb des gewaltigen universalen Seins zweifellos ein partielles Sein. Zugleich aber ist dieses partielle galaktische Sein als ein spezifisch konzentriertes Sein zu erkennen. Denn erst in den Galaxien wird das universale Sein nicht nur seiner Form nach zu einem »Weltrad«, zu einer »Spirale« oder zu einer »Diskusscheibe« universalen Lebens, sondern es konzentriert sich auch zu einem Bewußtsein, das dominant die Transformation seines galaktischen, letzlich des universalen Seins hin zu einem höheren und poetischeren Sein sozusagen »will«.

Das partiell galaktische Sein bzw. Bewußtsein – das untrennbar den poetischen Potenzen verbunden zu denken ist – wird daher innerhalb der Transformationstendenz des gesamten Universums grundsätzlich als ein Sein zu erkennen sein, das sich hin auf seine Verwandlung, hin auf seine Transformation bewegt bzw. dahin angelegt ist. Daher ist wahrscheinlich jede der Trillionen Galaxien, die ein Lebens- und dadurch auch ein Bewußtseinsfeld darstellt, auch als ein einzigartiges Transformationsfeld zu begreifen.

Dieser Perspektivität entspricht die Entfaltung eines galaktischen Bewußtseins, das sich in allen lebenenthaltenden Galaxien, wenn auch wahrscheinlich spezifisch verschieden, vielleicht aber auch in Ähnlichkeiten und Entsprechungen vollzieht. In diesem Sinne können wir daher auch als wahrscheinlich annehmen, daß sich aus diesem galaktischen Bewußtsein nicht nur das denkende, vor allem auch das kreative Wesen des Menschen, sondern auch aller anderen planetoiden Sozietäten in fortschreitenden Bewußtseins-, Denk- und Schöpfungsakten bis hinauf zur Demiurgie entfaltet.

In diesem Sinne können wir daher auch annehmen, daß die meisten der Trillionen Galaxien, zumindest jene, die ein Leben entwickeln, auch ein Bewußtsein entfalten. Dieses Bewußtsein wird nun in einem Spektrum von Trillionen^{-n} (wobei »n« jenen Faktor darstellt, der die Zahl jener Galaxien in sich schließt, die kein Leben und kein Bewußtsein entwickeln) vorzustellen sein. Das heißt, wir werden in diesem Universum mit einer geradezu unvorstellbar großen Menge, mit einer geradezu phantastischen Reihe von Trillionen^{-n} »galaktischen Bewußtseinseinheiten« zu rechnen haben.

Mit Bewußtseinseinheiten, von denen zugleich jede für sich spezifisch und einzigartig zu begreifen sein wird, wie sie gleichzeitig hin zu anderen Bewußtseinseinheiten anderer Galaxien in Entsprechung, Ähnlichkeit oder Differenz stehen wird.

Daraus ergibt sich nun wieder eine Reihe von galaktischen Bewußtseinsprädikaten, die, für uns derzeit unvorstellbar, eine möglicherweise aufsteigende Reihe, nämlich im Sinne einer gewissen Wertordnung, bilden, die in einem höchst entwickelten galaktischen Transformationsbewußtsein ihre Spitze finden könnte. Zugleich aber stellt diese Reihe, diese Summe von Trillionen^{-n} galaktischer Bewußtseinsprädikate, eine geradezu unvorstellbare intellektuelle, kreative und letztlich demiurgisch-poetische Potenz dar.

Diese Potenz könnte nun vielleicht schon an einem ganz bestimmten, uns jedoch noch vollkommen unbekannten Punkt dieser Reihe in irgendeiner Galaxis unseres Universums das galaktische Sein durchstoßen haben. Von diesem galaktischen »Dammbruch« aus könnte dann ein in andere Galaxien und Bewußtseinswirklichkeiten einströmendes Transformationsereignis erfolgen, das uns vielleicht irgendwann so plötzlich ergreifen könnte, so spontan, so unvorbereitet vielleicht auch, wie eine Flutwelle eine Stadt, die, unweit dieses Staudammes gelegen, von den plötzlich über sie hereinbrechenden Wassermassen ergriffen und weggerissen wird.

Innerhalb des galaktischen Seins, konkret innerhalb des Seins jener Galaxis, der wir eingeschlossen sind, vollzieht sich – wie angenommen werden darf – die Aktivierung zu einem galaktischen Bewußtsein in einer Reihe von »n« planetoiden Sozietäten, die sich diesem galaktischen Bewußtsein differenziert zuentfalten. Es sind planetoide Sozietäten, die sich einerseits in einem ungemein hohen und fortgeschrittenen Zustand befinden, der unsere gegenwärtige Entwicklung hier auf unserem Planeten Erde weit übertrifft, und unter denen es auch andererseits solche Sternenvölker geben mag, die sich in einem noch primitiveren Entwicklungszustand als unsere Menschheit befinden, die bis heute noch nicht einmal bis zu ihrer ersten soziologisch-galaktischen Bewußtseinsstruktur, nämlich bis zu einer »planetoiden Sozietät«, vorstoßen konnte. Und die vielleicht diese erste Stufe niemals erreichen wird, weil sie sich vorher selbst entweder total vernichtet oder bis zu degenerierten Restrelikten zerstört.

So ist also an diesem Punkt unserer Überlegungen zusammenfassend zu erkennen: Das galaktische Sein vollendet sich in einem galaktischen Bewußtsein, das sich in sehr verschiedenen Bewußtseinseinheiten der Galaxien selbst, aber auch innerhalb jeder dieser Galaxien in »n« verschiedenen Bewußtseinsprädikaten dieser planetoiden Sozietäten konkretisiert bzw. dahin vorbereitet.

Doch es ist hier nicht nur die ungemein interessante und erregende Frage nach der möglichen Verschiedenheit der Bewußtseinsentfaltungen der vielen planetoiden Sozietäten innerhalb einer Galaxis wie nach den differenten Bewußtseinsentwicklungen der unzählbaren Galaxien selbst zu stellen, sondern es ist hier auch die weitere, und zwar entscheidende Frage nach dem Steuerungsprinzip der Bewußtseinsentwicklung in einer Galaxis zu richten. Eine Bewußtseinsentwicklung, welche selbstverständlich die der verschiedenen Sternenvölker in sich schließt.

Es ist also eine Frage, welche letzlich nach dem Sinn der Entfaltung des Lebens, des Bewußtseins und des Geistes in einer Galaxis zielt.

Eine Galaxis ist nämlich nicht nur als eine kosmologische, uns erst jetzt bewußt gewordene Struktur, und zwar als die kleinste reale Grundeinheit unseres Universums, zu verstehen, sondern sie ist auch als ein einzigartiger kosmischer Lebens- und Bewußtseinsbereich zu begreifen, dem ein steuerndes Prinzip, ein »Logosfeld« zugrunde liegt.

Ein Prinzip, das die kosmologische Struktur einer Galaxis, ihren für uns geradezu ungeheuerlichen Bereich von einem Ausmaß von Zehntausenden von Lichtjahren und mit einer Menge von 150–250 Milliarden, auch Billiarden Sonnen in manchen Galaxien, regelt. Ein Prinzip, das aber auch die so ungemein komplexen Lebens- und Bewußtseinsentfaltungen innerhalb dieser galaktischen Bereiche bestimmt. Dieses Prinzip wird nun in der »Galaktischen Philosophie« als der *Logos* einer Galaxie bezeichnet, wobei darunter keineswegs das »Wort« oder die »Vernunft«, sondern der Sinn, die Sinnung, die Sinnwerdung bzw. auch die Sinnbewirkung des galaktischen Bereiches verstanden wird. Daher kann man auch von einem *galaktischen Logos* sprechen.

Dieser Logos »steuert« nun sozusagen den ungeheuerlichen

Bereich der verschiedensten Lebens- und Bewußtseinsentfaltungen innerhalb der ihm zugeordneten Galaxis. Er steuert sie vielleicht so, daß er bestimmte galaktische Entfaltungseinheiten, etwa wie eine Blume von ihrem Fruchtknoten aus ihre Blätter, »entfaltet«. So verstanden kann z. B. die Struktur bestimmter Blumen, man denke hier vor allem etwa an den Lotos, in einer gleichnishaften Ähnlichkeit zu den Strukturen der Galaxis gesehen werden.

Im Fruchtknoten dieser galaktischen Blume wären also, um dieses Gleichnis zu benützen, bereits alle Blumenblätter ihrer Möglichkeit nach enthalten, bevor diese noch zu ihrer »wirklichen« Entfaltung und Blüte gelangt sind. Mit anderen Worten: Bereits in den kosmischen Staubwolken des sich aus einem Urknall (Big Bang) entwickelnden Universum, die sich durch die Gesetze der Gravitation und Schwerkraft zu einer Galaxis verdichten bzw. entwickeln, wären also bereits alle jene ungemein komplexen galaktischen Lebens- und Bewußtseinsentfaltungen der Möglichkeit nach »enthalten« gewesen, bevor sich dann das so ungemein vielschichtige und komplexe Ereignis eines galaktischen Lebens und Bewußtseins bis hinauf zu der Existenz von »n« planetoiden Sozietäten entwickelt.

So ist also anzunehmen, daß dem so komplexen galaktischen Leben und Bewußtsein und den wahrscheinlich so mannigfaltig entwickelten planetoiden Sozietäten in unserer Galaxis eine Summe von »Keimsteuerungen«, von »Keimideen« oder wie immer man diese »Regulationen« auch nennen mag, zugrunde liegt. Eine Summe galaktischer Steuerungs- und Gestaltungseinheiten, die sich entweder in diesen konkreten galaktischen Strukturen selbst oder erst in diese hinein von supragalaktischen Bereichen aus entfaltet hat.

Auch dürfte es sich als galaktische Realität erweisen, daß sich innerhalb der Struktur jeder Galaxis bestimmte Kommunikationssysteme, bestimmte galaktische Bereiche bilden, die wieder bestimmte Lebens- und Bewußtseinsentfaltungen bewirken, innerhalb derer sich dann gewisse planetoide Sozietäten bzw. gewisse galaktische Rassen entwickeln. Daraus kann geschlossen werden, daß sich jede Galaxis irgendwie als ein kosmischer Teilorganismus enthüllt, in dem die verschiedenen galaktischen Bereiche bzw. das von ihnen bedingte Bewußtsein die verschiedenen organischen Einheiten bilden.

Aufgrund dieser Erwägungen kann die Hypothese von einer möglichen Existenz galaktischer Logosbereiche aufgestellt werden. Sie besagt, daß der Entfaltung jeder Galaxis – die nicht nur eine kosmologische Struktur, sondern auch eine biologische Einheit ist, der ein bestimmtes, nur dieser Galaxis eigenes Bewußtsein entspricht, das wieder zu einem Keimfeld kreativer Prozesse wird – ein zentral steuerndes Logosfeld zugrunde liegt.

Jede Galaxis besitzt nun, und das ist eine weitere Hypothese, ein nur ihr eigenes Logosfeld, das sie nicht nur anderen Galaxien verbunden oder ähnlich erscheinen läßt, sondern das sie zugleich auch, und zwar grundsätzlich, von anderen Galaxien unterscheidet. So verstanden ist also jede Galaxis, die zuletzt von ihrem *Kernlogosbereich* bestimmt wird, als eine unverwechselbare Einzigkeit zu verstehen.

Das Kernlogosfeld jeder Galaxis aber ist, und das ist die dritte Hypothese, die hier zur Diskussion gestellt wird, wieder in sich ungemein komplex und differenziert vorzustellen. Wie wir in jeder Galaxis eine Reihe von verschiedenen Teilbereichen annehmen können, so ordnen sich dem dominanten »Kernlogosfeld« innerhalb jeder Galaxis die verschiedenen »Unterlogosfelder« zu, wie etwa dem Fruchtknoten einer Blume die verschiedenen Blätter. Wahrscheinlich sind diese »Blätter«, d. h. diese »Unterlogosfelder«, keineswegs gleich, sondern wieder untereinander verschieden.

Innerhalb jeder dieser sogenannten »Blumenblätter«, innerhalb jeder dieser verschiedenen Unterlogosfelder – von denen jedes den Teilbereich einer Galaxis bestimmt –, wird wahrscheinlich jede planetoide Sozietät von einem ganz bestimmten, nur ihr eigenen *planetoiden Logos* charakterisiert, der ihre

Entfaltungsmöglichkeit, zugleich aber auch ihre Zuordnung zu dem Unterlogosfeld, zuletzt aber zu dem Kernlogosfeld der gesamten Galaxis regelt.

Diese Annahme führt nun wieder zu einer Reihe von Problemen, die einen Gegensatz zwischen einer von einem galaktischen Logos gesteuerten Entwicklung einerseits und einer kreativen Freiheit der galaktisch-personalen Wesen andererseits aufbrechen lassen. Es erscheint nun notwendig, gerade diesen Gegensatz näher zu beleuchten, um eine Lösung zu finden.

Die Annahme, daß ein planetoider Logos der Entwicklung einer planetoiden Sozietät zugrunde liegt, bedingt die weitere Annahme, daß diese planetoide Sozietät in ihrer Entwicklung von ganz bestimmten Tendenzen, von einem »Spektrum der Chancenmuster« sozusagen, geleitet wird.

In dieser Perspektivität eines planetoiden Logos, der wieder dem Logos des Teilbereiches und schließlich dem Kernlogos einer Galaxis zugeordnet ist, vollzieht sich also die Geschichte dieser planetoiden Sozietät. Und so verstanden erscheint diese Geschichte keineswegs als ein Bewußtwerdungsprozeß der Freiheit und der kreativen, letztlich der demiurgischen Potenzen einer planetoiden Sozietät, sondern sie erscheint eher als etwas wie ein »galaktisch-planetoides Feldereignis«.

Aber – und hier bricht der entscheidende Einwand auf: Die Geschichte einer planetoiden Sozietät ist mit ihrem planetoiden Logos keineswegs absolut identisch, sondern sie ist diesem planetoiden Logos mehr oder weniger integriert, und sie vermag sich sogar diesem in ihren geschichtlichen Höhepunkten, in geistrevolutionären Ereignissen zu entbinden. Mit anderen Worten: Der galaktisch-planetoide Logos wird mit der fortschreitenden oder quantenhaft-revolutionären Bewegung einer planetoiden Sozietät durch die demiurgische Aktion ersetzt bzw. aufgehoben. Von diesem Aspekt aus ist also das planetoide Logosfeld nur als etwas wie eine Voraussetzung, nur als etwas wie ein Mutterfeld zu verstehen, das solange wirksam bleibt, bis das »Reifeereignis« sie von diesem Mutterfeld löst, nämlich bis sich das Bewußtsein einer planetoiden Sozietät frei und kreativ bis hin zur Entdeckung eigener Schöpfungsdimension entfaltet.

Somit wird die Geschichte einer planetoiden Sozietät nicht nur von den allgemeinen Umweltbedingungen und von ökonomischen Tendenzen allein bedingt. Sie wird auch nicht von geistigen Momenten, welcher Art auch immer, bestimmt. Und sie wird auch nicht von einem Geflecht all dieser Tendenzen profiliert, auch nicht von einem »kulturellen Kraftfeld«, auf das 1965 Hugo Fischer, Professor für Philosophie in München, vorher in Benares, in seiner »Theorie der Kultur« hingewiesen hat, sondern die Geschichte wird auch von irrationalen Entscheidungen vieler Personen einer planetoiden Sozietät bestimmt. Von Entscheidungen, die sich oft tief im verborgenen vollziehen, lange bevor sie in den Kommunikationsraum der Öffentlichkeit dringen, um dort eine unberechenbare, nicht vorhergesehene oder eingeplante eminente Wirkung zu erreichen.

Aber der Logos jeder planetoiden Person, die nach der »Galaktischen Philosophie« als die kleinste, aber auch entscheidendste galaktische Bewußtseinseinheit zu begreifen ist, schließt keineswegs die gesamte, sich einer unendlichen Kreativität zu öffnende Natur ein.

Die eigentliche Natur des Menschen, und wahrscheinlich auch die der anderen galaktisch-personalen Wesen, reicht nämlich weit über den »personalen Logos« hinaus. Denn jedes galaktisch-personale Wesen befindet sich zuletzt in einer verborgenen Relation, welche die indische Philosophie als die Identität von »atman« und »brahman« bezeichnet. Mit anderen Worten: Jedes, und zwar ausschließlich jedes galaktisch-personale Wesen ist zutiefst in dem Letzten Einen verwurzelt.

Aber jedes galaktisch-personale Wesen ist dem Letzten Einen nur in dem Sinne verbunden, daß es an diesem teil hat, es aber zugleich nicht absolut ist.

Deshalb nicht, weil jedes galaktisch-personale Wesen eine in alle Ewigkeit nur es charakterisierende und bestimmende signifikante Originalität besitzt, die daher unvergleichlich und unwiederholbar ist und die zuletzt in einem Seins-Ereignis gründet, jenseits des Seins des Letzten Einen, und eben dadurch zutiefst eminent frei und verantwortlich wie aber auch einzigartig kreativ bleibt.

In dieser Perspektivität wurzelt also zuletzt die absolute Freiheit wie die absolute Kreativität jedes galaktisch-personalen Wesens, wie es aber auch ebenso in seiner Zuwendung zum Letzten Einen gründet, von dem aus es überhaupt erst dazu ermutigt wird, seine kreativen und demiurgischen Potenzen entfalten zu können.

Dieses ontologische Paradoxon – denn um ein solches handelt es sich – zu erkennen, ist keineswegs einfach, aber von entscheidender Bedeutung, weil sonst Begriffe wie Freiheit, Kreativität und Demiurgie nicht jene Bedeutung besitzen können, die sie nach der »Galaktischen Philosophie« tatsächlich haben.

Zum näheren Verständnis ist hier ergänzend zu bemerken, daß ein Paradoxon eigentlich eine »Gegenmeinung« bezeichnet, wobei para im Griechischen »gegen« und doxa »Meinung« bedeuten. Ein ontologisches Paradoxon ist daher eine das Seiende betreffende Gegenmeinung, also ein Widersprüchliches im Seinsbereich selbst.

Die Benützung dieses Begriffes im Bereiche des Letzten Einen, des göttlichen Seins, ist jedoch keineswegs ungewöhnlich. So ist zum Beispiel der Begriff des Paradoxon in der Philosophie des dänischen Philosophen Sören Kierkegaard von entscheidender Bedeutung. Nach ihm ist nämlich das Moment, daß sich das unendliche Wesen Gottes in begrenzten menschlichen Erscheinungen offenbaren muß, ein solches Paradoxon. Sören Kierkegaard (1813–1855) ist überdies nicht nur einer der Väter der modernen Existenzphilosophie, sondern er ist vor allem auch von dem metaphysischen Skandal des Seins, der auch einen Ausgangspunkt der »Galaktischen Philosophie«

bildet, zutiefst ergriffen. Und daher schildert er immer wieder das Zerbrochen-Sein und Sinnlos-Sein der Welt, das jede Angst und Verzweiflung begründet. Nach Kierkegaard ist also die Angst eine Dimension des metaphysischen Skandals, der pantragischen Konstante, die das galaktische Sein zutiefst mitbestimmt. Allerdings fehlt bei Kierkegaard jeder Hinweis auf die Bedeutung der kreativen und demiurgischen Potenzen des Menschen bzw. der galaktisch-personalen Wesen.

Jede Natur jedes galaktisch-personalen Wesens wird also von diesem ontologischen Paradoxon bestimmt, nämlich einerseits ist es dem Letzten Einen und andererseits einem Sein jenseits des göttlichen Seins verhaftet. Aber eben dieses Mitverwurzeltsein in einem Seinsbereich des Letzten Einen garantiert die Herrlichkeit der Freiheit und die eigene und unvergleichliche Schöpfungspotenz aller galaktisch-personalen Wesen, von denen jedes unendlich kreativen Möglichkeiten zu offen ist. Wäre aber die Natur jedes galaktisch-personalen Wesens einzig und allein nur in einem Letzten Einen, in einem alles durchdringenden und alles erfassenden göttlichen Sein verwurzelt, so wäre es nichts als eine Reflexion, nichts als eine Art Marionette des Letzten Einen, und alle Schöpfungen, die durch diese galaktisch-personalen Wesen erfolgen, wären praktisch keine Schöpfungen, sondern nur Reflexionen der Schöpfungspotenzen und der Schöpfungsbilder des Letzten Einen.

Die Schöpfungen der galaktisch-personalen Wesen aber sind, und das gilt vor allem für die demiurgischen Aktionen, für die künftigen Entwürfe der Weltschöpfungsmodelle, als einzigartige zu begreifen, auch, und zwar gerade auch, sozusagen »vor den Augen Gottes«. Sie sind originell. Sie widerspiegeln nicht die Schöpfungsmächtigkeiten des Letzten Einen, sondern sie demonstrieren und realisieren die weltschöpferischen Potenzen der galaktisch-personalen Wesen, welche die Schöpfungsmächtigkeiten des Letzten Einen ergänzen, sie aber keineswegs reflektieren. Es sind also selbständige Weltschöpfungen, die durch die höchsten kreativen Potenzen gewisser galaktisch-personaler Wesen erfolgen. Es handelt sich also bei der Verwirklichung jedes Weltschöpfungsmodells, jeder demiurgischen Aktion um revolutionäre Qualitätsereignisse, die jede bisherige Vorstellung oder Ahnung übertreffen.

Die Darlegungen dieser sich unendlich kreativen Möglichkeiten zu öffnenden Natur jedes galaktisch-personalen Wesens aber erscheinen für das Hauptanliegen der »Galaktischen Philosophie« von geradezu axiomatischer Bedeutung. Besonders wenn man bedenkt, daß es eben die unfaßbare Summe dieser vielen galaktisch-personalen Wesen ist, von denen jedes als einzigartig und daher auch als schöpferisch originär zu begreifen ist, welche das demiurgische Aktionsfeld in allen Galaxien, zuletzt im gesamten Universum charakterisiert.

Und noch schärfer profiliert: Die Dimensionen des Galaktischen erscheinen vor den einzigartigen demiurgischen Potenzen der galaktisch-personalen Wesen nur als Transformationsstoff, sobald sich diese unzählbar vielen Personen ihrer demiurgischen Potenzen einmal bewußt geworden sind. Mit anderen Worten: Das Universum und jede Galaxis in ihm ist vergänglich und wandelbar, aber jedes, und zwar wirklich jedes galaktisch-personale Wesen ist seiner Grundanlage nach unendlich und bildet einen Keim zu einmal erfolgenden Reihen von Weltenschöpfungen. *In Wahrheit also, und zwar im Spektrum der Ewigkeiten, existieren nicht die Galaxien und nicht die Universen, sondern die eminent demiurgischen Naturen der galaktisch-personalen Wesen.* Sie bilden daher auch – in Integration zum Letzten Einen – das absolute und unvergängliche »demiurgische Feldereignis«, aus dem heraus die künftigen Ozeane der Weltschöpfungen erfolgen werden. Im Gleichnis gesprochen: Wer also nach dem Reiche Gottes sucht, der findet es hier. Es ist wahrhaftig ein Reich, das »reich« ist an Möglichkeiten neuer Welt- und Wesensschöpfungen.

Jedes galaktisch-personale Wesen ist jedoch auch mit der Struktur des Logosfeldes einer Galaxie verklammert: Die besondere und einzigartige Natur jedes galaktisch-personalen

Wesens wird nämlich von einem »personalen Logos« mitbedingt. Es ist aber zugleich auch jener, einer planetoiden Sozietät zugeordnete Logos, der sich wieder dem Logos eines galaktischen Teilbereiches, schließlich dem gesamten Logosfeld der betreffenden Galaxis zuordnet.

So eröffnet sich erneut ein Widerspruch: Einerseits ist eine Logosstruktur zu erkennen, welche das gesamte galaktische Bewußtsein ordnet und konzentriert. In diesem Sinne liegt der gesamten galaktischen Entwicklung eine von ihrem Logosfeld ausgehende »Steuerung« zugrunde. Andererseits ist ebenso eine absolute Freiheit und daher auch eine absolute Einzigkeit jeder kreativen Aktion jedes dieser galaktisch-personalen Wesen, zumindest dem Vermögen, den konkreten Voraussetzungen entsprechend, zuzuerkennen.

Dieser Widerspruch enthüllt eine Dialektik. Denn beide Momente, die Steuerung des galaktischen Bewußtseins durch eine bestimmte Logosentfaltung einerseits und die ungesteuerte und spontan kreative Entfaltung der tiefsten Natur jedes galaktisch-personalen Wesens andererseits, bilden unleugbar zwei dialektische Reihen, die einander jedoch überraschend ergänzen bzw. integrieren:

Steuert nämlich die galaktische Logosentfaltung auf die Bewußtwerdung der Transformation des galaktischen Seins hin, so wird diese Wandlungssehnsucht auch von der innersten Natur jedes galaktisch-personalen Wesens erkannt, vorausgesetzt, es ist dafür reif, es ist sich seiner kreativen Potenzen bewußt geworden. Jene galaktisch-personalen Wesen aber, die sich nun in einem immer stärkeren Maße ihrer eminent kreativen Potenzen bewußt werden, werden zu jenen einzigartigen Demiurgen, welche durch die demiurgische Revolution diese Wandlungssehnsucht des galaktischen Seins, die zugleich auch zur Wandlungssehnsucht ihrer eigenen unendlich schöpferischen Natur geworden ist, erfüllen bzw. überhaupt erst bewirken.

Denn gerade die durch die demiurgische Revolution bewirkte Transformation des galaktischen Seins führt zu jenem neuen Zustand, zu jenem neuen Sein, in dem die personalen Naturen der bisher in dieses galaktische Sein eingebundenen Wesen endlich und wirklich, und nicht »sozusagen«, absolut frei werden. Entbunden damit auch allen Logosstrukturen. Absolut frei auch in dem Sinne, daß sich nun die jedem galaktisch-personalen Wesen eingeschlossenen demiurgischen Potenzen unendlichen Möglichkeiten zu entfalten können.

Nun aber bricht ein weiteres interessantes Problem auf: Ist nämlich die Natur jedes galaktisch-personalen Wesens nicht nur als eine eminent kreative, sondern auch als eine unzerstörbare zu begreifen, und zwar in einem solchen Maße, daß sie das Schicksal von Universen überlebt, dann muß es jenseits der Struktur einer Galaxis, die wie ihr Sein selbst der Vergänglichkeit unterliegt, einen Bereich geben, in dem sich die unzählbar vielen galaktischen Personen nach der katastrophalen und leidvollen Freiwerdung von ihren körperlich-fleischlichen Erscheinungsformen sozusagen »aufhalten« bzw. in einem anderen Sein weiter zu leben vermögen.

So scheint es also naheliegend anzunehmen, daß in einer gewissen Entsprechung zu den galaktischen Bereichen meta-galaktische bzw. meta-planetoide Bereiche existieren. Und es ist ferner anzunehmen, daß sich das Leben der galaktisch-personalen Wesen ähnlich wie der Blutkreislauf in einer Herzkammer vollzieht, in der beide Arten des Blutes, das arterielle und das venöse Blut, in Wechselbeziehung zueinander treten.

Auch kann angenommen werden, daß das Leben in einer Galaxis nicht nur das Bewußtsein innerhalb der galaktischen Seinsebene allein umfaßt, sondern daß es auch, worauf nicht nur alle Weltreligionen und viele Weltphilosophien, sondern auch das Geheimwissen und gewisse Forschungen der Parapsychologie hindeuten, ein Überleben und auch ein Überbewußtsein in einer meta-galaktischen Dimension gibt, wobei der Wechsel – ähnlich wie im Blutkreislauf – unter bestimmten Voraussetzungen von einem Bereich hin zum anderen möglich ist. Voraussetzungen, die nach indischer Weltsicht von dem Karma, von der Summe der Verdienste und Fehler eines Menschen in seinem letzten Leben, abhängen.

Vielleicht ist es doch so: Wird die Entwicklung innerhalb der Ebene des galaktischen Seins und Bewußtseins irgendwie unterbrochen, »stirbt« also irgendein galaktisch-personales Wesen, so springt es geradezu »quantenhaft« in die meta-planetoide bzw. meta-galaktische Dimension ein, die dann für dieses Wesen möglicherweise ebenso real wird, vielleicht sogar noch realer, als es bis zum Augenblick des Todes die sogenannte Realität des konkreten planetoiden Lebens war, eines Lebens unter »n« vielen in vielleicht »n« vielen planetoiden Sozietäten.

Von diesem Aspekt aus erklärt sich vielleicht auch die Lehre der Reinkarnation, eine der ältesten Lehren der Menschheit, die allerdings durch besondere metaphysische Ereignisse und Entscheidungen, etwa durch Gnadenakte, unterbrochen oder überhaupt aufgehoben werden könnte. Doch davon abgesehen wird die Lehre von der Wiedergeburt gerade von den Dimensionen und Perspektiven des modernen kosmischen Weltbildes geradezu aktualisiert. Sie wird vielleicht dadurch besonders einsichtig, bedenkt man, daß die Reife und Vollendung jedes galaktisch-personalen Wesens, das heißt zuletzt seine Gottwerdung, keineswegs durch ein einziges Leben bewirkt werden kann. Durch ein Leben, das, verglichen mit den kosmischen Dimensionen von Zeit und Raum, so klein ist, daß es zu einem »Fast-Nu« schrumpft. Es ist daher eher anzunehmen, daß das Leben jedes galaktisch-personalen Wesens nicht nur jenen großartigen und zugleich auch katastrophalen Dimensionen entspricht, die eben von den konkreten galaktischen und kosmischen Dimensionen unseres Universums bedingt werden. Und da der galaktischen auch eine ganz bestimmte meta-galaktische Dimension verbunden ist, so erstreckt sich jedes Leben eines galaktisch-personalen Wesens auch auf Metazeiten und Metaräume.

So verstanden erleidet und gestaltet auch jedes galaktisch-personale Wesen das Schicksal des gesamten Universums, und zwar ebenso in seinen galaktischen wie aber auch in seinen meta-galaktischen Bereichen mit. Dadurch wird überhaupt erst das Leben jedes galaktisch-personalen Wesens von seinem »Fast-Nu«, von seiner planetoiden Mückenexistenz zu einem die Galaxis, zuletzt das Universum mittragenden Bogen. Und so gesehen vermag sich auch die Natur jedes galaktisch-personalen Wesens in allen ihren Möglichkeiten zu entfalten, um für letzte Einsichten, vor allem aber für kreative und demiurgische Aktionen zuinnerst reif und bereit zu werden.

Jedes Menschenleben ist also im Rahmen seiner galaktischen und kosmischen Existenz zu erkennen, welche eine Reihe von verschiedenen Leben in verschiedenen Bereichen des Galaktischen und Meta-Galaktischen umfaßt.

In diesem Sinne entscheidet auch unser einmal gelebtes Leben, unser »existentielles Nu« keineswegs, wie einst Sören Kierkegaard in einer philosophischen Grausamkeit ohnegleichen glaubte, über ein künftiges unabwendbares und ewiges Schicksal, sei es im Himmel oder sei es in der Hölle.

Jedes Menschenleben bildet vielmehr gleichsam eine Perle in der ganzen Perlenkette einer einzigartigen Existenz, welche galaktische wie meta-galaktische Dimensionen gleichermaßen umfaßt. Nur diese Idee einer kosmisch-galaktischen Reihe von Leben, seiner letztlich universalen Ganzheit, entspricht überhaupt erst der Würde und Größe und Einzigkeit der personalen Existenz jedes galaktischen Wesens und der ihm eigenen Natur.

Beide Bereiche jedoch, der galaktische wie der meta-galaktische, sind als etwas wie eine Ergänzung zu begreifen und in diesem Sinne auch als eine Einheit. Aber es ist eine Zuordnung, eine Integration, die aber in keinem einzigen Augenblick das tragische Moment weder im galaktischen noch im meta-galaktischen Sein aufhebt.

Denn das möglicherweise herrlichere Leben in den Meta-Bereichen einer Galaxis löst in keinem Moment die an sich tragische und sinnlos-absurde wie katastrophale Dimension des Seins auf. Denn die etwa vorhandene Freude und Glückseligkeit der meta-galaktischen Personen macht das gleichzeitig sich ereignende Leid von Ozeanen von Personen nicht ungeschehen und nicht gegenstandslos, die noch galaktischen Bereichen eingeschlossen sind.

Im Gegenteil, gerade diese Gleichzeitigkeit von zwei Vorgängen, wobei der eine der Dimension des Tragischen enthoben scheint, während der andere sich immer mehr in das Katastrophale hinein verstrickt, provoziert die bereits im meta-galaktischen Bereich weilenden Personen.

Und es scheint nun durchaus verständlich, daß gerade diese in »seligen« Bereichen lebenden Personen, die Schutzschichten ihrer jenseitigen Wirklichkeitsdimension durchdringend, überhaupt erstmals mit einer Schärfe ohnegleichen den eminent katastrophalen Charakter des galaktischen Seins erkennen und bereit werden, sich in dieses tragisch bestimmte Sein erneut hineinzuwerfen, um den galaktischen Personen dort zu helfen, um ihr Leiden zu erleichtern, ja sogar, um es auf sich zu nehmen.

Aber nicht diese unendliche Liebe, auch nicht das kaum zu erfassende Mitleid der Buddhas, Bodhisattvas oder Avataras allein, die zu den Menschen und zu anderen galaktischen Personen in vielen planetoiden Sozietäten herabsteigen, hebt den metaphysischen Skandal unseres konkreten galaktischen Seins auf, sondern es ist einzig und allein erst die demiurgische Revolution vieler galaktischer Sozietäten, welche den derzeit noch bestehenden skandalösen Grundcharakter des Seins grundsätzlich verändern, transformieren oder neu schaffen.

Andererseits ist das metaphysisch-rhythmisch bedingte Einfluten der Buddhas, Avataras und Bodhisattvas wie aller jener meta-galaktischer Personen, die dafür reif geworden sind, in den galaktischen Bereich einzugehen, keineswegs für den großen demiurgischen Erlösungs- und Wandlungsprozeß bedeutungslos, sind sie es doch, welche die vielen planetoiden Sozietäten für das Wirklichkeitwerden einer künftigen demiurgischen Revolution »aufbrechen« und dahin auch vorbereiten.

In diesem Sinne scheint es nun besonders interessant, daß die drei großen Weltreligionen, nämlich der Hinduismus, der Buddhismus und das Christentum – sieht man vom Islam ab – in ihren Zukunftsvisionen auf diese Transformation des Universums hinweisen:

So verkündet der Hinduismus die bevorstehende Ankunft des 10. Avatars des Gottes Wischnu, nämlich Kalki. Wischnu aber besitzt in der hinduistischen Trimurti, die der christlichen Dreifaltigkeit entspricht, eine ähnliche Bedeutung wie Christus im Rahmen der Trinität. Kalki wird nun, nachdem die Bösen in unserer Menschheit durch ihn vernichtet worden sind, die alte Schöpfung in das Absolute aufgehen lassen, bis eine neue Schöpfung beginnt.

Der Buddhismus wieder lehrt das bevorstehende Erscheinen des sogenannten Buddha-Maitreya, der sich gegenwärtig noch im Himmel der zufriedenen Götter (Tushita) aufhält, um durch seine Ankunft sein universales Mitleid allen Menschen und Geschöpfen wie der Natur zu offenbaren, das dadurch jedoch den augenblicklich vorherrschenden Charakter unserer kosmischen Wirklichkeit grundsätzlich verwandeln wird. Darauf deuten die Gleichnisse hin, die alle nur dazu dienen, diese Verwandlung des Seins durch den Buddha-Maitreya verständlich zu machen: Die Oberfläche der Erde wird von einem fruchtbaren, goldenen Sand bedeckt werden. Und überall wird man klare Seen und Berge von Juwelen finden. Blumen und Bäume werden wie nie vorher blühen, und die Menschen werden reinen Herzens glücklich und von Freude erfüllt sein. Bilder, Gleichnisse, die also zuletzt auf ein transformiertes, auf ein herrliches Sein hinweisen.

Und es ist schließlich auch der wiederkehrende Christus – der Christus der Parusie, bedeutet doch Parusie die Wiederkehr –, der, ähnlich wie Kalki, nach einem furchtbaren Gericht über die Bösen ein neues Universum schafft. Plötzlich, revolutionär, sozusagen in einem göttlichen Augenblick. »Siehe, alles mache ich neu«, hört der hl. Johannes in der Geheimen Offenbarung (Kp. 21, 5) den Weltenrichter sprechen, der zugleich zu einem Weltenschöpfer wird. Und es ist ein neuer Himmel und eine neue Erde und das Herabkommen eines neuen Jerusalems, das der hl. Johannes in seinen gewaltigen Visionen auf der Insel Patmos in der Ägäis etwa um 95 n. Chr. schaute.

So begegnen sich diese so verschiedenen und zugleich auch so ähnlichen Prophetien und Visionen der drei Weltreligionen über die Zukunft der Welt und über die Letzten Dinge in einem Perspektivpunkt, der eindeutig auf die Transformation des Universums und unserer gegenwärtigen Wirklichkeit hinweist.

Die Vorstellungen der drei Weltreligionen über die Transformation des Universums erscheinen als eine entscheidende und auch aktuelle bzw. immer aktueller werdende Prophetie. Mehr noch: Erstmals in der viele Jahrtausende umspannenden Geschichte der Religionen und des geistigen Lebens unserer Menschheit bilden die Visions- und Offenbarungsdimension der drei Weltreligionen über die Zukunft der Welt und über die Letzten Dinge, zugeordnet dem Enthüllungswillen des Göttlichen, seiner Liebe, seiner unvorstellbaren Schöpfungspotenz und seines Einwirkens in das so tragische Universum einerseits, wie das immer bewußter werdende Freiwerden der kreativen Potenzen der galaktischen Sozietäten andererseits nicht einen Gegensatz, sondern sie begegnen einander in einer einzigartigen und geradezu überraschenden Synthese und zielen einen gemeinsamen Perspektivpunkt an.

Dadurch aber begründen die Konsequenzen des neuen, die galaktischen wie die meta-galaktischen Strukturen erfassenden Weltbildes auch ein neues Verständnis des Religiösen an sich, das nunmehr in einem ganz neuen Bezug zum Galaktischen hin zu erkennen sein wird: Der neue bzw. der künftige religiöse Mensch ist diesem Weltbild entsprechend kein Sklave des Göttlichen mehr, sondern er ist zum Sohne Gottes geworden. Und das ist auch die Kardinalidee des Neuen Bundes, der mit

Christus beginnt und der den Alten Bund aufhebt. Und diese gewaltige Idee klingt bereits unüberhörbar im Johannes-Evangelium auf, in dem es heißt, die Menschen sind berufen, selbst Söhne Gottes zu werden. Und in diesem Sinne wird der Mensch, im weiteren Sinne jedes galaktisch-personale Wesen, sittlich, auch vom Göttlichen her sozusagen ermächtigt, Demiurg zu werden.

Das neue Jerusalem, das sich von Gott her auf uns herniedersenkt, hat sozusagen von den galaktischen Sozietäten aus demiurgisch revolutionär, und zwar auch in den Substanzen und nicht nur allein in der »Aushebung des Grundes« und in den Verhaltensweisen, vorbereitet zu werden.

Das neue Jerusalem erscheint, so verstanden, dann nämlich nicht mehr als ein Gegensatz zu den Weltschöpfungsmodellen der galaktischen Sozietäten, sondern als jenes Reich bzw. als jenes »Reich Gottes«, durch das alle diese Weltschöpfungsmodelle, in eminenter Freiheit und demiurgischer Potenz gestaltet, zuletzt in diesem Reich Gottes gründen. Denn das Reich Gottes ist nicht nur ein Reich der Fülle des Göttlichen, sondern es ist auch ein Reich, das alle Weltmodelle, alle neuen, demiurgisch bewirkten Welten der galaktisch-personalen Wesen mit einschließt. Und in diesem Sinne darf auch eine religiös nicht unmittelbar gebundene oder verpflichtete »Galaktische Philosophie« von einem Reiche Gottes sprechen.

Da sich die drei Weltreligionen in einem gemeinsamen Perspektivpunkt hinsichtlich der Transformation des Universums begegnen, ist auch anzunehmen, daß sie alle auf eine gemeinsame, ihnen zugrunde liegende galaktische Uroffenbarung bzw. auf ein galaktisches Urwissen hindeuten, das sozusagen eine Art Axiom einer galaktischen Urkultur bzw. eines galaktischen Lebensgefühles bilden könnte.

Und in diesem Sinne sind daher auch Krishna, Buddha und Christus letztlich nicht als einander ausschließende Gegensätze, sondern als verschiedene Entfaltungsaspekte des Göttlichen zu verschiedenen Zeiten in verschiedenen geistigen und geographischen Bereichen unserer Erde zu erkennen. Entfaltungsaspekte, die zugleich jene zentrale Inkarnationsachse sozusagen punktieren, die vom Göttlichen herein in unsere Menschheit eingeht. Eine Inkarnationsachse, um die herum geschlungen die Inkarnationen der anderen göttlichen und geistigen Wesen erfolgen.

Ein Inkarnationsereignis, das letztlich darauf zielt, auch unsere planetoide Sozietät auf die demiurgische Revolution der Zukunft vorzubereiten, vorausgesetzt, unsere Menschheit fällt nicht mehr ihrem Jüngsten Gericht, das sie sich selbst bereitet, anheim.

Und die Schlußfolgerung zwingt sich auf, daß ähnliche inkarnative Vorbereitungsereignisse vom Göttlichen aus hin zu allen anderen planetoiden Sozietäten in allen Galaxien unseres Universums erfolgen.

Inkarnative Vorbereitungsereignisse, die sich auch in unserer Menschheit mit bestimmten Weltschöpfungslehren verbinden, in denen das Göttliche in Personen aufleuchtet, die von meta-galaktischen Bereichen aus wirken. So spricht die hinduistische Kosmogonie, die vielleicht tiefste und gewaltigste und zugleich auch dem modernen Weltverständnis nächstliegende, von einem Brahma, der für eine ganz bestimmte kosmische Weltzeit einem bestimmten Universum – vielleicht auch modern gesprochen einer Galaxis – zugeordnet wurde. Dieser Brahma bildet dann zuerst den sozusagen »personal höchsten Logos«, die Götter dieses Universums bzw. dieser Galaxis. Und er, der selbst aus dem Urveda, aus dem weltschöpferischen Wort der allerhöchsten Gottheit hervorgegangen war, schafft nun wieder von sich aus alle anderen göttlichen Wesen des ihm zugeordneten Weltsystems, schafft sie durch die heiligen Veden, durch die eminente Wortmacht, die in ihnen konzentriert ist.

Die inkarnativen Vorbereitungsereignisse, welche auf die Transformation des Universums zielen, erfassen jedoch auch die Logosfelder der verschiedenen Galaxien. Denn es sind eben diese Logosfelder, die nicht nur die Entwicklung eines galaktischen Bewußtseins mitbedingen und die nicht nur die Wechselwirkungen von den galaktischen zu den meta-galaktischen Bereichen und umgekehrt in Aktion erhalten, sondern es sind eben diese Logosfelder, welche auch die Existenz unseres eminent problematischen Universums gegenüber einem absoluten Nichts garantieren. Und in diesem Sinne stellen die Logosfelder etwas wie ein ungemein feines, zugleich an sich intelligentes Sicherheits- und Auffangnetz dar, über das, im Gleichnis gesprochen, der universale Faust, d. h. die demiurgische Potenz aller galaktischen Sozietäten, von einem alten, tragisch bestimmten Universum hin zu einem neuen fortschreitend balanciert.

Dieses ungemein feine und intelligente Netz der Logosfelder der Galaxien ist auch in universalen Dimensionen zu erkennen: Es ist anzunehmen, daß kein galaktisches Logosfeld für sich allein besteht, sondern daß es wahrscheinlich einem Geflecht von »lokalen Logosbereichen« eingeschlossen zu denken ist. Einem Bereich, der aber einem noch viel gewaltigeren Bereich integriert ist, der Millionen, Milliarden und Trillionen Galaxien umfaßt. *Ein Logosfeld, das sich zuletzt jenem Logos zu öffnet, der dem gesamten Universum zugrunde liegt.* Dieses unvorstellbare universale Logosfeld aber ist nun auch einem universalen Bewußtsein verbunden.

So führt nun diese Perspektive zu der weiteren Annahme eines supergalaktischen, eines kosmischen Bewußtseins. Dieser Begriff wurde erstmals, sieht man von den uralten Traditionen des kosmischen Bewußtseins im Vedanta und von der Philosophie Sri Aurobindos ab, in der westlichen Welt – freilich noch vor der Entdeckung des galaktischen Weltbildes! – durch den englischen Schriftsteller Edward Carpenter (1841–1929) und durch Professor R. M. Bucke (1837–1895), einer der führenden Psychologen Amerikas, in die Geistesgeschichte eingeführt.

Der Dekan der American Academy of Asian Studies, Alan

W. Watts, ein Kenner des Zen-Buddhismus, aber charakterisiert dieses kosmische Bewußtsein in einem modernen Sinne in seinem 1962 erschienenen Buch »Natur – Mann und Frau« mit den Worten: »Wir müssen erkennen, daß das Bewußtsein weder eine isolierte Seele noch die einfache Fiktion eines einzelnen Nervensystems ist, sondern vielmehr die Funktion der Ganzheit der aufeinander bezogenen Sterne und Milchstraßen, die ein Nervensystem möglich machen.«

Mit diesen Worten wird eine interessante Gleichsetzung zwischen der Struktur des Nervensystems des Menschen und der Struktur unserer Galaxis bzw. den Strukturen aller Galaxien zur Diskussion gestellt. Doch in diesem Zusammenhang erhebt sich auch die Frage, was denn eigentlich die Funktion der aufeinander bezogenen Galaxien bewirkt?

Die Beantwortung dieser Frage führt nun zur Annahme eines *Panlogismus*. Er wird von der »Galaktischen Philosophie« nicht als die Lehre von der Allvernunft, auch nicht als die Lehre von der logischen Natur des Weltalls verstanden. Panlogismus ist von unserer Sicht aus als ein das gesamte Universum erfassender Sinn zu begreifen, als eine Art Geistenergie auch, die nicht nur allein in den Logosfeldern der Galaxien wirksam wird, sondern die auch diese Logosfelder der vielen Galaxien in Bezug zueinander setzt.

Doch diese Frage nach der Existenz eines in allen Galaxien wirkenden und sie in Bezug zueinander setzenden Panlogismus öffnet sich nicht nur der weiteren Frage zu, in welcher Person der gewaltigste Logos, der alle Logosfelder aller Galaxien einschließt, konzentriert zu denken ist, also etwa die Frage nach Christus als Logos des Kosmos, eine Grundfrage der christlichen Theologie, sondern die Frage, die hier zu stellen ist, führt zu jener Energie, zu jener Tendenz, welche dem Panlogismus entgegenwirkt.

Denn die Diagnostik des galaktischen Seins läßt uns annehmen, daß die Galaxien keineswegs ausschließlich von ihrem Logosfeld bestimmt werden, sondern daß jedes Logosfeld in einer Galaxis sozusagen ein Antifeld besitzt, ein Feld des eminent Tragischen, Sinnlosen und Katastrophalen.

Damit offenbart sich das allerentscheidenste Problem, daß nämlich das galaktische Sein durch eine einzigartige Dialektik bestimmt wird. Es ist eine Dialektik, die auch in meta-galaktischen Bereichen wirksam wird. Es ist eine Dialektik, welche die Annahme nahelegt, daß wahrscheinlich in jedem galaktischen Sinnbereich jedem Logos ein Antilogos entgegenwirkt.

Und wie der Logos sein ihm zugeordnetes Logosfeld bestimmt, so bestimmt auch der Antilogos sein Feld, von dem aus die Einstrahlungen und Einwirkungen des Sinnlosen, des Zerstörenden, vor allem des Tragischen erfolgen.

Beide Tendenzen, beide Strahlungsarten, dialektisch bestimmt, berühren aber auch zutiefst die innerste Natur jedes galaktisch-personalen Wesens. Es ist also ein ungemein komplexes Geflecht von Zentren, Feldern, Energien und Strahlungen, das alle nur existenten Personen und Bereiche miteinander verbindet und zugleich fast bis zum letzten Seinsgrund hinein aufklaffen läßt, wobei sich diese dialektisch verschiedenen Tendenzen überhaupt erst in bestimmten galaktisch-personalen Wesen konzentrieren bzw. von diesen ausgehen.

So ist also dem Panlogismus ein Pantragismus konfrontiert. Dadurch wird überhaupt jene Dialektik gesetzt, deren Spannung so gewaltig ist, daß sie jede Existenz in diesem Universum an sich zur Fragwürdigkeit, zur Täuschung, Lüge und Illusion werden läßt.

Es ist eine Dialektik, die sich mit aller Schärfe in der deutschen Philosophie akzentuiert hat: Der Konzeption des Panlogismus, wie sie Leibniz behauptete, trat die Konzeption Schopenhauers entgegen.

Es ist also eine Dialektik, eine Spannung, die, zutiefst im galaktischen Sein begründet, auch eine galaktische Synthese fordert. Eine Synthese, welche, von einer demiurgischen Aktion bewirkt, zur Aufhebung dieser furchtbaren Dialektik, letztlich zur Transformation des galaktischen Seins selbst führt, diese geradezu überhaupt erst postuliert!

6.
Die Dialektik des galaktischen Seins und Bewußtseins

Mit kühnen, faszinierenden Worten wies einst der große italienische Philosoph Giordano Bruno (1548–1600), der bekanntlich für seine Überzeugungen auf dem Scheiterhaufen in Rom verbrannt worden ist, auf gewisse Aspekte unseres modernen galaktischen Weltbildes hin. Damals schrieb er: »Es gibt eine Unzahl von Erden, die sich um ihre Sonnen drehen, wie unsere sieben Planeten sich um unsere Sonne drehen... Lebewesen bewohnen diese Welten.« Aber Giordano Bruno, Autor des 1584 erschienenen Buches »De l'infinito, universo e mondi«, der das Universum von inneren Kräften bewegt, als göttlich empfunden hat, als das einzig Seiende und Lebendige, konnte damals selbstverständlich noch nichts von einer Dialektik des Seins, geschweige denn eines galaktischen Seins und Bewußtseins ahnen.

Dieses Wort »Dialektik« ist ein ungemein interessanter Begriff, der die gesamte moderne Philosophie, besonders den Marxismus in allen seinen verschiedenen Richtungen, beherrscht. Es ist ein Begriff, der jedoch überhaupt erst durch die Interpretation des großen deutschen Philosophen Georg Wilhelm Friedrich Hegel (1770–1831) zu einer eminenten Bedeutung gelangte.

Verstand nämlich einst der griechische Philosoph Sokrates unter dem Wort »Dialektik« die Kunst des lebendigen Gesprächs, die zur Klärung eines Begriffes führt, und verstand

Platon unter diesem Wort die oberste Wissenschaft überhaupt, nämlich jenes Verfahren, das zur Erkenntnis der Ideen führt, so wurde für Hegel die Dialektik zu dem entscheidendsten Moment im gesamten Entwicklungsprozeß des Seins und der Menschheit überhaupt. Hegel erkannte nämlich in der Dialektik jene einzigartige Bewegung, die als die eigentliche geistige Wirklichkeit allem Sein ausnahmslos zugrunde liegt. Doch davon abgesehen bedeutete für Hegel die Dialektik zugleich auch jene entscheidende Spekulation des menschlichen Denkens, die an dieser Bewegung des Seins Anteil hat, mehr noch, in dem sie überhaupt bewußt wird. Denn eine einzigartige Bewegung erfaßt das gesamte Sein, aber diese Bewegung verläuft keineswegs chaotisch, sondern sie verläuft, nach Hegel, nach vernünftigen Gesetzen. Und das Gesetz des beweglichen Denkens wie des Seins, das ihm verbunden ist, wird durch den entscheidenden dialektischen Rhythmus von These und Antithese wie Synthese bestimmt.

In seinem genialen Frühwerk »Die Phänomenologie des Geistes«, 1807 erschienen, führt Hegel das Bewußtsein durch eine fortschreitende dialektische Entwicklung hinauf bis zu einem absoluten Wissen. Dieses könnte man vielleicht heute als etwas wie einen Vorentwurf zu jenem eminent hohen geist-revolutionären Wissen verstehen, das den künftigen Demiurgen eigen sein wird.

Erst ab Hegel wird also der Begriff »Dialektik« zu einem einzigartigen Ereignis, dessen Bedeutung man kaum hoch genug bewerten kann. Denn dieser von Hegel neu interpretierte Begriff der »Dialektik« »dialektisierte« sozusagen das gesamte Sein wie das gesamte menschliche Bewußtsein. Die Dialektik wurde aber auch durch den Marxismus zu einer Art Grunderkenntnis und zu einem Grundschlüssel der Weiterentwicklung der Gesellschaft. Nach ihm tritt der These des Kapitalismus die Antithese der Diktatur des Proletariats gegenüber, die sich in der Synthese der klassenlosen Gesellschaft vollendet.

Doch davon abgesehen wurde durch den Hegelschen Begriff

der Dialektik in einem viel umfassenderen und tieferen Sinne das Sein selbst dynamisiert. Dadurch aber begründete diese nunmehr durch Hegel interpretierte Dialektik auch die Hoffnung, daß dem gesamten Sein zuletzt ein vernünftiges Prinzip zugrunde liegt. Denn nach den Gesetzen der Dialektik entfaltet sich der Weltgeist zu einem Reiche des Geistes. Dadurch aber wurde auch zusätzlich die weitere Hoffnung aufgebrochen, daß dieses zuinnerst für uns unerkennbare und verborgene Sein nicht ewig unverborgen bleibt, daß es uns nicht mehr durch alle Ewigkeit sozusagen durch seinen sinnlosen und unerkennbaren Irrationalismus zermalmt, sondern daß es einmal vielleicht doch in den Griff genommen werden könnte, eben weil es durch die Dialektik ergreifbar und erfaßbar wird, um dann schließlich im Sinne der »Galaktischen Philosophie« verwandelt zu werden.

Kann aber das Sein wirklich solcherart »in den Griff genommen« werden? Das ist eine entscheidende Frage. Deutet sich nicht bereits ein grundsätzlich neues Weltbild an, auf das Fritjof Capra, Professor für Physik, in seinem Buch »Der kosmische Reigen« hingewiesen hat? Dazu meint Capra: »Die Theorien der atomaren und subatomaren Physik zeigten, daß Bewegungsenergie in Masse umgewandelt werden kann.« Weiter wies er darauf hin, daß Teilchen Prozesse, keine Objekte sind. »Diese Entwicklung zeigt deutlich, daß wir das einfache mechanistische Weltbild von Grundbausteinen aufgeben müssen, und doch scheuen viele Physiker davor zurück... Es gibt jedoch in der Teilchenphysik eine radikal andere Denkrichtung, die von der Vorstellung ausgeht, daß die Natur nicht auf Grundeinheiten wie Elementarteilchen oder Grundfelder zurückgeführt werden kann.«

Diese Vorstellungen beruhen auf der sogenannten Bootstrap-Philosophie (wobei das englische Wort, in das Deutsche übersetzt, eigentlich »Stiefelschlaufe« bedeutet), die Geoffrey Chew entwickelt hat. Diese Philosophie macht, wie Capra weiter sagt, »in der modernen Physik endgültig Schluß mit der mechanistischen Weltanschauung. Newtons Universum war aus einigen Grundeinheiten und gewissen fundamentalen Eigenschaften aufgebaut, es war von Gott erschaffen und damit keiner weiteren Analyse zugänglich. Auf die eine oder andere Weise war diese Vorstellung in allen naturwissenschaftlichen Theorien enthalten, bis die Bootstrap-Hypothese ausdrücklich feststellte, daß die Welt nicht als eine Sammlung nicht weiter analysierbarer Einheiten verstanden werden kann. Die neue Weltanschauung betrachtet das Universum als dynamisches Gewebe zusammenhängender Vorgänge. Keine der Eigenschaften irgendeines Teils dieses Gewebes ist fundamental, sie alle ergeben sich aus den Eigenschaften der anderen Teile, und die Gesamtübereinstimmung der gegenseitigen Wechselbeziehungen bestimmt die Struktur des ganzen Gewebes... Gleichzeitig kam diese Ansicht der östlichen Weltanschauung immer näher und ist jetzt in Einklang mit ihr, sowohl in der allgemeinen Philosophie als auch in ihrer spezifischen Auffassung der Materie.« (S. 286)

Denn in der östlichen Anschauung wie in der modernen Physik gilt, wie Fritjof Capra dann meint, der seinem Buch den Untertitel »Westliche Physik und östliche Mystik« gegeben hat, »daß die Eigenschaften jedes Teiles nicht durch Grundgesetze bestimmt sind, sondern durch die Eigenschaften aller anderen Teile« (S. 291). Und: »Wie in der Bootstrap-Philosophie gibt es auch in der östlichen Weltanschauung keine Grundbausteine der Materie. In einem Universum, das ein untrennbares Ganzes ist, wo alle Formen fließen und ständig wechseln, ist kein Platz für eine fixierte Grundeinheit... Die Hauptrichtungen der östlichen Mystik stimmen also mit der Ansicht der Bootstrap-Philosophie überein, daß das Universum ein miteinander verknüpftes Ganzes ist, in dem kein Teil fundamentaler ist als der andere, so daß die Eigenschaften jedes Teils von denen aller anderen bestimmt werden. In diesem Sinn kann man sagen, daß jeder Teil alle anderen ›enthält‹.« (S. 292)

Und dann weist Capra auf einen sehr interessanten Aspekt

hin: »Auf diesen Begriff von ›allem in jedem und jedem in allem‹ ging die Avatamsaka-Schule des Mahayana-Buddhismus am ausführlichsten ein, die oft als der letzte Gipfel buddhistischen Denkens betrachtet wird. Sie basiert auf dem Avatamsaka-Sutra, das der Buddha in tiefer Meditation nach seinem Erwachen geschaffen haben soll. Dieses umfangreiche Sutra, das bisher in noch keine westliche Sprache übersetzt wurde, beschreibt in vielen Einzelheiten die Wahrnehmung der Welt im erleuchteten Bewußtseinszustand, wenn ›die festen Konturen der Individualität hinwegschmelzen und das Gefühl der Endlichkeit uns nicht mehr bedrückt‹. In seinem letzten Teil, genannt Gandavyuha, erzählt es die Geschichte des jungen Pilgers Sudhana und gibt einen lebendigen Bericht von seiner mystischen Erfahrung des Universums, das ihm als ein vollkommenes Netzwerk gegenseitiger Beziehungen erscheint, wo alle Dinge und Vorgänge so zusammenwirken, daß jedes von ihnen in sich selbst alle anderen enthält.«

Diese Bootstrap-Philosophie aber gelangte auch zu einer anderen wichtigen Erkenntnis, die Capra mit den Worten charakterisiert: »Die Physiker erkannten, daß alle ihre Theorien über Naturerscheinungen einschließlich der durch sie bestimmten Gesetze Schöpfungen des menschlichen Verstandes sind, Eigenschaften unserer Begriffslandkarte und Wirklichkeit, nicht die Wirklichkeit selbst.«

Hat aber nicht bereits schon Werner von Heisenbergs Unsicherheitsrelation darauf aufmerksam gemacht, daß das Geschehen im Atom einer streng deterministischen Behandlung grundsätzlich unzugänglich ist?

Wie also ist die Wirklichkeit zu ergreifen, wodurch wird sie in diesem Sein überhaupt bedingt? Werner von Heisenberg stieß nun in seinen Überlegungen zu letzten, zu geistigen Ordnungen vor, die dem Sein zugrunde liegen. Als Werner von Heisenberg am 1. 2. 1976 in München starb, ist sein letzter Wunsch nicht mehr in Erfüllung gegangen. Er wollte nämlich wissen, ob seine »einheitliche Theorie der Elementarteilchen« wirklich, wie er so sehr hoffte, das Geschehen in der Welt des unendlich Kleinen zu beschreiben vermag. Denn wie Plato vor zweieinhalb Jahrtausenden gelehrt hatte, suchte auch Heisenberg die »Ideen« hinter den sinnlich wahrnehmbaren Gegebenheiten. Er suchte nach der »Idee der Elementarteilchen«, er suchte sozusagen nach mathematischen Urbildern und schrieb in »Schritte über Grenzen« u. a.: »Bei Plato ist also das Elementarteilchen nicht das schlechthin Gegebene, Unendliche und Unteilbare, es bedarf noch einer Erklärung, und die Frage nach dem Warum der Elementarteilchen wird von Plato auf Mathematik zurückgeführt... Die letzte Wurzel der Erscheinungen ist also nicht die Materie, sondern das mathematische Gesetz, die Symmetrie, die mathematische Formel.« Dieser Hinweis auf Plato erscheint keineswegs so unbegreiflich, denn es zeigt sich, wie Armin Herman, Professor für Geschichte der Naturwissenschaften und Technik an der Universität Stuttgart, in seinem Buch »Die Jahrhundertwissenschaft. Werner Heisenberg und die Physik seiner Zeit«, 1977 erschienen, bemerkt, daß die neuzeitliche Physik im 17. Jahrhundert direkt aus dem Platonismus, genauer aus dem Neuplatonismus christlicher Prägung, hervorgegangen ist. Überdies war auch Max Planck ein überzeugter Platoniker, und was einst einmal Plato als »Idee« bezeichnet hatte, das nannte Max Planck »das Absolute«.

So war für Max Planck die Konstante »h«, die er 1899 bei seinen Untersuchungen über die Wärmestrahlung entdeckt hatte und die heute als das »Plancksche Wirkungsquantum« bezeichnet wird, eine fundamentale Naturkonstante nach einem ganz bestimmten Zahlenwert und der Dimension einer Wirkung. Sie war für Max Planck, wie Armin Herman weiterhin ausführt, »eine vom Menschen losgelöste, absolute Gegebenheit, die unabhängig von speziellen Körpern oder Substanzen ihre Bedeutung für alle Zeiten und alle, auch außerirdische und außermenschliche Kulturen notwendig behält« (S. 227).

Für Werner von Heisenberg stand also am Anfang der Schöpfung die Symmetrie. Diese Erkenntnis erschien ihm richtiger als Demokrits These »am Anfang war das Teilchen«. Und dann schreibt Werner von Heisenberg in seinem 1969 erschienenen Buch »Der Teil und das Ganze« u. a.: »Die Elementarteilchen verkörpern die Symmetrien, sie sind ihre einfachsten Darstellungen. Aber sie sind erst eine Folge der Symmetrien... Die Elementarteilchen können mit den regulären Körpern in Platos ›Timaios‹ verglichen werden. Sie sind die Urbilder, die Ideen der Materie. Die Nukleinsäure ist die Idee des Lebewesens. Diese Urbilder bestimmen das ganze weite Geschehen. Sie sind die Repräsentanten der zentralen Ordnung.«

Diese zentralen Bereiche der Ordnung lassen sich aber, wie Armin Herman weiter sagt, und zwar im Sinne der Heisenberg zutiefst gemäßen platonischen Philosophie, als eine »höhere geistige Welt« verstehen, die einerseits über die Erfahrungen unserer Menschenwelt erhaben, andererseits aber doch mittels einer (mehr oder weniger vollkommenen) Teilhabe mit dieser verbunden erscheinen. Diese Deutung aber läßt an die These der sogenannten »Gnostiker von Princeton« denken, die, wie Raymond Ruyer, Philosoph und Kosmologe, Professor an der Universität Nancy, in seinem Buch »Jenseits der Erkenntnis« darlegt, ein »Überuniversum annehmen, in dem alle Wesen partizipieren« (S. 145).

Es sind also sehr verschiedene Deutungen des Seins, Deutungen, die sich auch oft überschneiden und den Betrachter verwirren. So verweist die Bootstrap-Philosophie auf die östliche Mystik und erklärt, daß nicht mehr die Objekte, sondern die Ereignisse, nicht mehr die Teilchen, sondern ihre Reaktionen bestimmend sind. Darüber hinaus aber erklärt sie, daß die Wirklichkeit an sich jenseits unserer so genannten Wirklichkeit liegt, haben doch die Physiker erkannt, daß alle Theorien über die Naturerscheinungen, einschließlich der für sie beschriebenen Gesetze, Schöpfungen des menschlichen Verstandes sind, unserer Begriffe, nicht aber die Wirklichkeit selbst. Und schließlich meint die Bootstrap-Philosophie, daß alle Naturerscheinungen letztlich miteinander zusammenhängen, und um eine zu erklären, müssen wir alle anderen verstehen, was jedoch offensichtlich unmöglich ist. Der Erfolg der Wissenschaft besteht nach dieser Hypothese darin, wie Capra meint, »daß Annäherungen möglich sind« (S. 287).

In einem seiner letzten Werke, nämlich in »Physik und Philosophie«, 1973 erschienen, findet sich ein Satz Heisenbergs, der auf den gerade von der Bootstrap-Philosophie so leidenschaftlich behaupteten Netz- oder Gewebecharakter des Seins hinweist. Heisenberg, der sich so sehr der platonischen Philosophie verbunden fühlte, schreibt dort nämlich (S. 85): »In der modernen Physik hat man jetzt die Welt nicht in verschiedene Gruppen von Objekten eingeteilt, sondern in verschiedene Gruppen von Verknüpfungen. Was man wirklich unterscheiden kann, ist die Art der Verknüpfungen, die für gewisse Erscheinungen in erster Linie wichtig sind.«

Wie auch immer, so können wir in unserem Universum, das viel abgründiger, faszinierender, aber auch geistiger zu verstehen ist, worauf uns gerade die moderne Quantenphysik und andere Theorien der Physik hinweisen, unleugbar gewisse Ordnungen, Symmetrien und Ideen, aber auch absolute Werte wie das Plancksche Wirkungsquantum erkennen. Eben jene Ordnungen und Kräfte, welche die Philosophie Hegels, seine Annahme von einer Dialektik des Seins, nicht überwunden erscheinen lassen.

Schon Gottfried Wilhelm Leibniz (1646–1716) hatte auf diese Ordnungen, und zwar auf Ordnungen der Vernunft im weiteren Sinne des Logos, hingewiesen. Daher ist seine Philosophie, die auf die Vernunftgemäßheit und Gottverbundenheit des Alls hinweist, als eine panlogische zu verstehen. So kann man also sowohl in der Philosophie Leibniz', der überdies auch auf die dynamische Grundbeschaffenheit des Alls hingewiesen hat, wie aber auch in der Dialektik Hegels entscheidende Ausgangspunkte erkennen, ohne die wir überhaupt nicht zu einer Dialektik des galaktischen Seins und Bewußtseins vorstoßen könnten. Denn trotz der bereits dargelegten Möglichkeiten und

Aspekte, das Sein nach den modernen Theorien der Physik zu interpretieren, bleibt doch die grundsätzliche Voraussetzung gegeben, daß in diesem Universum deutliche Momente erkennbar sind, die jenem Aspekt zuzuordnen sind, der als der panlogische, als der geistige Ordnungsbereich bezeichnet werden kann. Ein Bereich, dem allerdings ein anderer Bereich polar entgegenwirkt. Und mag das Sein auch nur als eine Art Schein verstanden werden, was es zweifellos mit Hinblick auf höhere Wirklichkeiten anderer Universen sein mag, so wird dieser Schein dennoch erlebbar, real im Leid, Schmerz und Tod wie aber auch in gewissen Ordnungen und Herrlichkeiten, eben von dieser Polarität, eben von dieser Dialektik bestimmt, auf deren einzigartige Bedeutung Hegel hingewiesen hat.

Das galaktische Sein ist nun ein Sein, das unmittelbar mit der Entstehungsgeschichte der Spiralnebel verbunden ist. Aus der formalen Ansammlung einer riesigen Masse aus fein verteilten Wasserstoffgasen entstand stufenweise ein regelmäßiges Gebilde, meistens mit einer Spiralstruktur, die ihren deutlich erkennbaren Kern in der Mitte dieser Struktur besitzt. Inzwischen haben sich nun die ursprünglichen Gasmassen zu Hunderten von Milliarden Sonnen in jeder Galaxis verdichtet (vgl. dazu Heinz Haber, »Brüder im All. Von der Möglichkeit kosmischen Lebens«, 1970).

Dieses galaktische Sein, aus dem heraus, wie die moderne Naturwissenschaft meint, das Leben und dann das Bewußtsein erstanden ist und entsteht, eben jenes galaktische Bewußtsein, das sich höchst wahrscheinlich in »n« planetoiden Sozietäten konzentriert, wird nun zutiefst von der Dialektik bestimmt.

Das Problem, um das es sich hier handelt, ist von entscheidender Bedeutung. Es ist zuletzt ein ontologisches Problem. Es ist ein Problem, das uns zu der Erkenntnis führt, daß diesem galaktischen Sein ein galaktisches Bewußtsein entspricht, das wieder jene faszinierende Dialektik offenbar werden läßt, die dem galaktischen Sein und daher auch dem galaktischen Bewußtsein zugrunde liegt und das daher zur Vollendung, zur

Synthese in dieser Dialektik, nämlich zur Transformation des galaktischen Seins drängt. Das aber wird nur dann möglich, wird die Dialektik des galaktischen Seins bewußt.

Es ist eine Dialektik, die weit über Hegel hinausgreift. Es ist überhaupt eine grundsätzlich neue Art der Dialektik. Es ist eine Dialektik, welche, wie vorhin erwähnt, eine These, eine Antithese und eine Synthese umfaßt. Dieser Dreierrhythmus erscheint nun mit dem von Hegel interpretierten Begriff der Dialektik identisch, aber die Inhalte der These wie der Antithese und der Synthese sind einzigartig und neu zu begreifen. Die folgenden Darlegungen werden also aufzuzeigen haben, welches Moment im galaktischen Sein als These, welches als Antithese zu bestimmen sein wird. Die Synthese jedoch, die Transformation des galaktischen Seins, ist bereits in den vorangegangenen Kapiteln als die Zielvollendung des gesamten dialektischen Prozesses enthüllt worden.

Oder anders gesehen: Die Voraussetzung dafür, die demiurgische Revolution zu verwirklichen, welche auf die Transformation des galaktischen Seins in ein höheres zielt, bildet die Erkenntnis der Dialektik des galaktischen Bewußtseins, das wieder die Dialektik des galaktischen Seins zur Voraussetzung hat. Durch dieses galaktische Bewußtsein aber wird es möglich, Einfluß auf das galaktische Sein selbst zu gewinnen, in dieses Sein einzugreifen, um es schließlich durch die demiurgische Transformationsformel zu verwandeln.

Die Dialektik des galaktischen Bewußtseins ist jedoch die eines Bewußtseins, worauf hier nun nachdrücklich hinzuweisen ist, das noch nicht vollkommen vorhanden ist, sondern das wir erst geist-revolutionär aktiv weiterentwickeln müssen.

Es ist ferner auch die Dialektik eines Bewußtseins, das nicht nur von der Entwicklung unseres menschlichen Bewußtseins, sondern auch von der Entwicklung der Bewußtseinssubstanzen und der Bewußtseinsprädikate der »n« anderen planetoiden Sozietäten unserer Galaxis mitbestimmt wird. Und diese Perspektiven, die erstmals von der »Galaktischen Philosophie« berücksichtigt werden, unterscheiden grundsätzlich die Dialektik des galaktischen Seins und Bewußtseins von der Dialektik Hegels.

Das galaktische Bewußtsein ist daher als jenes künftige Bewußtsein zu verstehen, das die Bewußtseinsinhalte und Aussagen wie Gestaltungsweisen von »n« planetoiden Sozietäten integrieren wird, um schließlich zu jener einzigartigen, umfassenden galaktischen Synthese, zu jener Aktion vorzustoßen, welche die größte Idee des Universums, nämlich die demiurgische Revolution, d. h. die Idee der Transformation des galaktischen Seins in ein höheres, verwirklicht.

Die moderne Kosmologie hat uns den alten, in sich geordneten Kosmos der griechischen Philosophie, eine Vorstellung, die noch die Philosophie von Leibniz mitbestimmt, lehrte er doch die Harmonie des Alls im Ganzen und im Individuellen, als ein Universum enthüllt, das pantragisch und keineswegs etwa in Harmonie oder in Vollendung befindlich einen zeitlichen Anfang wie wahrscheinlich auch ein zeitliches Ende besitzt, ein Moment, das nun unleugbar und unübersehbar gewaltige Dimensionen des Tragischen enthüllt und aktualisiert.

Wir befinden uns also in einem Universum, von dem Hegel nichts wissen konnte, das sich in Trillionen Galaxien konkretisiert. In unzählbar vielen Galaxien also, die als die entscheidenden Grundeinheiten des Universums, zugleich aber auch als dessen Lebensfelder wie als dessen Bewußtseins-, als dessen Intelligenz- und als dessen Geistfelder zu begreifen sind, sozusagen etwas wie universale Chakren, etwas wie die Welträder der hinduistischen und buddhistischen Weltsicht.

In diesen Trillionen von Galaxien entwickelt sich – wie die Astrobiologen annehmen – Leben, zumindest in jenen Galaxien, welche eine elliptische Struktur besitzen. Von diesen dem Leben zu offenen Galaxien kann man nun ferner annehmen, daß sie eine Anzahl von Planeten besitzen, in denen das galaktische Leben auch zu seinem ihm entsprechenden Bewußtsein gelangt. Von dieser dann dem Leben zugewandten Anzahl von

Planeten ist nun wieder ein bestimmter Prozentsatz anzunehmen, auf denen sich Sozietäten entwickelt haben oder noch entwickeln werden.

Aber so ähnlich oder auch so verschieden sich diese planetoiden Sozietäten entwickelt haben mögen, bedingt von den oft sehr verschiedenen Umweltverhältnissen, so unterliegen sie doch vielleicht alle der *Konvergenz der Evolution.* Diese Theorie besagt, daß sich die Entwicklung des Lebens, auch der intellektuellen außerirdischen Wesen im Universum bzw. innerhalb einer Galaxis, ähnlich vollzieht und sich in einer allmählichen Annäherung einem bestimmten Endwert, nämlich einem galaktischen Bewußtsein zubewegt.

Es ist ein Bewußtsein, das zur Erkenntnis der Dialektik des galaktischen Seins vordringt und das weiterhin auf eine galaktische Demiurgie zielt, welche zur Transformation des als problematisch erkannten galaktischen Seins führt.

Diese Konvergenz der Evolution, die zuletzt der Dialektik des galaktischen Seins verbunden ist, wird noch von zwei anderen Tendenzen, und zwar einerseits von einer zentrifugalen und andererseits von einer zentripetalen Tendenz ergänzt.

Die zentrifugale Tendenz, die also von einem vorgestellten galaktischen Mittelpunkt ausgehend gedacht wird, der jedoch mit dem konkreten Kern der Galaxis zusammenfällt, entwickelt innerhalb der spiralförmigen Struktur einer Galaxis jene Menge von planetoiden Sozietäten, von denen vorhin gesprochen worden ist.

Diese streben jedoch, haben sie sich einmal zu einer bestimmten Reifestufe entwickelt, und zwar im Sinne einer zentripetalen Tendenz, mittels bestimmter Kommunikationssysteme, die sie errichteten, einem galaktischen Bewußtseinsfeld entgegen, das sich zuletzt in einem Zentrum, in einem galaktischen Logosfeld, konkretisiert.

Dieses galaktische Logosfeld, das die Konvergenz der Evolution einschließt, bestimmt jedoch keineswegs ausschließlich und absolut die Entwicklung des Lebens- und Bewußtseinsfeldes einer Galaxis. Wäre dies nämlich der Fall, existierte nur dieses Logosfeld, dann würde es zweifellos das gesamte Sein einer Galaxis durchstrahlen, dann würden wir bereits in unserer Milchstraße in einem grundsätzlich höheren galaktischen Sein, in einer vollendeteren Wirklichkeit leben als in der, in der wir uns derzeit konkret befinden.

Aber gerade dieser absurde und tragische Charakter unserer Wirklichkeit, der ontologische Skandal, der in diesem galaktischen Sein real wirkt, läßt auf andere, dem Logosfeld entgegengesetzte Kräfte schließen.

So ist zu erkennen: Das Logosfeld befindet sich in einer eminenten Gegensätzlichkeit und daher Spannung, in einer Dialektik eben, zu der wahrscheinlich in jeder Lebens-Galaxis existenten, jedoch besonderen Art und Summe des Tragischen. Dieses Tragische wieder stellt voraussichtlich in jeder Lebens-Galaxis einen bestimmten Prozentsatz der dem gesamten Universum zugrunde liegenden Gesamtsumme des Tragischen bzw. des Pantragischen dar.

Die galaktische Dialektik wird einerseits durch einen »Panlogismus« und andererseits durch einen »Pantragismus« charakterisiert. Es ist eine Dialektik, die zur letzten und absoluten Entscheidung hin aufgerissen ist: entweder zur Auflösung, zum Untergang unseres Universums oder zu dessen Synthese, d. h. zu dessen Transformation, zu dessen geistiger Neuschöpfung, bewirkt durch die demiurgische Revolution des galaktischen Seins.

Diese Synthese, diese Verwandlung oder Neuschöpfung wird jedoch erst dann wirksam, wenn das Pantragische und mit diesem das gesamte galaktische und kosmische Sein – zumindest in gewissen Durchbrüchen – verwandelt wird. Transformiert durch den geistrevolutionären Einsatz demiurgischer Potenzen, in denen die Bewußtseins- und Verwandlungsaktionen einer uns noch unbekannten Zahl von planetoiden Sozietäten innerhalb einer Galaxis und in einer uns ebenso noch unbekannten Zahl vieler anderer Galaxien kulminieren.

Die Synthese des galaktischen, schließlich des universalen Seins, das heißt die Transformation des Universums, zumindest gewisser Bereiche, bildet also das Resultat einer bestimmten Menge von Transformationseffekten, die in einer bestimmten Anzahl von Galaxien durchgeführt werden.

Dieser galaktische Transformationseffekt wird jedoch wieder durch eine ganz bestimmte Summe von demiurgischen Potenzen bzw. von Potenzaktionen bewirkt, die notwendig sind, um das in einer bestimmten Galaxis konzentrierte kosmische Sein zu verwandeln.

Innerhalb des Seins jeder Galaxis, die sich dem Leben zu öffnet, besteht ein ganz besonderes Spannungsverhältnis zwischen der dem Logosfeld dieser Galaxis eigenen Energie einerseits und den Energien eines tragischen Feldes andererseits. In diesem Spannungsverhältnis wird die These und Antithese der Dialektik des galaktischen Seins offenbar. Dieses Spannungsverhältnis bzw. diese Dialektik im Sein einer ganz bestimmten Galaxis kann in einer anderen Galaxis entweder gleich, ähnlich oder auch verschieden sein.

Dieses in jeder Galaxis somit besondere Spannungsverhältnis zwischen den logosverbundenen und den tragischen Energien, das sozusagen etwas wie einen galaktisch-tragischen Quotienten anzeigt, bestimmt nun weitgehend die Entwicklung und den Schicksalscharakter dieser Galaxis. Man könnte also, von den vorhin angenommenen galaktisch-tragischen Quotienten ausgehend, eine Quotientenreihe bzw. mit ihr ein System von bestimmten Schicksalskategorien bestimmter Galaxien aufstellen:

Überwiegen die tragischen Energien, ist also der galaktisch-tragische Quotient sehr hoch, wächst der tragische Faktor innerhalb einer Galaxis an, so wird sich diese katastrophalen Zuständen und Ereignissen zubewegen. Sie wird wahrscheinlich nur eine besonders große Zahl von planetoiden Sozietäten aufweisen, die, in ihrer geistigen Entwicklung gehemmt, höchstens zu technisch-rationalen Zivilisationen vorstoßen. Auch könnten in Galaxien dieser Art planetoide Sozietäten überwiegen, die sich selbst oder andere planetoide Sozietäten vernichten.

Es sind also in solchen Galaxien, die einen hohen galaktisch-tragischen Quotienten aufweisen, planetoide Sozietäten zu denken, welche ausgesprochene Mißbildungen und Störungen ihres Bewußtseins zeigen. Ein Moment, das sich in überwiegend tragischen Schicksalsgeometrien nicht nur ganzer planetoider Sozietäten, sondern auch in den diesen eingeschlossenen Wesen auswirken könnte. Schließlich ist auch anzunehmen, daß Galaxien dieser Art sich ihrer absoluten Katastrophe, nämlich ihrer Explosion, zubewegen könnten.

Überwiegen jedoch die Energien des galaktischen Logosfeldes, so wird der galaktisch-tragische Quotient möglichst klein werden. In Galaxien dieser Art existiert dann voraussichtlich eine überwiegende Anzahl hochentwickelter Mentalkulturen, die wieder nur durch eine Anzahl von hochentwickelten planetoiden Wesenheiten bestehen, die zum Geistigen, eben zum Mentalen vorgestoßen sind. So können Mentalkulturen gedacht werden, die sich auch dazu entschließen könnten, abgesehen von anderen Aktionen, der negativen Entwicklung anderer planetoider Sozietäten bewußt entgegenzuwirken. In diesem Sinne könnte man sogar von einem bewußt praktizierten »galaktischen Messianismus« sprechen. Besonders dann, wenn es Angehörigen dieser geistig sehr hochentwickelten Kulturen gelingen sollte, ihre personale Wesenheit in die minderentwikkelter Personen anderer planetoider Sozietäten sozusagen »einzustrahlen« oder sich diesen sonst irgendwie zu integrieren.

In allen Galaxien aber, die sich durch einen niederen galaktisch-tragischen Quotienten auszeichnen, könnten überwiegend positive Mengen planetoider Sozietäten angenommen werden, die sich besonders zielbewußt einer demiurgischen Revolution zubewegen, um durch sie die Transformation des galaktischen Seins zu verwirklichen. Eine Transformation, die sie vielleicht bereits vorher durch Experimente, etwa durch die Transformation ihres planetoiden Seins, vorbereitet haben.

Und es erscheint ferner keineswegs undenkbar, so phantastisch diese Annahme auch gegenwärtig klingen mag, daß eine solche demiurgische Transformation besonders wirksam von einem Bereich aus eingeleitet werden kann, der sozusagen einen meta-archimedischen Standpunkt darstellt, von dem aus wirklich eine Welt, ein Weltbereich aus seinen Angeln gehoben werden könnte.

Wie aber sehen nun Panlogismus einerseits und Pantragismus andererseits, die wie These und Antithese das galaktische Sein bestimmen, konkret aus.

Die moderne Kosmologie und Physik ist ohne Mathematik undenkbar. Und es ist daher in diesem Zusammenhang auch keinen Augenblick zu vergessen, daß die sogenannte Mathematisierung nicht nur die moderne Kosmologie und Physik, sondern überhaupt die Entwicklung aller Naturwissenschaften, und zwar in einem immer stärkeren Maße, bestimmt. Sie scheint auch die Grundeinsicht des großen deutschen Philosophen Gottfried Wilhelm Leibniz zu bestätigen, einem kosmischen Universalgenie von faustischen Dimensionen, der erklärte, dem Universum liege zuletzt eine Logizität zugrunde, d. h., das Universum werde vom Charakter des Logischen bestimmt. Aron Gurwitsch begreift die Philosophie Leibniz' als eine des Panlogismus.

Leibniz hat nun – wie Aron Gurwitsch, Professor für Philosophie in New York, meint – das Universum zuletzt auf den göttlichen Geist, auf den unendlich göttlichen Intellekt, auf die vollendete göttliche Erkenntnis bezogen. So wird es verständlich, daß der »Begriff des Geistes oder Bewußtseins eine zentrale und dominante Stellung« in der Philosophie von Leibniz einnimmt. Aron Gurwitsch definiert daher in diesem Sinne den »Leibnizschen Panlogismus als die These von der durchgehenden Vernunftgemäßheit und logischen Gesetzmäßigkeit des Universums« (Aron Gurwitsch: »Leibniz. Philosophie des Panlogismus«, 1974, S. 15).

Für Leibniz ist, wie Aron Gurwitsch ferner meint, die Logik im Universum selbst verkörpert, sie ist »in dessen Struktur und Gesamtverfassung als ihr inhärent eingezeichnet. Das Universum ist realisierte und inkarnierte Logik. Die Konformität zwischen Denken und Sein beruht darauf, daß das Sein nicht nur durch das Denken (das Denken Gottes) konstituiert ist, sondern geradezu – wie paradox das auch klingen mag – realisiertes und inkarniertes Denken ist. Das gilt für das Universum als ganzes wie für alle seine Teile, für was immer es enthalten mag. Es gilt für das gesamte System der Substanzen, jeder Einzelsubstanz und schließlich für den phänomenalen Bereich. Alle ontologischen Verhältnisse, welcher Art und Stufe auch immer, tragen logische Sachverhalte in sich als in ihnen verkörpert, als ihnen immanente und sie bestimmende Momente. Daher lassen sich alle Beziehungen zwischen Wirklichkeiten, phänomenalen wie metaphysischen, in logischer Form ausdrücken, alle haben ein logisches Pendant. Rationale Erkenntnis gibt in adäquater Weise die objektive Rationalität der Dinge selbst wieder, weil sie sie nach dem faßt, was die Dinge an sich sind, was ihr Sein begründet und was sie zu denen macht, die sie sind.«

Aron Gurwitsch stellt also, und zwar als Konsequenz seiner Darlegungen, eine Identität, genauer, eine Äquivalenz des Logischen einerseits und des Ontologischen andererseits in der Philosophie von Leibniz fest. Auch weist Aron Gurwitsch, und zwar mit Recht, darauf hin, daß in der Philosophie von Leibniz Momente der Philosophie von Plotin (205–270) und des großen Kusaners (1401–1464) festzustellen sind (S. 17). Schließlich definiert dann Aron Gurwitsch den Panlogismus von Leibniz noch eingehender, schreibt er: »Als panlogisch bezeichnen wir die Lehre, nach der das Universum realisierte und inkarnierte Logik darstellt. Demgemäß herrscht im Universum als ganzem wie in allen seinen Teilen Ordnung und Verknüpftheit. Zwischen allen Einzelheiten, die das Universum enthält, von welcher Art diese Einzelheiten auch sein mögen, bestehen Zusammenhänge, besteht vielleicht ein einziger durchgehender

Zusammenhang, der sich in mannigfacher Weise besondert und spezifiziert.« (S. 18) Auf diese »Verknüpftheit«, die Aron Gurwitsch oben erwähnt, aber haben mit Nachdruck besonders die Bootstrap-Philosophie wie auch Werner von Heisenberg hingewiesen.

Aron Gurwitsch meint dann weiter: »Indem das Universum als ein innerer Zusammenhang aufgefaßt wird, dergestalt, daß jedes andere qualifiziert und bestimmt wird und das Ganze in jedem seiner Teile enthalten und anwesend ist, stellt das Universum sich als ein Kosmos heraus, in dem Logik und Vernunft niedergeschlagen und inkarniert sind. In diesem Sinne verstehen wir den Leibnizschen Rationalismus als Panlogismus.« Und: »Für Leibniz hat die im Universum verkörperte Rationalität in der göttlichen ›Subjektivität‹, im göttlichen Intellekt ihre Quelle. Andererseits ist die menschlich rationale Erkenntnis ihrer Möglichkeit nach auf den göttlichen Intellekt, die göttliche Erkenntnis bezogen.«

Treffen diese Annahmen jedoch zu, dann darf gefolgert werden, daß sich nicht nur die rationale Erkenntnis unserer Menschheit, unserer planetoiden Sozietät, sondern auch die aller anderen nur existenten planetoiden Sozietäten auf diese göttliche Erkenntnis bezieht. Auch sie müßten dann das Universum als einen Kosmos erkennen, in dem sich Logik und Vernunft inkarnieren, in dem das Kosmische und daher auch das galaktische Sein überhaupt als realisiertes und inkarniertes Denken zu begreifen ist.

Aber diese These des Panlogismus scheitert in ihrem Anspruch auf absolute Gültigkeit, scheitert an der Antithese, scheitert an dem Pantragismus, auf den gerade die moderne Kosmologie hinweist.

Aber auch Max Planck bekennt sich in seinem 1965 veröffentlichten »Vorträgen und Erinnerungen« irgendwie zu diesem Panlogismus, schreibt er doch einmal: »Sie (d. i. die exakte Naturwissenschaft) stellt also eine vernünftige Weltordnung dar, der Natur und Menschheit unterworfen sind, deren eigentliches Wesen aber für uns unerkennbar ist und bleibt, da wir nur durch unsere spezifischen Sinnesempfindungen, die wir niemals vollkommen ausschalten können, von ihr Kunde erhalten.« Max Planck verlagert also die vernünftige Weltordnung von dem von unserer Sinneserfahrung bedingten galaktischen und kosmischen Sein zuletzt in das an sich »Unerkennbare«. Doch prinzipiell hält er an einer vernünftigen wie sittlichen Weltordnung fest, bleibt diese uns auch zutiefst verborgen.

Diese, zuletzt auf das Göttliche hinweisende, vernünftige Weltordnung offenbart sich jedoch in der unmittelbaren Begegnung mit dem universalen Sein und Leben. So antwortet Albert Einstein, als er, bereits todkrank, von der Frau seines Freundes Born gefragt wurde, ob er keine Angst vor dem Tode habe, mit den Worten: »Nein, ich fühle mich so verbunden mit allem Lebenden, daß es gleichgültig ist, wo das Leben aufhört und wo es beginnt.« Und einer der Astronauten, Major B. Irwin, der 1971 am Mondflug teilgenommen hatte, erklärte, dieser Flug hätte sein ganzes Leben grundsätzlich verändert. Er sagte: »Ich habe die gewaltige Macht Gottes so gespürt wie niemals zuvor in meinem Leben.« Dieses Erlebnis des Göttlichen im Weltraum führte B. Irwin dazu, seine NASA-Laufbahn als Astronaut aufzugeben, um Gelegenheit zu finden, die Menschheit zu einer geistigen, dem Kosmischen verbundenen Weltsicht zu führen.

N. Max Wildiers, Professor für Dogmatik an der Universität von San Francisco, versuchte in seinem 1974 erschienenen Buch »Weltbild und Theologie«, das Universum im Sinne Leibniz' als Werk göttlicher Gnade zu erklären, wobei allerdings das Wirken des Pantragischen, das so entscheidend und zutiefst den Charakter wie das Schicksal unseres Universums mitbedingt, nicht in jenem Maße berücksichtigt wird, wie es eben notwendig erscheint. Wildiers räumt zwar ein: »In der heutigen Philosophie ist der kartesianische Dualismus ganz überholt, und die Strömung geht eher in die Richtung eines Stoff-Geist-Monismus, wobei man Stoff und Geist als zwei

Aspekte ein und derselben Wirklichkeit ansieht.« Doch dann heißt es: »Bereits die physische Welt zeigt sich uns als ein zusammenhängendes Ganzes und keineswegs als eine lose Zusammenfügung oder ein lockeres Übereinanderstapeln autonomer Entitäten. Alles ist mit allem in wechselseitiger Abhängigkeit verbunden und wird durch ein und dieselbe innere Gesetzmäßigkeit, durch ein und dasselbe Ordnungsprinzip regiert, das sich in unendlich variierter Weise bekundet. Nur innerhalb der Totalität des Systems und in totaler Abhängigkeit von ihm gewinnen die verschiedenen individuellen physischen Entitäten Bestand. Dieser Eindruck eines organischen Zusammenhanges bemächtigt sich uns noch stärker, wenn wir die Welt des Lebens anschauen. Auch hier tritt deutlich zutage, wie das Ganze sich aus Teilen aufbaut und diese ihrerseits nur in totaler Abhängigkeit vom Ganzen bestehen. Das gilt sowohl auf der Ebene des Individuums als auch auf der Ebene der Art, wie auch auf der Ebene der Welt in ihrer Gesamtheit.«

Auch Leibniz nahm oberste Ordnungsprinzipien des Universums an, oder wie er sie gleichnishaft nannte, architektonische und systematische Prinzipien, sogenannte »causa finales«, in denen sich für ihn die Weisheit des Schöpfers bekundet.

Wildiers versucht in seinem Buch auch das Wesen des Lebens zu erfassen: »Weit mehr noch als in der Welt des Stoffes, zumindest soweit unsere Beobachtung reicht, geht es hier um einen in allererster Linie dynamischen Zusammenhang, um einen durchgehenden Prozeß von Aufbau und Abbruch, von Vielfalt und Erneuerung, von Stabilität und Veränderung. Die Welt des Lebens ist folglich auch wesentlich der Bereich der dynamischen Einheit, in der die Verwirklichung des Ganzen über einen Veränderungsprozeß zustande kommt, eine dynamische Einheit, in der nichts statisch, uniform und undifferenziert ist, ein dynamisches Kontinuum, in dem alle Bewegung und Veränderung im Dienst eines Strebens nach Ordnung und Zusammenhang steht.«

Wirklich? Wildiers spricht hier von einem dynamischen Kontinuum, das sich aber wirklich »wie« zeigt, »wie« enthüllt? Das Wesen des Lebens enthüllt uns doch ein Leben, das nur durch Leid, nur durch Tod, oft nur durch Mord und überhaupt nur durch Vernichtung anderen Lebens existieren kann.

In Wahrheit enthüllt sich doch mit jedem Tod eines Geschöpfes, geschweige denn eines Menschen oder irgendeines anderen galaktisch-personalen Wesens, der metaphysische Skandal, der diesem Universum, dieser Wirklichkeit und diesem Leben zutiefst zugrunde liegt. Dieser metaphysische Skandal – und nicht irgendeine Phrase, eine Illusion oder Fiktion – bestimmt zutiefst dieses sogenannte dynamische Kontinuum, das wieder wohin strebt, wohin zielt?

Zweifellos will es seinen Sinn finden, seine Erlösung, seine Transformation in ein höheres Kontinuum, in eine höhere Wirklichkeit, in ein höheres Sein. Das ist die entscheidende Antwort auf diese Fragen. Der hl. Paulus enthüllte das metaphysisch problematische Wesen des galaktischen Seins mit dem Satz: »Die Welt ist im Vergehen« (1. Kor. 7, 31). Und Teilhard de Chardin erfaßte das Wesen dieses »dynamischen Kontinuums«, nämlich des Lebens, das eben durch seinen metaphysischen Skandal gezeichnet ist, wurzelgreifend, als er am 4. 3. 1918 die folgenden Worte in sein Tagebuch schreibt: »Es ist gut, aber ungenügend, über den individuellen Tod zu predigen. Wir müssen zeigen, daß der Tod eindringt und sich unerbittlich über die Erde und den Kosmos ausbreitet, usw. (der totale Tod).«

Wir werden also zu der Erkenntnis gedrängt, daß unser Universum keineswegs ein in sich schwingender, harmonischer Kosmos ist. Im Gegenteil, unser Universum ist zutiefst und entscheidend von pantragischen Dimensionen bestimmt. Wir alle befinden uns in einem Universum, das eine geradezu einzigartige Katastrophe darstellt. Ein zutiefst grauenvoller Zustand, den wesentlich der Mythos vom Haupte der Medusa widerspiegelt. Allerdings schließt dieser Mythos auch die Verherrlichung des Perseus ein, der das Haupt der Medusa mit einem einzigen

Schwertstreich von ihrem Körper trennte. So kann Perseus als ein Vorentwurf auf die künftigen Demiurgen und der Schwertstreich als Vorentwurf jenes demiurgisch-revolutionären Aktes verstanden werden, der dieses galaktische, zutiefst grauenvoll pantragisch bestimmte Sein in ein höheres verwandeln wird.

Die Harmonie, die Sphärenharmonie, von der viele Denker und Astronomen von Pythagoras bis hin zu Johannes Kepler gesprochen haben, ist aber ebenfalls existent. Denn Ordnungen sind durch Mathematik beweisbar. Allerdings verwirklichen sich diese Ordnungen und Harmonien nur in zeitlichen und räumlichen Teilbereichen. Sie deuten jedoch darüber hinaus auf jene andere, von Leibniz prinzipiell in den Vordergrund gerückte Idee eines panlogischen, vom göttlichen Geiste bestimmten Universums hin. Doch dieses vom göttlichen Geiste bestimmte Universum ist in unserem konkreten Universum – soweit es überhaupt als konkret bezeichnet werden kann – eben durch die pantragische Dimension zerstört und verzerrt, und in diesem Sinne enthält es nicht nur kosmische, sondern auch komische, tragikomische Momente. Zugleich aber ist das eigentliche Universum, seine Idee, in Ahnungen und Integralen wie in seinen großen geistigen Konzeptionen deutbar. Aber dieses Universum – und das ist die Schlüsselerkenntnis! – ist kein in sich geordneter Kosmos, sondern es ist und bleibt auch noch weiterhin ein metaphysischer Skandal. Und das wird es auch bis zur Verwirklichung der demiurgischen Revolution des galaktischen Seins bleiben!

Und das Universum ist, wie es sich uns derzeit gerade durch die moderne Kosmologie enthüllt, kein panlogisches, es ist aber vor allem kein vom göttlichen Geiste total durchdrungenes Universum. Denn ein in sich vollendet gedachtes göttliches Universum müßte eines sein, das von einer unvorstellbaren Herrlichkeit der Poesie, des Lichtes und der Gestaltungsmächte bestimmt ist. Es müßte ein Universum sein, in dem das Leben nicht auf Leid, Mord und Tod und nicht auf die Vernichtung anderen Lebens aufgebaut ist, sondern auf Liebe, Phantasie und auf die Möglichkeit demiurgischer Aktionen in absoluter Freiheit. Und gerade die Worte Christi, seine Frohe Botschaft vom Reiche Gottes, beziehen sich zuletzt auf jenes vollendete Universum, in dem die Liebe das Sein und das Leben zutiefst bestimmt. Dieses so vollendet gedachte Universum müßte also ein Universum sein, in dem die Existenz jeder Mücke eine unendlich beglückende wäre. Von diesem Universum, das unmittelbar dem Wesen des Geistes, dem wahren göttlichen Geiste entspricht, ist nun auf unser Universum, so wie es sich uns nun konkret darstellt, rückzuschließen.

Die weltbekannten Worte des Römerbriefes des hl. Paulus weisen nun unüberhörbar auf diesen zutiefst problematischen, zutiefst pantragischen Charakter dieses Seins, eben auf den metaphysischen Skandal des universalen Seins und Lebens, aber auch überraschend auf die künftigen Demiurgen hin, heißt es doch in diesem faszinierenden Apostelbrief u. a.: »Denn ich bin überzeugt, daß die Leiden dieser Zeit nichts bedeuten im Vergleich zu der Herrlichkeit, die an uns offenbar werden soll. Denn die ganze Schöpfung wartet sehnlichst auf das Offenbarwerden der Söhne Gottes.« (Röm. 8, 18–19) Die künftigen Demiurgen aber sind eben auch als jene Söhne Gottes zu begreifen, welche die Sehnsucht der ganzen Schöpfung, das heißt des Universums, erfüllen.

Auch wäre doch anzunehmen, daß sich unser Universum – das voraussichtlich einer Reihe von »n« anderen Universen eingeschlossen ist – an jener Stelle einer Existenzreihe von Universen befinden könnte, die hin zum Nichts schwingen, also in einem sehr kritischen Ereignis. In einem Ereignis zwischen Sein und Nichtsein pulsierend. Ein Ereignis, das somit die Wirklichkeit unseres Seins in diesem Universum zutiefst charakterisiert.

Arthur Schopenhauers Philosophie bildet nun nicht nur den Gegenpol zur Philosophie des Panlogismus von Gottfried Wilhelm Leibniz, sondern sie ist auch als ein entscheidender Ausgangspunkt hin zu einer demiurgischen Revolution zu erkennen. So hat er in seinem 1819 erschienenen Hauptwerk »Die Welt als Wille und Vorstellung« erstmals darauf hingewiesen, daß dem Weltwillen – zuletzt verstanden als »Ding an sich« – außerhalb aller Zeit und allem Raum wie auch aller Kausalität ein irrationales, ein nicht zum Sinn führendes Moment innewohnt. Denn grundlos, ursachlos, ziellos und erkenntnislos ist dieser Weltwille. So wird für Schopenhauer dieser Weltwille zum Daseinsgrund, der kein anderes Ziel hat, als sich selbst zu sein, um des Seins willen, und eben dies ist auch der Wille zum Leben. Und weil eben in allem Leben ein unvernünftiger, blinder, zugleich niemals ruhender Lebensdrang wirkt, darum wird auch das Dasein von Unruhe, Schmerz und Leid wie Sinnlosigkeit bestimmt.

So hat also Schopenhauer erstmals auf den zutiefst problematischen, apokalyptischen und daher auch, wie wir heute erkennen, verwandlungsbedürftigen Charakter des universalen und in diesem Sinne auch des galaktischen Seins hingewiesen. Ein Sein, das sich zuletzt, wie Schopenhauer glaubte, als Illusion enthüllt. Ein Sein, von dem aus man nur das »Nirwana« suchen könne. Ein Sein, ein Lebenselend, aus dem es nur eine Erlösung gibt, die Verneinung des Willens zum Leben. Der Künstler, der Heilige und der Asket werden sein Ideal. »Wir bekennen es vielmehr frei«, schreibt Schopenhauer, »was nach gänzlicher Aufhebung des Willens übrigbleibt, ist für alle Die, welche noch des Willens voll sind, allerdings Nichts. Aber auch umgekehrt ist Denen, in welchen der Wille sich gewendet und verneint hat, diese unsere so sehr reale Welt mit allen ihren Sonnen und Milchstraßen – Nichts.«

Schopenhauer verwendete also schon einen Grundbegriff des galaktischen Weltbildes und auch der »Galaktischen Philosophie«, nämlich die »Milchstraßen«, d. h. die Galaxien, freilich noch in einem sehr allgemeinen Sinne.

Allerdings ist in diesem Zusammenhang auch auf einen Trugschluß der Philosophie Schopenhauers hinzuweisen. Denn die Erkenntnis des Leidens, das dieses Leben zutiefst bestimmt, der Entsprung in das Nirwana, schließlich die Forderung, das galaktische Sein, »die so sehr reale Welt mit ihren Sonnen und Milchstraßen« zu nichten, wie Schopenhauer ausdrücklich sagt, ändert nichts. Ändert nicht, daß dieses galaktische Sein der konkrete Ort des grauenvollsten und sinnlosesten Leides für unzählige Geschöpfe und galaktische Wesen ist und bleibt, ihnen eingeschlossen die Menschen und Tiere. Mit anderen Worten: Schopenhauer akzeptiert diesen problematischen Zustand des Seins, Schopenhauer akzeptiert diesen »ontologischen Skandal« des Universums, ohne ihn ändern zu wollen und ohne auch um einen Weg, eine Methodik zur Änderung dieses Skandals zu wissen.

Nur dann aber – und das ist die große Erlösungs- und auch Revolutionslehre der »Galaktischen Philosophie«, sozusagen ihre Frohe Botschaft –, nur dann also, wenn der Bereich des Leides mit seiner Wurzel selbst, nämlich das galaktische Sein, transformiert wird, nur dann, wenn der Wille, das Bewußtsein, das diesem galaktischen Sein zugrunde liegt, ergriffen, verwandelt und damit auch erlöst wird, wird der Bereich des Leides selbst aufgehoben.

Diese Überlegung aber läßt uns auch erkennen, daß die »Galaktische Philosophie« als die vielleicht höchste nur vorstellbare sittliche und auch als die revolutionärste aller Philosophien zu begreifen ist. Denn das Ereignis der demiurgischen Revolution des galaktischen Seins erlöst nicht nur den Menschen, sondern es erlöst das galaktische Sein und Leben an sich, es erlöst »alle Brüder und Schwestern« nicht nur in dieser Menschheit, sondern auch in allen nur überhaupt existierenden planetoiden Sozietäten in »n« Galaxien.

In diesem Sinne verwirklicht die demiurgische Revolution Hauptanliegen und Forderungen der »Galaktischen Philosophie«, aber auch die Worte Christi, daß die Hilfe für den geringsten der Brüder auch eine Tat, ein Wirken und ein Bekenntnis für Christus selbst ist. In diesem Sinne kann die »Galaktische Philosophie« auch als die größte aller christlichen Philosophien überhaupt erkannt werden.

In diesem Sinne aber vollendet die »Galaktische Philosophie« auch, und zwar in vornehmster Weise, gewisse Aspekte und Perspektiven der marxistischen und auch leninistischen Ideologie. Vor allem sind dort mögliche Ausgangspunkte und Öffnungen festzustellen, wo die marxistische Philosophie das für die Veränderung der objektiven Welt entscheidende Gesetz des Umschlagens quantitativer Veränderungen in qualitative einbringt. So stellte Lenin fest, daß »... das Leben und die Entwicklung in der Natur sowohl langsame Evolution als auch jähe Sprünge, Abbrechen der Allmählichkeit in sich einschließen« (W. I. Lenin: »Die Differenzen in der europäischen Arbeiterbewegung«, Bd. 16, S. 355). Unter dem wichtigen Begriff »Sprung« wird jene revolutionäre Veränderung verstanden, die sich von der allmählichen, evolutionären Veränderung durch eine Reihe wesentlicher Merkmale unterscheidet. Während die Evolution nach dieser Meinung nur partielle Veränderungen des Gegenstandes hervorruft, seine Qualität, seine Grundlage jedoch unberührt läßt, führt der »Sprung« zu einer grundlegenden Veränderung des Gegenstandes, nämlich zu einem Übergang des Gegenstandes aus einer Qualität in eine andere (zit. nach »Grundlagen der marxistischen Philosophie«, 1965, S. 218).

So erscheint es verständlich, daß sich der Leninismus wie aber auch der Marxismus demokratischer Prägung der Veränderung des Seins gegenüber offenhält. Doch nun erst ist diese Veränderung des Seins in einem kaum bisher vorstellbarem Ausmaße, nicht nur durch die Revolution der Gesellschaft, sondern noch viel mehr durch die Revolution der Wissenschaft, ahnbar geworden. Eine Revolution, die erstmals in der Geistesgeschichte der Menschheit ihre Zielsetzung durch die »Galaktische Philosophie« erhielt, die daher in diesem Sinne zugleich auch alle Ziele des Marxismus und Leninismus weit überholt, um nämlich zu der kreativen Synthese und zu der Verwirklichung der Revolution des Menschen und der Gesellschaft, die sich in einer Revolution des galaktischen und universalen Seins vollendet, vorzudringen.

Denn erst die fortschreitende Änderung des Seins bewirkt auch die entscheidende Veränderung des menschlichen und gesellschaftlichen Seins mit. In dieser letztlich zutiefst ineinandergreifenden Wechselwirkung aber sind dennoch der Mensch und die Gesellschaft, das planetoid-personale Wesen und die planetoide Sozietät, als das kreative Bewußtsein und Aktionsorgan zu begreifen, welches in die anorganischen und organischen Bereiche des galaktischen Seins einwirkt, um sie in ein höheres Sein zu transformieren.

So kulminiert die Revolution des Menschen und der Gesellschaft in der von der »Galaktischen Philosophie« postulierten demiurgischen Revolution des galaktischen und universalen Seins. So ist also auch die marxistische und leninistische Philosophie und Ideologie als Ausgangspunkt hin auf die Revolutionslehre der »Galaktischen Philosophie« zu erkennen. Ebenso wie die »Galaktische Philosophie« als die Vollendung der bereits von Christus keimhaft angelegten und zuerst verkündeten Revolution des Menschen, der Gesellschaft und des universalen Seins zu begreifen ist.

In diesem Sinne könnte die »Galaktische Philosophie« in einem ihrer Aspekte zur großen Synthese zwischen Christentum und Marxismus werden. Offen steht sie aber ebenfalls allen künftigen geistigen Strömungen der Menschheit wie allen anderen »n« planetoiden Sozietäten unserer Galaxis, die sie einmal alle in der größten Philosophie dieses Universums integrieren wird. In jener größten Philosophie des Universums, die auch die größte Idee dieses Universums, nämlich seine Transformation, radikal und revolutionär postuliert wie auch praktisch demiurgisch verwirklichen wird.

Davon abgesehen aber kann die »Galaktische Philosophie« auch als die Vollendung vieler Sehnsüchte der Weltreligionen in unserer Menschheit verstanden werden. In diesem Sinne wendet sich die »Galaktische Philosophie« auch dem Buddhismus zu, seiner Erkenntnis des Leides und seiner Sehnsucht nach dem Nirwana. Denn die »Galaktische Philosophie« zielt auf die Transformation jenes Bereiches, der zum Leiden führt. Mit anderen Worten: Die »Galaktische Philosophie« enthebt nicht den Menschen, welcher die Religion des Buddhismus oder Hinduismus folgt, dem Rad der Wiedergeburt, sondern sie bringt dieses gewaltige Rad selbst zum Stillstand, mehr noch, sie zerschlägt, genauer sie verwandelt, sie transformiert dieses Rad selbst.

Bis zu diesem Zeitpunkt der Verwirklichung werden noch gewaltige Zeiträume vergehen, aber die Zielsetzung an sich wurde erstmals durch die »Galaktische Philosophie« klar, radikal und geistrevolutionär bestimmt, und zwar für alle Zeit bis hin zur Aufhebung der Zeiten. So gesehen wird sich auch die Idee der Revolution, vollendet in der Idee einer »permanenten Revolution«, letztlich der von der »Galaktischen Philosophie« postulierten demiurgischen Revolution zubewegen.

Zweifellos hat Schopenhauer erstmals, und zwar mit allen Konsequenzen, in allen damals nur einsichtbaren Dimensionen das pantragische Moment im galaktischen Sein erkannt und es auch absolut gesetzt – ohne allerdings dem ebenfalls existenten panlogischen Moment wie Leibniz und ohne etwa die Möglichkeit der Idee der Entfaltung des Weltgeistes, wie es bei Hegel geschehen ist, zu sehen, noch auch sehen zu wollen. Daher vermochte Arthur Schopenhauer über oder in diesem Universum keinen Gott, sondern eher einen Dämon zu sehen. Daher ist die gewaltige Philosophie Schopenhauers ein einzigartiges Kolossalgemälde universalen Leidens und universaler Sinnlosigkeit zugleich, der größte überhaupt nur vorstellbare Gegensatz zu Leibniz' Panlogismus wie zu Hegels Weltgeist einerseits, wie aber auch zu Teilhard de Chardins Christozentrik andererseits, nach der sich das gesamte Universum dem Punkt Omega, nämlich Christus, sich vergeistigend entgegenbewegt.

Arthur Schopenhauer hat also die Dialektik des galaktischen Seins nicht erkannt. Seine Philosophie konzentrierte sich ausschließlich auf den antithetischen Charakter dieses galaktischen Seins, eben auf sein pantragisches Moment, allerdings mit aller Intensität, deren sein Genie nur fähig war.

Arthur Schopenhauers gewaltige Metaphysik setzte also das pantragische Moment im galaktischen Sein nicht nur absolut, sondern sie kapitulierte sozusagen vor ihm. Schopenhauer gibt sich in diesem Sinne einer geradezu schrankenlosen Passivität hin. So gelangte er zu dem Schluß, daß das Nichtsein besser wäre als das Sein. Mit Recht bemerkt zu diesem Aspekt der Philosophie Arthur Schopenhauers Harald Schjelderup, früher Professor für Psychologie in Oslo, in seiner »Geschichte der philosophischen Ideen«, 1929, u. a.: »Auf Hegels Annahme der Vernunft als Weltprinzip folgt die Lehre von einem blinden, unvernünftigen Weltwillen, auf den idealistischen Optimismus der extremste Pessimismus.«

Arthur Schopenhauers Philosophie eines absoluten Pantragismus, wie sie nun von der Position der »Galaktischen Philosophie« aus zu verstehen ist, und eines absoluten Pessimismus, und die, in eine konkrete Zukunft weiter gedacht, in letzter Konsequenz die atomare Vernichtung der Menschheit zur höchsten, auch sittlichen Konsequenz hätte, stellt sich nun nicht nur die Philosophie von Hegel und Marx, vor allem jedoch die von Nietzsche, sondern noch viel entschiedener die »Galaktische Philosophie« entgegen.

Denn vor dem einzigartigen Kolossalgemälde der schopenhauerischen Leidensmetaphysik hebt sich überhaupt erst die »Galaktische Philosophie« in ihrer eminenten geist-revolutionären Radikalität ab. Erst von der Philosophie Arthur Schopenhauers aus, die jedoch zugleich indirekt auf die »Galaktische Philosophie« hinweist, wird die »Galaktische Philosophie« profiliert und begreifbar. Denn: Noch radikaler als die radikalsten Konsequenzen der Philosophie Hegels und Nietzsches wie der Philosophie von Marx und Engels wie von Lenin und Mao strebt die »Galaktische Philosophie« die Überwindung und Beseitigung des »ontologischen Skandals« des galaktischen Seins, und zwar für alle Ewigkeit an.

Sehr wohl erkennt die »Galaktische Philosophie« die eminente Bedeutung des pantragischen Momentes im Universum, aber sie erkennt auch das panlogische Moment im galaktischen Sein. Vor allem aber, die »Galaktische Philosophie« flieht nicht vor diesem pantragischen Moment in ein Nichts oder in ein subtileres geistiges Sein, sondern sie wirft sich sozusagen diesem pantragischen Moment entgegen. Sie greift es an, sie bekämpft es. Und in diesem Sinne ist die »Galaktische Philosophie« nicht nur die radikalste und revolutionärste, sondern auch in letzter Konsequenz die aggressivste, die aktivste und heroischste aller Philosophien, die jemals konzipiert worden ist. *Zugleich aber ist sie auch jene Philosophie, welche zur größten überhaupt nur vorstellbaren Proklamation der Kunst führt.*

Denn die »Galaktische Philosophie« erkennt alle bisherige und gegenwärtige Kunst als Vorentwurf und Vorübung auf die höchste aller Künste, nämlich auf die Demiurgie, das heißt auf die Kunst der Weltschöpfung hin ausgerichtet. Und in diesem Sinne erkennt die »Galaktische Philosophie« gerade die Dramatik und mit ihr das Theater als einen demiurgischen Yoga, als einen Vorentwurf dahin.

Denn die »Galaktische Philosophie« führt nicht nur zur höchsten überhaupt nur vorstellbaren geistigen Machtkonzentration und Machtgestaltung aller nur vorstellbaren Potenzen galaktischer Wesen in diesem Universum, sondern *sie ist auch jene Philosophie, die endlich, und zwar einzig und allein, zur Offenbarung des allerletzten Grundes, nämlich zum zutiefst poetischen Sein führt, das von einer eminenten Kreativität und unerahnbaren Demiurgie bestimmt wird.*

Nicht ein dumpfer Weltwille, wie Arthur Schopenhauer meinte, nicht eine das göttliche Wesen zuletzt offenbarende Logizität allein, wie Leibniz glaubte, sondern ein zutiefst unauslotbares, unerkennbares, aber auch herrlich poetisches Sein, eine unvorstellbare demiurgisch-kreative Phantasie bestimmt den allertiefsten Grund des Seins. Daher führt die demiurgische Revolution, welche die Transformation des galaktischen Seins bewirkt, auch zu einer noch ungeahnten Einbewegung in den poetischen Bereich des Seins selbst.

Daher erhebt die »Galaktische Philosophie« anstelle der Forderung Arthur Schopenhauers, dieses galaktische Sein zu verneinen, um Erlösung von diesem dumpfen irrationalen Weltwillen zu finden, die Forderung, das pantragische Moment als Antithese der Dialektik des galaktischen Seins zu erkennen. Als Antithese jener Dialektik, die zu einer Revolution des galaktischen Seins führt. So lehrt die »Galaktische Philosophie« in diesem Sinne eine eminente, auf die Zukunft bezogene Entwicklung, welche eine neue Freude, Herrlichkeit und Leidenschaft gerade in die kreativen Aktionen konzentriert, die sich in der Kunst der Künste wie in der Wissenschaft der Wissenschaften zugleich, eben in der Demiurgie vollendet.

Das Nein zu diesem Leben, das Arthur Schopenhauer ausrief, wird durch ein neues radikales Ja zur Revolution des galaktischen Seins, zur Entwicklung dahin, damit aber auch zur Schöpfungspotenz der Menschheit und auch zu den kreativen Potenzen der anderen planetoiden Sozietäten beantwortet.

Vielleicht aber ist es doch so, daß das pantragische Moment gleichsam nur in einem illusionären Sein verwurzelt ist, und daß das Sein selbst in einer unleugbaren Ordnung und Harmonie zu erkennen ist. Vielleicht hat Werner von Heisenberg recht, der einmal sagte: »... wer den Blick einmal für die gestaltende Kraft mathematischer Ordnung geschärft hat, erkennt ihr Wirken in der Natur wie in der Kunst auf Schritt und Tritt.« Vielleicht trifft die Vision dieses großen deutschen Physikers doch zu, der daran glaubte, daß »die Erweiterung unseres Erfahrungsbereiches immer neue Harmonien ans Licht bringen wird«. Vielleicht trifft der Glaube Werner von Heisenbergs zu, der meinte, daß die Wissenschaft die große Aufgabe besitzt, den Blick zu dem zentralen Bereich zu wenden, »von dem aus sich die Welt im ganzen ordnet, vielleicht einfach dadurch, daß sie schön ist« (zit. aus Joachim G. Leithäuser, »Werner Heisenberg«, 1957).

Also scheint sich doch die Perspektivität der modernen Naturwissenschaft gewissen Aspekten des Panlogismus Leibniz' entgegenzubewegen, um sie von gewissen Entwicklungen und Ergebnissen der modernen Physik aus zu bestätigen? In einem Gespräch über Probleme der einheitlichen Feldtheorie – Werner von Heisenberg berichtet darüber in seinem bekannten Buch »Der Teil und das Ganze« – meinte Carl Friedrich von Weizsäcker u. a., daß am »Anfang einmalige Entscheidungen über die Symmetrieeigenschaften des Kosmos« getroffen werden. Und erst später bilden sich dann viele Milchstraßen und viele Sterne, und eben in diesem Anfang »werden immer wieder gleichartige Entscheidungen getroffen, die man in einem gewissen Sinne, gerade wegen ihrer Fülle und ihrer Wiederholbarkeit, zufällig nennen kann«. Auch hier ist zu fragen, wie von Weizsäcker weiter meinte, »warum die Naturgesetze gerade diese Form haben und keine andere, ebenso wie man fragen darf, warum der Kosmos gerade diese Symmetrieeigenschaften hat und keine anderen«. Darauf antwortete nun Heisenberg u.a. (S. 324/325): »Diese Entscheidungen legen Symmetrien fest, einmal und für immer, sie setzen Formen, die das spätere Geschehen weitgehend bestimmen. ›Am Anfang war die Symmetrie‹, das ist sicher richtiger als die Demokritische These ›am Anfang war das Teilchen‹. Die Elementarteilchen verkörpern die Symmetrien, sie sind ihre einfachsten Darstellungen, aber sie sind erst eine Folge der Symmetrien. In der Entwicklung des Kosmos kommt später der Zufall ins Spiel. Aber auch der Zufall fügt sich den zu Anfang gesetzten Formen, er genügt den Häufigkeitsgesetzen der Quantentheorie.«

Doch eben diese Symmetrien, ein entscheidender Begriff der modernen Naturwissenschaften, bezeichnen das Allgemeingültige in der Natur. Sie sind, wie Gerhard Frey, Professor für Philosophie an der TH Stuttgart, in seinem Buch »Erkenntnis der Wirklichkeit. Philosophische Folgerungen der modernen Naturwissenschaften«, 1965 erschienen, meint, in einem allgemeinen Sinne verstanden, »die apriorischen Strukturen unseres Geistes«. Und (S. 169/170): »Alle Erkenntnis vom Allgemeinen ist nur möglich, weil es Gleiches, Ähnliches, Sich-Wiederholendes gibt. Die dem entsprechenden mathematischen Strukturen sind wieder die Symmetrien. Es sind die abstrakten Denkformen, unter denen wir das Allgemeingültige in der Natur alleine denken können ... In diesem Sinne erhält auch die Mathematik ihre zentrale Bedeutung. Die Mathematisierung erscheint als die eigentliche Form der Bewältigung der Welt. Natur und Technik sind nur zwei Seiten jener gleichen Aufgabe.«

Das aber bedeutet: Die Technik, weitgehend der Mathematisierung verbunden, vollendet den Willen der Natur, der hin zur Bewältigung der Welt strebt. Es gibt also einen Willen, der ein klares Ziel besitzt: die Bewältigung der Welt. Doch diese Bewältigung begreift sich, in letzter Konsequenz gedacht, radikal als Bewältigung, als Transformation des galaktischen Seins. Das bedeutet aber auch: Bestätigung des Panlogismus und der Panmathematisierung, Bestätigung entscheidender Grundkonzeptionen der Philosophie von Leibniz.

Wie aber, so zielt die Frage weiter, sind in einem auch pantragisch zu erkennenden Universum überhaupt Entscheidungen denkbar, die Symmetrien, mathematische Abstraktionen und dadurch auch, wie Heisenberg ausdrücklich erklärte, Formen und Geschehen bewirken? Also ist der Pantragismus bzw. Panpessimismus Schopenhauers doch eine Fiktion? Also bestätigt die moderne Naturwissenschaft doch den Panlogismus Leibniz'?

Keineswegs! Das von Schopenhauer absolut gesetzte pantragische Moment wurde gerade von der modernen Naturwissenschaft, man denke hier z.B. an die Forschungen der modernen Medizin über die Viren und man denke aber auch vor allem an die Ergebnisse der modernen Kosmologie, bestätigt.

Die Viren, unvorstellbar klein, 40 000 von ihnen aneinandergereiht bilden erst einen Millimeter, enthüllen sich nun immer mehr als der heimtückischste Feind der Menschheit. Bisher hat man 500 Varianten von ihnen entdeckt, die oft zu den furchtbarsten Krankheiten führen. Erst vor kurzem gelang es dem Max-Planck-Institut in Tübingen, diese Viren zu portraitieren: Sie alle besitzen einen Kern aus fadenförmigem bzw. schlangenartig angeordnetem Erbmaterial. Ihre Hülle, von »Nadeln« übersät, besteht aus Protein (Eiweiß) und enthält mitunter Lipide (fettartige Teilchen). Es sind Portraits apokalyptischer Visionen, die in der Welt des Allerkleinsten sozusagen satanische Wirklichkeit geworden sind.

Diese Viren wirken mit einer geradezu unvorstellbar heimtückischen Absichtlichkeit, wobei sich jedes Virus in bestimmten Körperregionen des Menschen ansiedelt, als wäre es speziell für die Zerstörung genau dieser ganz bestimmten Körperorgane geschaffen worden. Außerhalb des Körpers ist das Virus ein totes Stück Materie. Ähnlich einem Staubkörnchen, kann es viele Jahre hindurch irgendwo »überwintern«. Es braucht keine Nahrung, kein Wasser, es ist absolut leblos. Doch es beginnt plötzlich seine apokalyptische Existenz, gelangt es in den Körper eines Menschen, in dem es sofort aktiv wird. Innerhalb von 7 Stunden kann ein einziges Virus nicht weniger als 20 000 Nachkommen produzieren. Und da die Erreger so unendlich klein und leicht sind, vermögen sie wie unsichtbare Wolken im Luftstrom zu schweben, um so in kürzester Zeit überall auf unserem Erdball zur Wirkung zu gelangen.

Das Eindringen eines Virus in den menschlichen Körper aber gleicht – wie der Virologe Dr. Rowe sagt – dem Angriff einer Raumschiffflotte auf unsere Menschheit. Ziel dieses Virusangriffes bilden die Körperzellen. Dabei entwickeln sie einen geradezu teuflischen Plan, den sie nach Dr. Rowe in drei Phasen verwirklichen. In der ersten Phase schleichen sie sich sozusagen an. Millionen von Viren lagern sich auf den Schleimhäuten, etwa auf den Lippen ab, um sich dort festzusetzen. Nach spätestens 45 Minuten ist diese Aktion abgeschlossen. Die zweite Phase leitet direkt den Angriff ein. Die Viren dringen durch die Zellhüllen in das Zellinnere. Bereits nach einer halben Stunde haben die Angreifer ihr Ziel erreicht. Die dritte Phase wird von der Machtübernahme durch die Viren bestimmt. Anstelle des

Zellkerns, der jede Zelle informiert, welche Art Eiweiß sie anfertigen soll, tritt nun das eigene Erbmaterial des eingedrungenen Virus, das nun die Kommandogewalt an sich reißt und der Zelle den Befehl erteilt, Viren zu produzieren. So werden Körperzellen von Viren umfunktioniert und stören ihre Ordnung.

Hinzu kommt, daß es Viren gibt, die für ein und dieselbe Krankheit in Dutzenden von Varianten auftreten. Andere Viren entwickeln ständig neue Masken, neue Verkleidungen, hinter denen sie sich verbergen. Sie sind fähig, das bisherige Aussehen ihrer Hülle zu verändern, um dadurch, und zwar erfolgreich, die Abwehrkräfte des Körpers zu täuschen, so daß oft die Schutzimpfung gegen diese bestimmte Krankheit versagt. Zu den geschicktesten Täuschern zählen die Grippeviren.

Und immer neue Eigenschaften werden an den Viren entdeckt. So glaubte man nach dem Abklingen einer bestimmten Infektion, daß die Viren nicht mehr im Körper existieren. Aber das traf nicht zu. Viele Erreger neigen dazu, für immer im menschlichen Körper zu bleiben. Sie schlafen nur und warten sozusagen auf ihre Stunde, um die bestimmte Krankheit zu gegebener Zeit neu aufflackern zu lassen. Als besonders heimtückisch und gefährlich gilt das Krebsvirus. Denn dieses soll wie eine Zeitbombe wirken. Es dringt in eine Zelle ein, besetzt sie und schmuggelt sein eigenes Erbmaterial unter die Erbinformationen des Körpers im Zellkern. Das ist zunächst alles. So kann der Eindringling viele Jahre, ohne daß er bemerkt wird, auf seine Stunde lauern. Doch eines Tages wird dann die Zelle geschwächt, sei es durch bestimmte Chemikalien, sei es durch Alterserscheinungen. Und in diesem Moment kommt die Zeitbombe zur Auslösung. Das Krebsvirus reißt in der Zelle die Macht an sich, die Krebswucherung beginnt.

Ebenso unheimlich wie die Krebsviren wirken die sogenannten »langsamen Viren«. Sie verursachen ein plötzlich einsetzendes vorzeitiges Altern, das den Kranken dem Tod entgegendämmern läßt. Auch bei der Multiplen Sklerose, einer der furchtbarsten Krankheiten, die zu einem langen und qualvollen

Siechtum führen kann, glaubt man, ein langsames Virus als Erreger entdeckt zu haben.

Die Antivirusdrogen, die dagegen entwickelt wurden, entsprechen dem raffinierten Charakter der Viren, sie sind nach Möglichkeit noch raffinierter entwickelt (zit. nach »Der kleinste Feind, der größte Killer. Viren«, aus »stern« Nr. 46 v. 4. 11. 76). Hier erhebt sich nun die Frage, welche geradezu satanische Intelligenz, welcher keineswegs dumpfer, sondern eminent zielgerichteter, auf Zerstörung, Vernichtung und qualvolles Leiden und Tod des Menschen programmierter Weltwille wirkt in diesen Viren?

In einem gewissen Sinne stellen nun diese Viren, die erdgeschichtlich wahrscheinlich relativ spät entstanden und auf völlig parasitische Lebensweise angelegt, die Existenz der Wirtsorganismen bereits voraussetzend, das Gegenbild zu den »logoi spermaticoi« der griechischen Philosophie, zu der Lehre von den geistigen Samen dar. Denn diese Viren sind nicht Samen des Geistes oder des Göttlichen, sondern gleichnishaft Samen des Satanischen, will man an dieser Vorstellung überhaupt festhalten. Sie enthüllen – versucht man etwas wie eine Metaphysik der Existenz der Viren zu entwickeln – eine einzigartige Katastrophe, die irgendeinmal während der Entwicklung des galaktischen Seins bzw. des galaktischen Lebens stattgefunden hat. Jedenfalls ein katastrophales Ereignis, das unübersehbar auf das pantragische Moment des Universums hinweist. Ein Moment, das in gewaltigen, geradezu unvorstellbaren Dimensionen der Entwicklung des gesamten Universums, aber auch der Galaxien und der Sonnensysteme zugrunde liegt.

Durch die kosmologische These des sogenannten explodierenden bzw. expandierenden Universums wird eine letztlich sinnlose Konsequenz postuliert: Nach dieser These dehnt sich das Universum in die Unendlichkeit weiter aus, wobei sich die Galaxien nicht nur von einem gedachten Ausgangspunkt, von einem Urknall aus, immer schneller wegbewegen, sondern sie entfernen sich auch untereinander immer weiter.

Dieses Phänomen wird bekanntlich als die »Fluchtbewegung der Galaxien« bezeichnet. Eine Analyse des Lichtes, das wir von fernen Galaxien erhalten haben, zeigte nämlich, daß sich der ganze Schwarm von Galaxien ausdehnt. Die Geschwindigkeit, mit der sich eine Galaxie von uns fortbewegt, ist ihrer Entfernung proportional. Das heißt: Je größer die Entfernung der Galaxie ist, desto schneller bewegt sie sich von uns fort. Bei doppelter Entfernung ist also die Geschwindigkeit dieser Galaxie ebenfalls doppelt so groß. Diese Feststellung trifft aber nicht nur für Entfernungen zu, die von unserer Galaxis aus gemessen werden, sondern sie trifft ebenso auch für jeden anderen Bezugspunkt im Universum zu. Mit anderen Worten: Auf welcher Galaxis wir uns auch immer befinden mögen, wir werden stets beobachten, daß sich die anderen Galaxien von uns fortbewegen. Galaxien, die uns näher liegen, bewegen sich mit einigen tausend Kilometern pro Sekunde fort, die weiter entfernten mit größerer Geschwindigkeit, und die Geschwindigkeit der am weitesten entfernt liegenden Galaxien nähert sich der Geschwindigkeit des Lichtes.

In diesem Zusammenhang ist nun darauf hinzuweisen, daß wir heute 2,5 bis 6 Milliarden Lichtjahre optisch bzw. radioastronomisch in das Universum vordringen können.

Die Fluchtbewegung der Galaxien ist jedoch untrennbar mit der These von der Explosion des Universums verbunden. Das Universum ist nämlich nach dieser These aus einem einzigartig dramatischen Ereigniszustand, aus seiner gesamten Masse, aus einem kleinen Urfeuerball heraus explodiert. Durch dieses Ereignis wird aber nicht nur die Flucht der Galaxien, sondern auch der eminent tragische und dramatische Grundcharakter unseres Universums mitbedingt.

Auch die zweite kosmologische These, der man gegenwärtig höchste Wahrscheinlichkeit zubilligt, nimmt an, daß sich das Universum aus einem einzigen Uratom durch ein katastrophales Ereignis, nämlich durch eine Urexplosion, durch einen gewaltigen Urknall (weshalb man diese Theorie als »Big-Bang-

Theorie« bezeichnet) auszudehnen begann. Vor ungefähr 10–13, vielleicht auch vor 15–20 Milliarden Jahren müssen alle Galaxien, alle in unserem Universum enthaltene Materie und mit ihm der Raum des Universums selbst in einem einzigen Punkt konzentriert gewesen sein, wie Hoimar von Ditfurth meint (in: »Im Anfang war der Wasserstoff«, 1972). Seit 1965 wissen wir, daß unser Universum einen Anfang gehabt hat. Wir wissen aber auch um sein mögliches Ende, das etwa nach 80–85 Milliarden Jahren erfolgen könnte. Nach etwa 40–42 Milliarden Jahren könnte nämlich die gegenwärtige Expansion des Weltalls »gebremst« werden, und es könnte zu einer Wende, zu einer Umkehr der Entwicklungskurve des Universums kommen. Darüber meint Ditfurth: »Bei einer gebremsten Expansion würde die Fluchtbewegung ganz allmählich im Verlaufe vieler Milliarden Jahre zum Stillstand kommen, um dann ins Gegenteil umzuschlagen. Unter dem alleinigen Einfluß der Gravitation würden alle Massen im Universum von da ab anfangen, mit zunehmender Geschwindigkeit aufeinander zuzufallen. Der Expansion würde somit eine Kontraktion des Weltalls folgen ... Die Geschwindigkeit der aufeinander zustürzenden Massen würde im Verlauf dieser Kontraktion stetig zunehmen. Zuletzt würden all die unzähligen vielen Galaxien des Weltalls, jede von ihnen aus 100 oder mehr Milliarden Sonnen bestehend, jede von ihnen millionenfach Leben in einer unvorstellbaren Fülle von Formen enthaltend, in einer einzigen, riesigen Kollision miteinander verschmelzen. Das ganze Universum würde in einer gigantischen Explosion zugrunde gehen. Der gleiche Blitz aber würde, wieder einige Milliarden Jahre später, wenn sich aus der durch die Gewalt der Explosion auseinandergetriebenen kosmischen Materie neue Sterne in einem neuen Himmel gebildet haben, und auf diesen wiederum Leben und neue Kulturen, von deren Astronomen entdeckt und ganz anders gedeutet werden: nicht als Untergang einer vorangegangenen Welt, sondern als der Anfang des einen Kosmos. Ist es wirklich so? Gab es vor dem ›Big-Bang‹ schon einmal ein anderes Universum? Haben wir uns auf den Trümmern seines Unterganges eingerichtet? Und werden die Trümmer unserer Welt in einer unvorstellbar weiten Zukunft dereinst als Ausgangsstufe eines neuen Kosmos dienen, den es noch nicht gibt? Die Wissenschaftler halten dieses ›Modell des pulsierenden Weltalls‹ für plausibel. Sie schätzen seine Pulsationsdauer auf rund 80 Milliarden Jahre. Diese Zeit würde dann also zwischen zwei kosmischen Explosionen liegen. Sie wäre gewissermaßen die ›Lebensdauer‹ eines einzelnen ›individuellen‹ Universums. Und es ist kein Grund zu sehen, warum es so nicht immer weitergehen sollte, warum sich Universum auf Universum in dieser Weise nicht die Hand reichen sollten in einer unendlichen Kette bis an das Ende der Zeit. Vielleicht ist es so.« Soweit Ditfurth (in seinem Buche »Im Anfang war der Wasserstoff«, 1972, S. 40).

Entweder also löst sich das Universum in das Unendliche auf, wie die erste Theorie behauptet, oder aber es pulsiert nach der zweiten Theorie innerhalb einer vielleicht unabsehbaren Reihe von Universen, wobei jede Pulsation eine geradezu unvorstellbare Summe des Furchtbaren, des Leides, des Sinnlosen in sich schließt wie auch eine ebenso unvorstellbare Reihe der Freude, des Glückes, der Liebe und der größten schöpferischen Leistungen. Dennoch wird vielleicht gerade an diesem Modell der zutiefst problematische Charakter des galaktischen Seins offenbar, da sich die Entfaltung von Geist, Liebe und Freude auch in einer Dimension vorstellen läßt, die nicht von den pantragischen Momenten des Inferno verzerrt werden müssen.

Und noch eines zeigt sich: Die Tragik und die damit verbundene Verzweiflung und Sinnlosigkeit, die oft ein Menschenleben charakterisiert, wie aber auch das Leid und der Tod jedes Menschen stehen – sieht man von der zeitlichen und räumlichen Dimensionsdifferenz ab – in einer unübersehbaren Entsprechung zur Tragik, Sinnlosigkeit und zum Tod, zum Untergang des gesamten Universums, wobei dieser Tod stets auch als eine einzigartige Katastrophe zu begreifen ist – die sich aber dennoch einem dahinterliegenden Sinn zubewegt. Einem Sinnbereich, der allerdings auch ohne dieses Katastrophengefälle erreichbar und anstrebbar wäre.

Jedes Menschenleben wie aber auch jedes Leben eines anderen galaktisch-personalen Wesens enthüllt ebenso wie die Milliarden Jahre umfassende, grundsätzliche Entwicklungsperspektivität des galaktischen und universalen Seins das unleugbare und unübersehbare Moment dieses Universums. Jenes Moment, das als ein »ontologischer Skandal« zu brandmarken ist.

Ein Moment auch, das sich in vielen anderen Aspekten enthüllt, auf die uns gerade die moderne Kosmologie verweist. In diesem Zusammenhang ist hier nun auf die Existenz der sogenannten Schwarzen Löcher zu verweisen, die sozusagen als etwas wie die Saugnäpfe des dem Universum innewohnenden Polypen bezeichnet werden können. Es handelt sich bei diesen »black-holes« tatsächlich um faszinierende kosmische Ereignisse, die uns, wie John Taylor, Professor an der Universität London, sagt, mit den tiefsten Geheimnissen der Welt konfrontieren.

Die Entstehung eines solchen Schwarzen Loches bildet sich, wie John Taylor in seinem Buch »Die schwarzen Sonnen«, 1974 erschienen, darlegt, »durch den Zusammenbruch eines ›schweren Sterns‹, der eine so große Dichte erreicht hat, daß nichts, nicht einmal Licht, seinem Anziehungsbereich entweichen kann. In seinem Inneren scheinen die fundamentalen Gesetze, auf denen unser Universum beruht, keine Geltung zu haben, genausowenig die uns geläufigen Vorstellungen von Raum und Zeit.«

Diese Schwarzen Löcher enthüllen sich als eine eminente Bedrohung des Universums, sie saugen sozusagen seine Seinssubstanzen in sich. Denn eben das ist die Situation: Unsichtbare Ruinen ausgebrannter Sonnen, zu geradezu unendlich dichten Materiekernen zusammengeschrumpft, durchrasen im freien Fall das Universum und werden so zu überdimensionalen

Schwerkraftfeldern, die immer neue Materie in sich hineinsaugen. Solche Schwarze Sonnen befinden sich wie der Wurm im Kerngehäuse eines Apfels in den Kernbereichen der Galaxien, auch unserer Galaxis. Das ist ein beklemmender Aspekt. John Taylor bemerkt dazu (S. 93): »Es gibt dafür schon einen Beweis, daß sich in ihrem Zentrum ein Schwarzes Loch befindet, das mit der Zeit noch größer werden kann, da es alles in seiner Reichweite verschluckt. Und tatsächlich – wenn sich erst einmal irgendwo ein einziges Schwarzes Loch gebildet hat, dann ist das Schicksal seiner Umwelt besiegelt: Wenn es ihr nicht gelingt, schnell zu fliehen, dann verschwindet die gesamte Materie und endet in Gravitationsstrahlung. Ein solches Schicksal ereilt uns wohl nicht so bald, wenn sich das Schwarze Loch in einer anderen Galaxis befindet, aber das zentrale Schwarze Loch in unserer eigenen Galaxis unterdrückt seine Gier vielleicht nicht so lange. Wenn sich Quasare so rasch und zahlreich bilden können, wie es Anschein hat, dann bleibt der Milchstraße vielleicht gerade noch eine Lebensdauer von 10 Milliarden Jahren. Das hört sich beruhigend an, aber wir müssen uns darauf einrichten, daß wir bis dahin unsere Galaxis verlassen haben müssen, um an anderer Stelle im Universum Sicherheit zu finden. Vielleicht passiert die Katastrophe schon viel früher.«

Schließlich könnte das gesamte Universum von einem Schwarzen Loch aufgesogen werden. So erzählt die Geschichte unseres Universums »von gewaltsamen Handlungen und bösen Vorzeichen, von ungeahnten Schrecken und Geheimnissen«, wie John Taylor ausdrücklich bemerkt, »die erst noch erforscht werden müssen. Und über allem schwebt die Drohung, letztlich doch unterzugehen – entweder in einem Schwarzen Loch in allernächster Nähe oder durch eine Katastrophe, bei der das ganze Universum in einem Schwarzen Loch versinkt.«

So läuft also nach John Taylor das Schicksal des physikalischen Universums auf eine Katastrophe hinaus, so enthüllen sich die Schwarzen Löcher als eine Art Todeskeime der Galaxien, auch wenn sie vielleicht als Tore zu anderen Orten und zu anderen Zeiten verstanden werden können, wie Carl Sagan in »Nachbarn im Kosmos« meint.

Zwar glaubt auch Carl Sagan, daß die Galaxien, auch unsere, von den Schwarzen Löchern – von den Gravitationszentren riesiger erloschener Sterne – wie ein Emmentaler Käse durchzogen sein könnten (S. 208). Aber diese Schwarzen Löcher könnten auch, wie eben erwähnt, »Tore zu entfernten Galaxien und zu entfernten Epochen sein. Sie könnten den Weg durch Zeit und Raum verkürzen. Wenn es im Gefüge des Raum-Zeit-Kontinuums tatsächlich derartige Löcher gibt, dann besteht gar kein Zweifel, daß sich Raumschiffe ihrer bedienen können, um durch Raum und Zeit zu reisen.« (S. 209)

Und schließlich meint Carl Sagan: »Der Tod der schweren Sterne schafft möglicherweise die Voraussetzungen zum Überschreiten der gegenwärtigen Grenzen von Raum und Zeit, macht dem Leben vielleicht das gesamte Universum zugänglich und vereint – im wahrsten Sinne – den Kosmos.« Aber auch diese Deutung der Schwarzen Löcher, die Carl Sagan entwikkelt, entkräftet nicht ihre eminente Gefährlichkeit, und zwar in kosmischen Dimensionen, auf die vorhin so nachdrücklich John Taylor hingewiesen hat.

Aber nicht nur diese Schwarzen Löcher können zum Untergang und zum Tod ganzer Galaxien, schließlich unseres Universums überhaupt führen, sondern es gibt wahrscheinlich eine Reihe von Galaxien, die kein Leben entwickeln können. Dazu zählt man jene Galaxien, welche eine typisch ellipsenhafte Form aufweisen. Leben ist nur in jenen Galaxien denkbar, die spiralförmige Strukturen besitzen, wie etwa unsere Galaxis. Der Grund besteht darin, daß sich in den sogenannten elliptischen Galaxien, die keine Spiralstrukturen entwickeln konnten, überalterte Sterne befinden, die fast nur aus reinem Wasserstoff bestehen, ohne spektroskopisch nachweisbare Mengen von anderen, schweren Elementen zu besitzen (vgl. Hoimar von Ditfurth, »Kinder des Weltalls«, 1970, S. 282).

Die Vorstellung, daß es also ganze Galaxien von unermeßlichen Räumen gibt, welche praktisch einzigartige kosmische Totenfelder darstellen, ist ungeheuerlich! Immerhin sollen jedoch 60 Prozent aller Galaxien Leben entwickeln.

Doch abgesehen von diesen gewaltigen galaktischen Totenfeldern gibt es eine Reihe von Galaxien, die sich nachweisbar im Stadium der Explosion, also in einem Zustand eminenter katastrophaler Prozesse befinden, wobei stets zu bedenken ist, daß wir in jeder sozusagen »lebenden Galaxie« Millionen planetoider Sozietäten und galaktischer Kulturen annehmen müssen.

So befindet sich z. B. die Galaxie M 82 in einer Explosion von einem geradezu ungeheuerlichen Ausmaß. Diese Explosion erfolgte vor mehr als 10 Millionen Jahren. Die dabei freiwerdende Energie ist, wie der Direktor der Lübecker Sternwarte, Dr. von der Osten-Sacken erklärt, etwa so groß wie die Strahlungsenergie unseres gesamten Milchstraßensystems in einem Zeitraum, der mehr als 100 000 Jahre (10^{57} erg) umfaßt. Die Masse der ausgeschleuderten Materie kann auf 5,6 Millionen Sonnenmassen geschätzt werden.

Eine noch stärkere Explosion muß sich in der Galaxis M 87 ereignen. Diese Galaxis befindet sich innerhalb eines Feldes von vielen anderen Galaxien im Sternbild der Jungfrau.

Die Galaxis NGC 5128 läßt wieder darauf schließen, daß sie nicht nur explodiert, sondern sich auch in Kollision mit einer anderen Galaxis befindet.

Solche ungeheuren Explosionen von großen Galaxien zählen im Universum keineswegs zur Ausnahme, sie dürfen eher die Regel bilden. Isaac Asimov vertritt in seinem 1967 erschienenen Buch »Weltall ohne Grenzen« die Ansicht, daß die Explosion von Galaxien häufige Zustände darstellen. »Dann aber hat praktisch jede Galaxie die Chance, in eine solche Situation zu geraten«, wie Eisenhuth/Haffner in ihrem kosmischen Bildatlas »Das Weltall im Bild«, 1967 veröffentlicht, meinen. Und Peter von der Osten-Sacken bemerkt in seinem 1971 veröffentlichten Buch »Kosmos plus-minus« zu diesem Problem auch mit Hinblick auf unsere Milchstraße: »Solche riesigen Explosionen scheinen im Weltall öfters vorzukommen. Es drängt sich dabei die Frage auf, ob auch im Kern unseres Milchstraßensystems eine ähnliche Explosion stattfand oder in Zukunft stattfinden könnte und welche Auswirkungen das auf die Erde hätte. Daß der Kern unserer Milchstraße recht aktiv ist, scheint tatsächlich erwiesen zu sein. Auch, daß in früheren Zeiten die Aktivität in einigen Perioden größer war als gegenwärtig, kann angenommen werden. Eine Voraussage zu machen, ist uns aber zur Zeit nicht möglich. Sollte es einmal zu einer Explosion dieser Art kommen, so wären mit Sicherheit katastrophale Änderungen auf unserem Planeten die Folge. Einen ›Weltuntergang‹ – auch für die Menschheit – braucht das aber nicht zu bedeuten. Es ist übrigens durchaus möglich, daß der Milchstraßenkern gegenwärtig explodiert.«

1970 veröffentlichte nämlich Joseph Weber in einer wissenschaftlichen Zeitschrift einen Bericht über »Experimente mit Gravitationsstrahlungen«. Darin erklärte er, daß er Wellen von Gravitationsenergie aufgefangen hätte, die vom dichten Teil der Milchstraße, also von ihrem Kern, herkommen. Dieser Bericht überraschte und beunruhigte die Kosmologen, denn »nur Ereignisse von ungeheuerlicher Gewalt«, wie der englische Schriftsteller und Fachjournalist Adrian Berry dazu bemerkt, »könnten solche Wellen hervorbringen. Man schloß daraus, daß ganze Sterne zerstört wurden und völlig aus dem Universum verschwanden, in Schwarze Löcher hinein, wie man sie nun nannte.« (Adrian Berry, »Die große Vision«, 1975, S. 155)

Über die Ursache von Explosionen ganzer Galaxien entwarf nun der britische Astronom Geoffrey Burbidge eine interessante These. Burbidge meint, daß diese Prozesse plötzlicher Einwirkung von außen, die zur Explosion von Sonnen führen, auf natürliche Weise in den Strukturen mancher Galaxien auftreten, und zwar dort, wo die Sonnen besonders dicht zusammengedrängt sind (vgl. G. R. Burbidge, »Galactic Explosions as Sources of Radio Emission«, in »Nature« vom 17. 6. 1971).

Auch Carl Sagan und Josef Schklowski vertreten in ihrem 1966 gemeinsam veröffentlichten Buch »Intelligent Life in the Universe« diese Theorie. Auch sie meinen, daß explodierende Sterne auch die benachbarten Sterne sprengen und damit eine Kettenreaktion auslösen könnten, ähnlich wie bei einer atomaren Kernexplosion, bei der die Atomkerne zertrümmert werden. Eine Kettenreaktion explodierender Sonnen, ausgelöst durch atomare Kettenreaktionen von Supernovae in ihrem Inneren.

Supernovae-Ausbrüche aber zählen, wie Peter von der Osten-Sacken ausdrücklich bemerkt, zu den grandiosesten Ereignissen im Universum. »Auch hier findet ein plötzliches Aufleuchten eines Sternes statt«, wie er dann schreibt, »doch ist die ausgestrahlte Energie 1000- bis 10 000mal größer als bei einer Nova. Sie ist etwa gleich der, die die Sonne im Laufe von mehreren Milliarden Jahren aussendet (etwa 10^{49} erg). Bei der Explosion werden beträchtliche Massen mit Geschwindigkeiten von etwa 10 000 km/sec abgestoßen. Supernovae-Ausbrüche sind viel seltener als die Nova-Erscheinungen. In unserem Milchstraßensystem sind vermutlich zuletzt in den Jahren 1572 und 1604 Supernovae gesehen worden.«

Zum Verständnis der sogenannten Novae oder »Neuen Sterne« sei hier ergänzend bemerkt, daß man manche Sonnen beobachtet, die im Laufe von wenigen Stunden ihre Strahlung um 10 bis 13 Größenklassen, also um das 10 000- bis 150 000fache vergrößern. Auch hier handelt es sich also um katastrophale Ereignisse, um Explosionen auch in unserer Milchstraße.

Durchschnittlich sind pro Jahr etwa 20 Novae zu beobachten. Die Explosionen der Supernovae aber übertreffen noch, und zwar in gewaltigen Ausmaßen, die Explosionen der Novae. Die sogenannte Seyfert-Galaxie befindet sich nun anscheinend im Zustande einer geradezu zerschmetternden Explosion, »vielleicht verursacht durch Kettenreaktionen von Supernovae in ihrem Inneren«, wie Adrian Berry meint (in: »Die große Vision«, S. 250).

Nicht nur Galaxien, sondern auch Sonnen explodieren. Zuerst gehen sie nach verhältnismäßig kurzer Zeit in »Rote Riesen« über, die sich unter Ausbrüchen gewaltiger Materiewolken dann in Pulsare oder Neutronensterne verwandeln. Auch unserer Sonne steht das Schicksal bevor, ein solcher Roter Riese zu werden, beträgt doch ihre gesamte kosmische Lebenszeit etwa 10 Milliarden Jahre. Davon hat sie ungefähr die Hälfte ihres Lebens, nämlich 4,5 Milliarden Jahre, hinter sich gebracht. In etwa 5 Milliarden Jahren wird sie auch zu einem Roten Riesen werden. Dann wird unsere Sonne so gewaltig anschwellen, daß sie sich über den ganzen Horizont hin erstreckt. Während sie sich ausdehnt, wird sie die Planeten Merkur und Venus, vielleicht aber auch die Erde, deren Oberfläche sie wahrscheinlich tangieren wird, in sich reißen. Schließlich wird von unserem Sonnensystem fast nichts mehr übrigbleiben als »ein sich langsam schwärzlich verfärbender Überrest«, wie Robert Jastrow vom Goddard Institute for Space Studies meint.

Der russisch-amerikanische Astrophysiker George Gamov wieder glaubt, die Explosion der Sonne könnte auch viel früher und überraschend plötzlich erfolgen. Dann nämlich, wenn sie in eine der durch das Universum treibenden interstellaren Gaswolken gerät. In diesem Falle würde sie in einer ungeheuerlichen Leuchtkraft, charakteristisch auch für eine Nova, explodieren und die Erde wie die anderen Planeten des Sonnensystems zum Schmelzen bringen.

Allerdings stellt diese spontane solare Apokalypse einen Ausnahmefall dar. Eher ist anzunehmen, daß vielleicht, wie Jastrow glaubt, die Menschen noch in der Lage sein werden, das Aufblähen der Sonne zu einem Roten Riesen von der Erde aus zu beobachten. Sie werden dann vielleicht Gelegenheit haben zu fliehen. Jastrow meint zu dieser Möglichkeit: »Vielleicht wird um diese Zeit Jupiter eine geeignete Zufluchtstätte für uns sein. Noch wahrscheinlicher ist es, daß wir in einen anderen Teil der Galaxis geflohen sein werden.« (Zit. aus Daniel Cohen, »Weltuntergang«, 1974, S. 203)

Die Voraussetzung für diese Flucht zum Planeten Jupiter oder in einen anderen Teil der Galaxis ist jedoch, daß die Menschheit ungemein lange zu existieren vermag. Hier ist daran zu erinnern, daß nach der Theorie des deutschen Astronomen Sebastian von Hoerner die planetoiden Sozietäten voraussichtlich eine durchschnittliche Lebenszeit haben, die sich zwischen 1000 Jahren als Minimum bis zu 100 Millionen Jahren als Maximum bewegt. Julian Huxley aber meint dagegen: »Der Mensch, der das Ereignis von zwei Milliarden Jahren biologischer Evolution ist, ist noch sehr jung. Er hat voraussichtlich eine ebenso große oder noch größere Zeitspanne vor sich.«

Abgesehen von den pausenlosen, oft sehr erfolgreichen Vernichtungskriegen der Menschen gegeneinander und abgesehen von den möglichen großen Untergängen kosmisch-esoterischer Kulturen, wie es vielleicht einst Atlantis oder Lemuria gewesen sein mochten, waren und sind es die sogenannten »Polsprünge«, die Umpolungen des irdischen Magnetfeldes, welche wahrscheinlich tief in die Evolution des irdischen Lebens eingreifen und welche auch weiterhin die Menschheit bedrohen.

In den letzten 76 Millionen Jahren hatten nicht weniger als 170 Polsprünge stattgefunden. Und »es gibt«, wie Hoimar von Ditfurth dazu bemerkt, »nicht den leisesten Grund für die Annahme, daß dieser Rhythmus ausgerechnet in unserer Epoche etwa zum Stillstand gekommen wäre. Im Gegenteil, alles spricht dafür, daß auch in Zukunft ein Polwechsel auf den anderen folgen wird.« (In: »Kinder des Weltalls«, S. 254) Russische Wissenschaftler, welche die Rhythmik des Polsprunges untersuchten, stellten fest, daß diese immer hektischer, also in kürzeren Abständen erfolgt. In den letzten 20 Millionen Jahren lag noch der durchschnittliche Abstand zwischen zwei Polsprüngen bei 250 000 Jahren, wobei in einigen Einzelfällen der Abstand nur noch 10 000 Jahre beträgt. Das bedeutet: Der nächste Polwechsel kann also auch in absehbarer Zeit erfolgen. Mit einem solchen Polwechsel aber sind für die Menschheit unvorstellbare Katastrophen und kontinentale Verschiebungen verbunden.

Wir haben jedoch nicht nur mit wahrscheinlich sehr häufigen Apokalypsen von planetoiden Sozietäten, mit den Apokalypsen ganzer Sonnensysteme, mit den geradezu unvorstellbaren Apokalypsen ganzer Galaxien, sondern auch mit der Apokalypse des Universums zu rechnen.

So behaupteten im Jahre 1971 der italienische Astronom Dr. B. Bertotti vom ESRO (Europäische Raumfahrtbehörde) in Rom und Dr. A. Cavaliere vom Massachusetts Institute for Technology, daß es im Kern unserer Milchstraße und auch im Kern anderer Galaxien gewaltige Traubenansammlungen unsichtbarer, verdichteter »Sternleichen« gibt, die einander in rasender Geschwindigkeit umkreisen. Diese Bewegungen der Schwarzen Sonnen führen zu Zusammenstößen, welche Schwerewellen erzeugen. »Die beiden Wissenschaftler kommen«, wie der deutsche Autor Johannes von Buttlar weiter meint, »zu dem beunruhigenden Ergebnis, daß die Stärke der Schwerewellen, der Menge der dafür verantwortlichen unsichtbaren Sternanhäufungen gegenübergestellt, 98% verbrauchter Sternmaterie ergibt. Die übrigen 2% stellen somit die traurigen Überreste eines ursprünglich stattlichen Sternbestandes dar. Und damit läge das Universum in den letzten Zügen.« (Zit. n. Johannes von Buttlar, »Schneller als das Licht. Von der grenzenlosen Möglichkeit des Menschen«, 1972, S. 182)

So zeigt sich wieder, wie sehr der Mensch nicht nur dem Katastrophencharakter des Universums, der Galaxien und der Sonnensysteme eingeschlossen ist, sondern auch, daß seine eigene Entwicklung, die ihn zu dem führte, was wir heute als Mensch bezeichnen, dem pantragischen Moment des Universums verbunden ist.

In diesem Sinne meinte Carl Sagan u. a.: »Und doch sind die Neutronensterne und Supernovae-Explosionen auf andere und weitaus tiefgreifendere Weise mit dem Leben des Kosmos verbunden. In einer Supernova-Explosion werden riesige Mengen von Atomen von der Oberfläche des Sterns mit sehr großer Geschwindigkeit in den interstellaren Raum geschleudert.« Und: »Manche kosmische Strahlen durchdringen das genetische Material der Lebensformen auf der Oberfläche unseres Planeten. Diese zufälligen, unvorhersehbaren Treffer dieses kosmischen Bombardements rufen Veränderungen hervor, Mutationen im Erbmaterial. Mutationen sind Abweichungen vom Entwurf, von den ererbten Instruktionen, die in unseren sich selbst reproduzierenden Molekülen enthalten sind. Es ist zwar unwahrscheinlich, daß sich Leben unter dem Einfluß eines zufälligen Strahlenbombardements verbessert – die meisten Mutationen sind schädlich, aber kleine einzelne Mutationen, die eine Verbesserung darstellen, liefern die Grundlage für den evolutionären Fortschritt. Ohne Mutationen befände sich das Leben bald in einer Sackgasse. Somit steht das Leben, wenn auch auf andere Art, in engem Zusammenhang mit den Sternen. Dank der Paroxysmen sterbender Sterne, viele, viele tausend Lichtjahre entfernt, gibt es den Menschen.« Daher gelangt Carl Sagan zu dem Schluß: »Wir sind aus Sternenmaterial geschaffen, und der Mensch ist jenes Wesen aus kosmischer Materie, das über sich selbst nachdenkt.« (Zit. n. Carl Sagan/Jerome Agel, »Nachbarn im Kosmos«, S. 207, 155 und S. 203)

So verdankt also der Mensch – nach der Ansicht von Carl Sagan – seine Existenz dem eminent tragisch kosmischen Phänomen sterbender Sterne.

Wie auch immer, so zeigt sich aber gerade durch die Kosmologie und durch die modernen Naturwissenschaften, daß das galaktische und universale Sein von eminent tragischen bzw. pantragischen Momenten bestimmt wird. Mit anderen Worten: Es ist undenkbar, daß dieses galaktische und universale Sein, so wie es sich uns immer mehr enthüllt, als eine vollkommene Schöpfung zu denken ist, geschweige denn als eine Schöpfung, die etwa aus der unvorstellbaren, herrlichen und von Liebe bestimmten Schöpfungsmacht des Göttlichen hervorstrahlt. Andererseits sind jedoch ebenso eminente Ordnungsbewegungen, erfaßbar durch die Mathematik und durch die Physik in bestimmten Bereichen, wie aber auch ebenso eminent großartige Entwürfe und Konzeptionen, wenn auch oft verzerrt, ebenso unleugbar erkennbar.

Die Dialektik zwischen dem panlogischen und dem pantragischen Moment im galaktischen und universalen Sein ist also nicht zu übersehen, sie ist grundlegend. Die Spannung zwischen These und Antithese ist jedoch so eminent, geradezu so leidenschaftlich, daß sie eine ebenso eminente und leidenschaftliche Synthese fordert, zu der hin diese Spannung mit einer Sehnsucht ohnegleichen drängt. Diese Synthese besteht in dem demiurgische Potenz gewordenen galaktischen und universalen Bewußtsein.

Diese Synthese wird von der Transformation des galaktischen Seins in ein höheres Sein bestimmt, bewirkt durch geistrevolutionäre, durch demiurgische Akte, eben durch die Revolution des galaktischen und universalen Seins.

7.
Die Entfaltung der dreifachen Revolution

Das galaktische Bewußtsein, wesentlich der Dialektik des galaktischen Seins verbunden, drängt zu einer Synthese, drängt in diesem Sinne zur Entfaltung, zur Methodik einer dreifachen Revolution.

Diese Revolution führt unsere Menschheit, ausgehend von einem planetoiden Bewußtsein, zu einer Entwicklung weiterer Sozietätsformen, nämlich zur Bildung einer solaren und schließlich zur Bildung einer galaktischen Sozietät, die sich dann in einer demiurgischen Elitesozietät vollenden könnte.

So lange man der Ansicht sein durfte, daß das Universum ein Kosmos ist, war das Gefühl der Ehrfurcht vor dem Schöpfungsereignis und dem Schöpfungsraum, bestimmt durch eine heilige göttliche Ordnung, verständlich. Seit wir aber erkennen müssen, daß das Universum keineswegs ein Kosmos, also eine in sich vollkommen geordnete und sittliche wie geistig vollendete Schöpfung darstellt, sondern unübersehbare und entscheidende pantragische Dimensionen aufweist, wie auch zweifellos Konzeptionen des Panlogischen, die im Sinne der Philosophie von Leibniz auch das Göttliche erkennen lassen, sind wir mit der fortschreitenden Bewußtwerdung sittlich verpflichtet, dieses galaktische und universale Sein einer Transformation zuzuführen. Wir sind dazu sittlich verpflichtet, weil das konkrete galaktische Sein, eben so wie es ist, der sittlichen Würde und der Geistigkeit der galaktisch-personalen Wesen widerspricht.

Diese sittliche Verpflichtung besteht besonders dann, ist man von der Ebenbildlichkeit des Göttlichen überzeugt, das zutiefst die Geistnatur jedes galaktisch-personalen Wesens mitbestimmt, wobei das Göttliche selbst in seiner höchsten Würde und Sittlichkeit wie in seiner größten Liebe und geistigen Herrlichkeit vorzustellen ist.

Seitdem wir die ungeheuerliche Tragik wie die Katastrophentendenz des Universums, vor allem auch seiner galaktischen Strukturen erkannt haben, sind wir verpflichtet, das Universum, zumindest in gewissen Teilbereichen, zu transformieren, sind wir dazu aufgerufen, die demiurgische Revolution des galaktischen Seins durchzuführen. Jene Revolution, auf die hin – wie wir erst jetzt erkennen – das gesamte galaktische Leben und Bewußtsein, wie vor allem die galaktische Geistigkeit, angelegt erscheinen.

Durch diese künftige revolutionäre Demiurgie, die zugleich auch als letzte Konsequenz der messianischen Erlösungsidee zu begreifen ist, und zwar in galaktischen und universalen Dimensionen, haben wir zu einem höheren Sein, zu einem eben metagalaktischen Sein vorzustoßen.

Das aber bedeutet, wir haben die bisher bestehende, wenn auch bereits problematisch gewordene Einheit zwischen Mensch und Natur, zwischen Menschheit und Galaxis aufzubrechen! Wir haben sie allerdings nicht ehrfurchtslos zu zerstören, sondern zu transformieren. Wir haben in diesem Sinne das gegebene konkrete Sein zu verwandeln.

Und wir haben diese Transformation nicht in einem gleichsam hochmütig luziferischen, sondern in einem gleichsam heiligen demiurgischen, auch in einem sozusagen franziskanischen Geiste durchzuführen. Denn eben weil wir das galaktische und universale Sein lieben als ein vorgegebenes Sein, haben wir es aus seiner inneren Problematik und Dialektik zu erlösen und der Vollendung entgegenzuführen.

Es erscheint also wesentlich, bereits an diesem Punkte dieser Darlegungen zu erkennen, daß jene künftige Sozietätseinheit, welche diese Transformation durchzuführen haben wird, nämlich die Demiurgen, nicht als jene besessenen Titanen zu sehen sind, die beim Versuch, den Olymp zu stürmen, Steinblöcke gegen den höchsten Gott schleuderten, sondern *diese Demiurgen sind auch als die großen kommenden Heiligen eines künftigen galaktischen Geistes der Wandlung, Erlösung und Neuschöpfung zu begreifen. Zugleich aber sind diese künftigen Demiurgen auch als die höchsten überhaupt nur vorzustellenden Wissenschaftler, auch als die »Meister«, als die größten Künstler des gesamten geist-galaktischen und auch universalen Wissens zu verstehen.*

Wir – nicht nur unsere Menschheit allein, sondern auch noch die Eliten von »n« anderen planetoiden Sozietäten – haben daher bewußt Demiurgen, Schöpfer einer neuen Wirklichkeitsdimension des galaktischen Seins zu werden. Eines neuen Bereiches, vielleicht sogar auch eines neuen Universums, in Integration zu schon vorhandenen geistigen und göttlichen Potenzen.

Denn niemals haben wir uns, einmal zur entscheidenden Erkenntnis unserer sittlichen Reife und unserer geistigen Würde und demiurgischen Potenzen erwacht, mit Tod, Leid und Schmerz wie Elend und Not wie mit den katastrophalen Prozessen galaktischen und universalen Seins abzufinden. Daher vollendet sich die Revolution des Menschen, die zu einer Revolution der Gesellschaft führt, in einer Revolution des galaktischen Seins.

Daher vollendet sich die Revolution des Menschen in der künftigen Existenz eines galaktisch-demiurgischen Menschen. Daher vollendet sich die Revolution der Gesellschaft in der Errichtung einer künftigen Elitesozietät, die allerdings fern jeder Klassenherrschaft zu denken ist. Und daher vollendet sich die Revolution des galaktischen Seins in einem einzigartigen revolutionären Akt galaktisch-demiurgischen Bewußtseins und Geistes.

In dieser weit in die Zukunft weisenden Perspektivität ist

auch eine sehr entscheidende Synthese zwischen Hegel und Marx zu erkennen: Die Lehre von Karl Marx wendet sich gleichsam der horizontalen Entfaltungsdimension zu. In diesem Sinne zielt sie, die Unterdrückung des Menschen und die Versachlichung des Subjekts bzw. die Überwältigung des Subjekts durch das Objekt beendend, durch die Konzeptionen neuer gesellschaftlich-ideologischer Strukturen letztlich auf die Aufhebung der Geschichte. Das heißt, sie erstrebt, ihrem eigenen Anliegen entsprechend, das Freiwerden des Menschen und der Gesellschaft vom Schicksal der Geschichte bzw. von dem Schicksal, das sich in der Geschichte der Menschheit in bestimmten repressiv-ökonomischen Strukturen einkonzentriert hat.

In diesem Zusammenhang aber darf bemerkt werden: Keinen Begriff, kein Ereignis lehnt die »Galaktische Philosophie« so radikal ab wie den des »Schicksals«. *Eines der Hauptanliegen der »Galaktischen Philosophie« besteht eben auch darin, das, was wir Schicksal nennen – in welcher Art und Weise auch immer – zu erkennen, um es auszulöschen. Anstelle des Schicksals aber verkündet die »Galaktische Philosophie« die absolute Freiheit der absolut kreativen Potenz des künftigen galaktisch-demiurgischen Menschen.* Da aber das Schicksal, was wir so nennen, auch weitgehend mit dem galaktischen Sein verbunden ist, hat dieses auch aus diesem Grunde aufgelöst zu werden. Aber auch die meta-galaktischen Wurzeln des Schicksals, sollte es solche geben, werden ausgerissen und durch die absolute kreative und letztlich demiurgische Potenz der nun absolut frei gewordenen galaktisch-personalen Wesen ersetzt.

Die Weltphilosophie Hegels aber – für den überdies die Französische Revolution das Aufleuchten der wahren, sich selbst setzenden Freiheit gewesen ist – erkennt den Fortschritt in der Proklamation des Weltgeistes als Weltprinzip und bezeichnet somit die Perspektivität einer vertikalen Entfaltungsdimension.

Beide Komponenten, die Hegels wie die von Marx, bewegen

sich jedoch, einander in ihren wesentlichen Tendenzen doch ergänzend, der vorhin erwähnten Synthese einer galaktischen Revolution entgegen. Und zwar in dem Sinne, daß die Gesellschaft und jeder Mensch zu ihr neu, das heißt frei von Objekten welcher Art auch immer, zu entwickeln ist, damit der Mensch und die neue Gesellschaft, der er eingeschlossen ist, fähig werden, das Prinzip des Weltgeistes zu verwirklichen. Dieser aber zielt auf die Transformation des galaktischen Seins.

Ferner ist in diesem Zusammenhang auch daran zu erinnern, daß einer der Ausgangspunkte, die zu einer demiurgischen Revolution des galaktischen Seins führen, in der Vorstellung von Karl Marx über das Wesen der Arbeit liegt. Hier ist vor allem an seine Idee zu denken, daß der Mensch durch die Arbeit seine Natur verwirklicht. Das bedeutet jedoch zugleich umgekehrt – wie gefolgert werden kann –, daß die Arbeit auch zur Offenbarung der menschlichen Natur führt. Und das bedeutet in weiterer Konsequenz und in der Perspektivität der »Galaktischen Philosophie«, daß erst die »höchste Arbeit«, nämlich die Transformation des galaktischen Seins, zur höchsten Entfaltung der menschlichen Natur, nämlich zur Offenbarung seiner demiurgischen Natur, führt. In diesem Sinne ist also Arbeit zweifellos als die zweckmäßige und schöpferische Aneignung der Welt, des Seins bzw. des galaktischen Seins zu erkennen.

Diese schöpferische Aneignung des Seins vollendet sich nun in der demiurgischen Revolution, das heißt in der bewußt gewollten und daher auch bewußt bewirkten Verwandlung des galaktischen Seins bzw. des universalen Seins in ein höheres Sein, in ein herrlicheres Universum, eben in einen Kosmos.

Dahin aber drängt auch die fortschreitende Entwicklung der Materie, ihrer physikalischen, universalen und sonstigen Prozesse, die sich ab Albert Einstein und Langevin auch als Prozesse der Energie enthüllen. Dahin aber drängt die Erforschung der materiellen Strukturen, auch in dem Sinne, daß sie eine der Materie sozusagen zugrunde liegende, in ihr allerdings auch eingebundene, eminente Intelligenz enthüllen, die nach

Befreiung drängt. Befreit durch die galaktisch-personalen Wesen, befreit in diesem Sinne auch durch den Menschen.

Mit aller Schärfe ist zu erkennen: Der Mensch bzw. die Menschheit, das galaktisch-personale Wesen bzw. die galaktischen Sozietäten sind der Aussage der »Galaktischen Philosophie« entsprechend auf den Höhepunkt aller geist-revolutionären Aktionen hingerichtet, letztlich auf die koordinierte konzentrierte Entfaltung aller diesem Sein eingeschlossenen demiurgischen Potenzen, deren Ziel die Transformation des galaktischen und universalen Seins bildet.

In diesem Sinne bezeichnet nun die Entwicklung der Menschheit zu einer Ganzheit, zu einer planetoiden Sozietät – politisch auch mit vorbereitet durch die UNO – den entscheidenden Ausgangspunkt.

Carsten Bresch, Professor für Genetik in Freiburg, charakterisierte diese neue Ganzheit einer künftigen planetoiden Sozietät in seinem 1977 erschienenen Buch »Zwischenstufe Leben. Evolution ohne Ziel?« als das »Monon«, als das alles in sich fassende »planetarische Riesenwesen«. Und er definierte es als einen »riesigen intellektuellen Organismus«, der alles in sich schließt. So meinte er auch: »Das Nachrichtensystem des Planeten ist das ›Nervennetz‹ des Monon. Pflanzen, Tiere, Bergwerke und Fabriken sind seine ›Organe‹, die Menschheit mit Museen, Theatern, Konzertsälen, Behörden, Bibliotheken, Computern und Gotteshäusern ist der alles steuernde Träger seines Wissens und Fühlens.« Und: »Wissenschaftlich formuliert ist das Monon das Resultat der abschließenden, alles umfassenden Integration der Evolution eines Planeten.« In diesem Monon wird – wie Bresch weiter meint – die individuelle Existenz des Menschen »eine heute unvorstellbare Steigerung erfahren« (S.250 u. 251).

So bildet diese planetoide Sozietät, die Carsten Bresch vom Begriff des Monon aus bestimmt erkennt, den Ausgangspunkt zu weiteren Entfaltungen in den galaktischen Ereignisraum hinein. Die große neue Phase der Evolution – von der bereits im geistigen Sinne der größte indische Philosoph unserer Zeit, Sri Aurobindo Gosh, sprach –, vor welcher der Mensch nun steht, ist nämlich nicht nur die, daß er das Divergenzereignis zwischen der apokalyptischen und der kosmisch-geistigen Konstante an sich erkennt, um dadurch fähig zu werden, die »apokalyptische Grenzschwelle« zu bewältigen, sondern diese große neue Phase der Evolution besteht vor allem darin, daß der Mensch auch fähig wird, sich in den galaktischen Ereignisraum einzubewegen, sich ihm nicht nur zu integrieren, sondern ihn letztlich demiurgisch zu transformieren bzw. in einen kreativen Schöpfungsbereich zu verwandeln.

Denn mit allem Nachdruck ist hier auch darauf hinzuweisen, daß das Universum keineswegs a priori jenen Charakter besitzt, an den etwa Teilhard de Chardin oder Carsten Bresch glauben, nämlich daß es sich letztlich aus sich heraus aus einem Chaos einem Kosmos zubewegt, in dem es sich zwangsläufig vollendet. Carsten Bresch meint nämlich: »Vom Chaos zu einem intellektuellen intergalaktischen Übermuster weist der Pfeil dieser Entwicklung, deren winziger Teil ein jeder von uns ist.« (S. 270) Diese Meinung dürfte das Wesen des galaktischen Seins nicht in seinen letzten Gründen sehen, das zutiefst von seiner Dialektik, von der Antithetik der panlogischen und pantragischen Konstante, bestimmt wird. Das Prinzip der Evolution fordert nämlich, um sich in seiner letzten Zielstrebigkeit verwirklichen zu können, das Prinzip der Revolution. Dieser Begriff aber ist stets mit einem eminent spontanen und dramatischen Geschehen, zugleich aber auch mit dem höchsten Offenbarungsereignis kreativen und letztlich demiurgischen Geistes verbunden.

Denn gerade das pantragische Moment, das diesem galaktischen Sein unübersehbar eingeschlossen ist, provoziert die evolutionäre Entfaltung zu entscheidenden Spontanaktionen, in denen überhaupt erst die Evolution kulminiert, nämlich zu revolutionären, kreativen Aktionen, welche das galaktische Sein demiurgisch verwandeln.

Das Chaos des Universums formt sich nämlich keineswegs zwangsläufig in einer fortlaufend aufsteigenden Linie zu einem Kosmos, sondern dieser Kosmos muß erkämpft, muß gewonnen werden, dieser Kosmos muß überhaupt erst durch den koordinierten Einsatz demiurgischer Potenzen von »n« planetoiden Sozietäten zum galaktischen und universalen Effekt gelangen. Auch ist hier zu betonen, daß die Transformation des galaktischen Seins nicht nur zur Vollendung dieses Universums, sondern auch vielleicht zu einem neuen und höheren Sein, damit aber zu einem neuen Wirklichkeitscharakter, zu einem neuen Universum führt. *Das alte Universum, pantragisch bestimmt, bildet zu diesem neuen Universum sozusagen etwas wie einen problematischen Vorentwurf.*

In diesem Sinne fordert die »Galaktische Philosophie«, ihres eminent kreativen Anliegens bewußt, nicht so sehr die Vollendung unseres gegenwärtigen, zutiefst problematischen und pantragischen Universums in einen Kosmos, sondern doch vor allem die geist-revolutionäre Verwandlung, Transformation hin zur Schöpfung eines künftigen Universums.

Eines künftigen Universums und eines ihm kongruenten Seins, das wesentlich durch die kreativen, durch die demiurgischen Potenzen von »n« galaktischen Sozietäten mitbedingt worden ist, und zwar in Integration hin zum Göttlichen.

So kann also zusammenfassend erkannt werden: Die demiurgische Revolution des galaktischen Seins, welche die Revolution des Menschen und der Gesellschaft vollendet, sieht einen ihrer Ausgangspunkte in der Vorstellung von Karl Marx über das Wesen der Arbeit.

In diesem Zusammenhang aber ist auch auf die Philosophie von Friedrich Nietzsche hinzuweisen, die bekanntlich in einer gewissen Dialektik hin zu Schopenhauer, später dann aber auch im Gegensatz zu Richard Wagner entwickelt wurde. Dem von Schopenhauer festgestellten pantragischen Moment, das sich seiner Ansicht nach in einem dumpfen und sinnlosen Weltwillen deutet, stellte Nietzsche bekanntlich die Idee eines dionysischen Übermenschen entgegen. Eines Menschen, den wir heute als einen der interessantesten Vorentwürfe zu einem künftigen Demiurgen erkennen können. Ein Vorentwurf, den dann allerdings Sri Aurobindo Gosh durch seine Philosophie, durch seine Lehre vom Integralen Yoga, hin zu einem geistigen Übermenschen kosmischen Bewußtseins vertiefte.

So ist also zu erkennen, wie sich das entscheidende Denken in der deutschen Weltphilosophie, nämlich in Hegel und Marx wie in Schopenhauer und Nietzsche und vorher schon in Ansatzpunkten bei Fichte und Schelling, in gewissen Aspekten dem Modell eines künftigen Demiurgen zubewegt, ohne allerdings die ganz besondere und einzigartige Bewußtseinsdimension dieses Demiurgen näher erkennen und bestimmen zu können. Das heißt jenes künftigen Menschen, der einmal fähig werden könnte, die Revolution des galaktischen Seins, zugleich die Transformation dieses Seins in ein höheres durchzuführen.

Nicht einen Augenblick darf jedoch vergessen werden, daß die Verwirklichung der hier erstmals proklamierten dreifachen Revolution nur von einer ganz bestimmten Voraussetzung aus wahrscheinlich wird. Diese besteht darin, daß unsere Menschheit ihre »apokalyptische Grenzschwelle« bewältigt. Das bedeutet, daß wir die Vernichtungstendenzen der Menschheit, die auch zu einem dritten Weltkrieg führen können, abgesehen von den anderen Gefahren, zu überwinden haben. Es sind überdies Bedrohungen, die wesentlich Inhalte und Visionen der sogenannten Apokalypse, das heißt der Geheimen Offenbarung des hl. Johannes, berühren bzw. an diese Prophetien denken lassen.

In diesem Sinne ist auch darauf hinzuweisen, daß unserer weltpolitischen Situation ein Aufmarsch zur Katastrophe, ein Aufmarsch zu einem gleichsam durch die Jahrhunderte systematisch vorbereiteten Kataklysma der Menschheit, ein *Aufmarsch zur Apokalypse* zugrunde liegt. Ein »Aufmarsch«, der überhaupt erst in unserer Gegenwart in allen seinen Dimensionen und Perspektiven erkennbar wird. Ein Aufmarsch, der sich auch in unterbewußten Massenpsychosen, in dem Drang zu

»Massenaufmärschen« zeigen könnte, wobei es offen bleibt, ob diese die stets mögliche Katastrophe sozusagen abwehren sollen oder ob sie diese Tendenz zum Apokalyptischen, zum Inferno des Unterganges zum Ausdruck bringen.

Es ist jedenfalls ein »Aufmarsch zur Apokalypse«, der mit der Entwicklung, Bildung und Spaltung des ursprünglichen christlichen Kernfeldes unmittelbar zusammenhängt. Ein Aufmarsch, der durch alle Jahrhunderte ab den ersten christlichen Urgemeinden, verbunden mit der entscheidenden Aufspaltung des christlichen Kernfeldes zwischen Rom einerseits und Byzanz andererseits, durch die gesamte Weltgeschichte bis zur Bildung der sogenannten *apokalyptischen Dialektik* zwischen Ost und West unserer Gegenwart, und zwar in weltpolitischen Dimensionen, führte.

Die in der Weltgeschichte sich vorbereitende Spaltung der Menschheit, der die Spaltung der Persönlichkeit vieler Menschen und zuletzt die Spaltung des Atoms irgendwie entspricht, wurde vor allem durch die Entdeckung der Spaltung des Atomkerns und durch die dadurch möglich gewordene Entwicklung der Atombombe bis zur höchsten Realität gesteigert. Inzwischen traten zu der Atombombe noch andere furchtbare Waffensysteme, die immer mehr perfektioniert wurden, ganz abgesehen von der Entwicklung chemischer Waffen.

Und die bisherige Globalstrategie, welche längst die Kontinentalstrategie abgelöst hat, wird durch eine bereits in Ausgangspunkten erkennbare Weltraumstrategie ergänzt, die mit einem Arsenal heute noch kaum vorstellbarer futuristischer Waffen geführt werden würde. In diesem Weltraumkrieg könnten dann Weltraumschiffe und Satelliten eingesetzt werden. Damit wurde aber eine bisher in der Geschichte der Menschheit noch niemals je vorher existente absolute Vernichtungsrealität geschaffen.

Kein geringerer als Albert Einstein präzisierte diese furchtbare Vernichtungsrealität, der eine ganz bestimmte Mentalität entspricht, die wieder selbst eine zum Apokalyptischen drängende Denkart zur Voraussetzung hat, mit den Worten: »Die entfesselte Gewalt des Atoms hat alles verändert, nur unsere Denkweise nicht. Und so gleiten wir auf eine Katastrophe zu, wie sie die Welt noch nicht gesehen hat.«

Und Konrad Lorenz, Nobelpreisträger, beurteilt unsere Situation noch pessimistischer, meint er doch, daß alles Bemühen zu spät kommt, denn »der Ruin ist unaufhaltsam«. Die Ursachen dieses Ruins sucht er in seiner Abhandlung »Die acht Todsünden der zivilisierten Menschheit«, 1973, aufzudecken. Diese Todsünden sind für ihn die Übervölkerung, die Verwüstung des Lebensraumes, der Wettlauf mit sich selbst, der Wärmetod des Gefühls, der genetische Verfall, das Abreißen der Tradition, die Indoktrinierbarkeit, verbunden der Uniformierung und schließlich die Aufrüstung der Menschheit mit Kernwaffen. Und jede dieser acht Todsünden stellt einen tiefen Eingriff, eine Funktionsstörung der Struktureigenschaften »lebender Systeme« dar, zu denen eben unsere Menschheit zählt.

Und Erich Fromm, Psychoanalytiker und Sozialphilosoph, der in seinem Buch »Anatomie der menschlichen Destruktivität«, 1977, grundsätzlich zwischen der defensiven Aggression einerseits, die der Erhaltung des Lebens bei Tier und Mensch dient, und einer destruktiven Lust am Quälen und Töten andererseits unterscheidet, die spezifisch menschlich ist (S. 20), erkennt diese Destruktivität vor allem in der »bösartigen Aggression«, in der »Nekrophilie«.

Dieser Begriff zur Bezeichnung eines Charakterzuges des Menschen und nicht einer perversen Haltung (Geschlechtsverkehr mit Leichen) wurde erstmals von dem spanischen Philosophen Miguel de Unamuno 1936 benützt, der einen Ausruf des spanischen Generals Millán Astray in der Universität Salamanca, wo der General eine Rede hielt, »Es lebe der Tod!« als nekrophil und sinnlos brandmarkte (S. 372). Erich Fromm selbst versteht nun unter dem Begriff »Nekrophilie« »das Sichangezogenfühlen von allem, was tot, verfault, leblos und rein mechanisch ist« (S. 27), ein Gefühl, das in einem immer stärkeren Maße zunimmt.

Erich Fromms Buch will nun das Wesen dieser nekrophilen Leidenschaft – und Adolf Hitler erscheint ihm geradezu als ein klinischer Fall der Nekrophilie (S. 415) – und die sozialen Bedingungen sichtbar machen, die es ermöglichen. »Die Schlußfolgerung ist«, wie Erich Fromm meint, »daß Abhilfe in einem umfassenden Sinne nur durch radikale Veränderungen unserer gesellschaftlichen und unserer politischen Struktur möglich ist, Veränderungen, die dem Menschen seine beherrschende Rolle in der Gesellschaft wiedergeben.« Und: »Wir müssen die Bedingungen dafür abschaffen, daß die Entwicklung des Menschen, jenes unvollendeten Wesens – wie es einzig in der Natur vorhanden ist –, zum obersten Ziel aller sozialen Bestrebungen gemacht wird. Echte Freiheit und Unabhängigkeit und das Ende aller Formen ausbeuterischer Herrschaft könnten die Liebe zum Leben wirksam werden lassen, jene Kraft, die allein die Liebe zum Tode besiegen kann.« (S. 27)

Fromm selbst bekennt sich schließlich zu der Position »eines rationalen Glaubens an die Fähigkeit des Menschen, sich aus dem scheinbar verhängnisvollen Netz der Umstände, das er selbst geschaffen hat, zu befreien. Es ist die Position all jener, die weder ›Optimisten‹ noch ›Pessimisten‹, sondern ›Radikale‹ sind, die den rationalen Glauben an die Fähigkeit des Menschen haben, der endgültigen Katastrophe entrinnen zu können.« (S. 490)

Aber die Liebe zum Tode, die allein durch die Liebe zum Leben besiegt werden kann, wie Erich Fromm meinte, wurzelt zutiefst in der mehr oder weniger bewußten Ahnung der Unzulänglichkeit, der Problematik, zuletzt des ontologischen Skandals dieses Seins. Und eine Liebe zum Leben kann daher nur dann sieghaft wirksam werden, wenn diese Liebe zum Leben nicht wieder im Katastrophalen, Sinnlosen und im Tode endet, sondern wenn das Sein in seinem Wesen transformiert wird.

Eine Transformation, welche durch die Demiurgie bewirkt wird. Und in diesem Zusammenhang erscheint es nun besonders interessant, daß Erich Fromm in den beiden entscheidendsten Leidenschaften, die seiner Ansicht nach den Menschen bestimmen, nämlich Liebe und Destruktivität, Grundkeime künftiger demiurgischer Entwicklung erkennt, die – so ist anzunehmen – entweder hin zur Integration zum Göttlichen oder hin zum Dämonischen führen. Erich Fromm schreibt, ohne allerdings den Begriff des Demiurgischen auch nur zu erwähnen, ihn aber dennoch erfassend, u. a.: »Die menschlichen Leidenschaften verwandeln den Menschen aus einem bloßen Gegenstand in einen Helden, in ein Wesen, das gewaltigen Hindernissen zum Trotz seinem Leben einen Sinn zu geben versucht. Er will sein eigener Schöpfer sein, sein Nicht-fertig-Sein umwandeln in ein Sein, das ein Ziel und einen Sinn hat...« (S. 26)

Hier – eben in dem entscheidenden Moment, daß nämlich der Mensch »sein eigener Schöpfer« werden will, liegt das Wesen, das jeden Menschen zutiefst begründet, seine größte Sehnsucht, seine ontologische Leidenschaft, welche die Sehnsucht nach Liebe und nach Tod unendlich übertrifft. Das bedeutet in weiterer Konsequenz: Jeder Mensch, jedes galaktisch-personale Wesen wahrscheinlich, ist grundsätzlich auf seine Demiurgwerdung hin angelegt.

Das bedeutet weiter: Jeder Mensch, jedes galaktisch-personale Wesen will zuletzt göttlich, will Gott werden, um die ihm eigene Welt schaffen zu können. Denn jedem galaktisch-personalen Wesen dürfte sozusagen etwas wie eine »Bilderchromosomenreihe« – als Ergebnis von »n« Leben – innewohnen, die wieder in der zutiefst poetischen Dimension jedes Wesens begründet ist.

Jedes galaktisch-personale Wesen ist also daraufhin angelegt, einmal als Vollendung seiner Reife, die viele Wiedergeburten, viele Existenzen in vielen Wirklichkeiten umfassen mag, in Integration hin zum Geistigen und Göttlichen, wird dies bejaht, sein eigenes, ihm kongruentes Universum zu schaffen. Ein Universum, das dann seine eigene poetische Potenz eigenschöpferisch gestaltet. Jedes galaktisch-personale Wesen ist so verstanden als ein demiurgischer Keim zu begreifen und jede

Galaxis als ein Beet, dazu bestimmt, diese demiurgischen Samen zu entwickeln. Erst in der poetisch-kreativen Schöpfung dieses neuen Universums erfüllt und erlöst sich das ontologische Wesen, um letztlich seine absolute Seligkeit und Glückseligkeit zu finden, welche dann auch vielleicht die Schau des Letzten Einen einschließt.

Daraus ist in weiterer Konsequenz zu erkennen: Eine künftige Gesellschaft hat so aufgebaut zu werden, daß sie die Voraussetzungen zur zuletzt ontologischen Sinnerfüllung jedes Menschen – entsprechend seiner metaphysischen Existenzsituation – schafft. *Die künftige Gesellschaftsstruktur hat daher so entwickelt zu werden, daß sie die Entfaltung der demiurgischen Potenzen in sich steigerndem Maße ermöglicht.* Das bedeutet praktisch, daß die Entfaltung der kreativen Potenzen der Menschen konzentriert bereits ab dem frühesten Kindesalter einzusetzen hat.

Ebenso ist in diesem Zusammenhang auch auf jene Kräfte hinzuweisen, welche bestrebt und entschlossen sind, die apokalyptische Grenzschwelle bzw. Prüfungsschwelle der Menschheit zu bewältigen bzw. zu überschreiten. Als Oswald Spenglers zweibändiges Werk »Der Untergang des Abendlandes« 1924 erschien, ist nicht nur unser kulturmorphologischer Instinkt, sondern auch das Wissen um die Untergangsdiagnostik entscheidend entwickelt worden. Konzentrierte Oswald Spengler seine Untergangsdiagnostik, alle Kulturen erfassend, zuletzt auf Europa, so weitete sie vielleicht mein Werk »Aufmarsch zur Apokalypse«, 1971 erschienen, zur Untergangsdiagnostik der gesamten Menschheit. Es stellte eine der gesamten Weltgeschichte als Möglichkeitsentwurf zugrunde liegende Tendenz fest, die sich zuletzt als eine reale Bewegung hin zur Selbstvernichtung der Menschheit, eben als ein »Aufmarsch zur Apokalypse« enthüllt, als eine Besessenheit zur Massenvernichtung, wie sie etwa auch die Lemminge auf ihrem bekannten Todesmarsch zum Meer vorantreibt, so lange und so weit, bis sie sich von Klippen, von den Fjorden Norwegens aus in das Meer stürzen, um dann zu Abertausenden zu sterben.

Aber eben diese Diagnostik des »Aufmarsches zur Apokalypse«, das heißt zum Wirklichkeitswerden der Visionen und Prophetien der Apokalypse, der Geheimen Offenbarung des hl. Johannes von den letzten Zeiten und Dingen, führt zu einem *apokalyptischen Bewußtsein,* führt zu der Erkenntnis, daß wir diese Selbstvernichtung durch freie, bewußte und sittliche Entscheidungsakte und durch ein auch soziales und geistiges Neubekenntnis zu überwinden haben. Führt zu der Erkenntnis des *apokalyptischen Imperatives,* der etwa so lautet: Vermeide alles, was zur Verletzung und Vernichtung des Lebens, des einzelnen Lebens ebenso wie des Lebens der Gemeinschaft, führt.

Daher muß hinter diesem zutiefst an sich problematischen Sein eine Möglichkeit bewußt gemacht werden, eben dieses Sein nicht durch nihilistische Aktionen absolut auszulöschen, sondern es in ein höheres Sein zu transformieren. Und zwar durch die Menschen in Zusammenarbeit mit anderen planetoiden Sozietäten. Das ist ein Ziel, das bisher vollkommen außerhalb jedes vorstellbaren Horizontes gelegen ist, und das hier erstmals in den galaktischen Perspektiven aufbricht und in der »Galaktischen Philosophie« bewußt postuliert wird.

Von diesen Überlegungen aus erscheint es also bedeutsam, daß der horizontalen Wandlungsdynamik eine gleichsam vertikale, eine geistige Wandlungsdynamik entspricht, die den Sinn jedes Menschenlebens, das in einer Massengesellschaft von Millionen durchschnittlich fast gleichen Menschen keinen Sinn mehr zu besitzen scheint, zu einem neuen, und zwar kreativen Bewußtsein hin aufbricht. Ein neues Bewußtsein also, das in jedem Menschen die ihn begründende Einzigkeit und ontologische Sehnsucht nach Poesie, das heißt nach Entfaltung seines kreativen, zuletzt seines demiurgischen Vermögens, erfüllt und erlöst. Die künftige planetoide Sozietät, die dann als ein einziges planetoid-kreatives Organon in unserem Sonnensystem und in unserer Galaxis zu denken ist, wird dann in ihrer weiteren Entwicklung nicht nur zu einer planetoiden, solaren und galaktischen Kosmo-Sozietät, sondern sie wird auch zu einer eminent *kreativen Kosmo-Sozietät* werden. Und sie wird sich in Zukunft als eine kreative Kosmo-Sozietät unter vielen kreativen Kosmo-Sozietäten zu begreifen haben. Sie wird sich überhaupt einem einzigen kreativ-kosmosoziologischen Feld eingeschlossen verstehen, das entscheidend das künftige Schicksal unserer Galaxis, nämlich ihre demiurgische Revolution bewirken wird.

Keineswegs undenkbar erscheint es auch, daß diese dann veränderte Menschheit in einer einzigen Persönlichkeit, gleichsam in einem »Weltencäsar« kulminiert, so wie die Linien und Flächen einer Pyramide in einem einzigen Punkt gipfeln. Denn: Je gewaltiger und umfassender ein Mengenfeld wird, desto mehr drängt es, um sich in seiner Dynamik zu erhalten und konstant zu bewahren, einer zentralen Mitte zu. Und dieser durchaus vorstellbare Weltencäsar ist dann nicht nur als der Konzentrationspunkt aller politischen, sondern auch aller geistigen Potenzen zu begreifen. Mit seinem Erscheinen wird vielleicht auch der Aufstieg einer neuen Elite, einer neuen Aristokratie, wenn man so will, mitbegründet.

Sie wird als das Ergebnis der wissenschaftlichen Revolution, besonders jedoch der Integration der biologischen Revolution mit einer geistig-kosmischen (wesentlich auch den Yoga einbeziehend) zu verstehen sein. Daher wird diese neue Elite auch die Entwicklung der Menschheit von einer planetoiden Sozietät aus zu weiteren kosmischen Sozietätsformen entscheidend mitbewirken, vor allem aber selbst zum Ausgangspunkt künftiger Demiurgen werden.

Doch zurück zu dem Divergenzereignis, das in unserer Gegenwart konkret über unsere weitere Zukunft und über die Art, in der sie erfolgt, entscheidet: Gelingt es also, die apokalyptische Grenzschwelle zu bewältigen, so vermögen wir zur Verwirklichung einer planetoiden Sozietät vorzustoßen. Das heißt zu der Idee der einen Menschheit auf dem einen Planeten Erde in unserem Sonnensystem.

Und erst von dieser Realisierung der ersten kosmischen Sozietätsbasis aus, erst von der Verwirklichung der Idee einer planetoiden Sozietät, vermag dann die weitere Entwicklung hin zu einer solaren und zu einer galaktischen Sozietät erfolgen. Erst von der tatsächlichen Verwirklichung einer planetoiden Sozietät aus aber hängt nicht nur die weitere Entwicklung unserer Sozietät hin zu einer kosmischen ab, sondern auch die Verwirklichung der Idee einer dreifachen Revolution. *Denn ohne das große Ziel der einen Menschheit verwirklicht zu haben, vermögen wir auch nicht in ferner Zukunft zu einer Revolution des galaktischen Seins vorzustoßen.*

So befindet sich die Menschheit also am Beginn des Atomzeitalters zugleich auch am Beginn von unermeßlichen Möglichkeiten und Chancen. Sie befindet sich zwischen apokalyptischen Dimensionen und Perspektiven einerseits und zwischen galaktisch-demiurgischen andererseits. Auch Carl Sagan profiliert scharf diesen einzigartigen Entscheidungscharakter unseres Zeitraumes, dieser ungemein kritischen Zeitspanne, die konkret zwischen 1980–2080 n. Chr. liegen mag, mit den Worten: »Es gibt in der Geschichte der Menschheit wohl keine Epoche, die so vielen verschiedenartigen Veränderungen unterworfen war wie die gegenwärtige. Wir befinden uns in einem epochalen Übergangsstadium der Entwicklung auf der Erde. Nie zuvor hat es eine Zeit gegeben, die so viele Gefahren in sich barg, aber auch noch nie eine, die für die Zukunft auf unserem Planeten so verheißungsvoll war.« (Zit. aus »Nachbarn im Kosmos«, 1975)

Wir alle müssen uns also dieser Entscheidung immer bewußter werden. Wir müssen daher unsere Gegenwart zutiefst von einem *Divergenzereignis* charakterisiert erkennen, das von einer negativen, einer *apokalyptischen Konstante* einerseits und einer positiven, einer *galaktisch-demiurgischen Konstante* andererseits bestimmt wird. Und es gibt keinen Augenblick im Leben jedes Menschen, wo immer sich dieser auch befindet, der nicht diesem Divergenzereignis unterworfen ist.

Diese beiden Konstanten wurden bereits von der Vergangenheit her durch viele Jahrhunderte geradezu systematisch vorbereitet. Durch viele Jahrhunderte und Jahrtausende wurden nicht nur die apokalyptische Konstante, sondern auch die galaktisch-demiurgische Konstante, im weiteren Sinne die kosmische Konstante, durch die kosmischen Religionen und Seinsphilosophien, durch die Naturforschung und Naturphilosophie vorbereitet.

Bis zum Zeitpunkt des Abwurfes der ersten Atombombe auf Hiroshima waren jedoch beide Konstanten noch unerkennbar, gleichsam ineinander verschlungen wie zwei sich bekämpfende Schlangen. Doch ab Hiroshima trennten sie sich und wurden klar erkennbar. Ab Hiroshima wurde auch die das Universum, vielleicht sein Schicksal, mitbestimmende Tendenz offenbar. Ab Hiroshima treten also sehr scharf profiliert, sehr bewußt, für jeden kritisch denkenden Menschen diese beiden Konstanten erkennbar hervor.

Da die apokalyptische Konstante nach abwärts, hin zur absoluten Vernichtung drängt und die kosmisch-geistige bzw. die galaktisch-demiurgische Konstante uns immer mehr in den solaren und galaktischen Ereignisraum unseres Universums hinweist, wird der Winkel, die Spannung zwischen diesen beiden Konstanten immer offener, immer aufgerissener und drängt zur letzten Entscheidung. Drängt uns alle ausnahmslos dahin. Und es gibt keinen Menschen, der sich dieser Entscheidung zu entziehen vermag.

Vor diesem Divergenzereignis gibt es kein Verstecken, keine Flucht. Jeder von uns ist mit jedem Atemzug in jedem Augenblick diesem Divergenzereignis total und absolut konfrontiert. Wir alle, die wir heute auf diesem Planeten Erde leben, wurden ausnahmslos in die größte Entscheidung unserer gesamten, zumindest uns bewußt gewordenen Weltgeschichte hineingeworfen, nicht damit wir in dieser Entscheidung den Untergang wählen, sondern damit wir durch die ungeheuerliche Bedrohung unserer sittlichen und geistigen Kräfte, und zwar in einem ungeahnten Maße, das Ewige und Geistige, das Sittliche und eminent Freie, das zuletzt Demiurgische, eben das Gott-Ähnliche entdecken, um es in einem ebenso ungeahnten Maße zum Einsatz zu bringen.

Die geistigen Kräfte, die durch die erste totale und absolute Bedrohung unserer Menschheit gleichsam beschworen werden, bilden zugleich auch jenen Keim, der uns etwa später folgende Apokalypsen überwinden läßt, um uns schließlich zu jener gewaltigen und für uns noch unvorstellbaren geistigen Kraft der Zukunft zu führen, aus der heraus wir überhaupt erst das Wirken der demiurgischen Potenzen zu begreifen haben werden.

Denn auch dann, wenn die Menschheit ihre derzeitige apokalyptische Grenzschwelle bewältigt, besagt dies keineswegs, daß ihre Weiterentwicklung absolut gesichert oder garantiert erscheint. Weitere Bedrängungen, sogar Bedrohungen sind möglich, sei es aus der Menschheit selbst oder aus dem Universum kommend. Bedrohungen, die sie entweder zu einem späteren Zeitpunkt doch noch vernichten könnten oder die bewirken, daß sie eben durch diese totale existentielle Herausforderung ihre geistigen Potenzen immer stärker und konzentrierter zu entwickeln vermag.

Existierten nicht bereits gewaltige Kulturen, die für uns nur mehr zu einem Mythos geworden sind, wie etwa Atlantis oder Lemuria? Waren Atlantis, seine Kultur bereits an dem Punkt angelangt, an dem es fähig war, die Sonnenenergie in geradezu ersten demiurgischen Vorentwürfen zu transformieren und auszunützen? Hat es vielleicht wirklich, wie der bekannte amerikanische Hellseher Edgar Cayce glaubte, einen »großen Kristall« gegeben, der diese Sonnenenergie konzentriert hatte? Und führte der Mißbrauch dieser Sonnenenergie, verbunden mit dem Verfall moralischer Werte, zum Untergang von Atlantis? Ein Untergang, der in drei Phasen erfolgte? Und war vor Atlantis der Kontinent Lemuria, vielleicht unter ähnlichen, vielleicht aber auch unter grundverschiedenen Umständen und Voraussetzungen im Indischen Ozean versunken? (Vgl. Mary Ellen Carter, »Prophezeiungen in Trance. Wirkungen und Offenbarungen des Edgar Cayce«, 1974).

Alle diese Fragen und Darlegungen deuten auf weitere Möglichkeiten von Bedrohungen hin, welchen vielleicht höhere Bewußtseinsformen, höhere Kulturen einer planetoiden Sozietät ausgesetzt sein könnten. Aber nicht nur unsere Menschheit, die sich in ihrer Entwicklung vor der Entdeckung der Sonnenenergie befindet, sondern auch mit großer Wahrscheinlichkeit »n« andere planetoide Sozietäten dürften sich ähnlichen Gefahren gegenübersehen.

Trifft unsere Annahme aber zu, so dürfte etwas wie eine »galaktische Absichtlichkeit« erkennbar werden, mag man das nun Gesetz nennen oder nicht. Diese Absichtlichkeit ist jedoch in Verbindung mit den galaktischen und universalen Dimensionen, nämlich mit gewaltigen Räumen und Zeiten zu sehen: Es scheint, daß jede planetoide Sozietät vorerst einmal in eine *galaktische Quarantäne* geworfen wurde. Das heißt, sie befindet sich in einer einzigartigen galaktischen Einsamkeit, in einer galaktischen Isolation sozusagen. Gewaltige Räume, die auch als Schutzräume verstanden werden können, liegen um sie herum, um die ungestörte Entwicklung einer planetoiden Sozietät zu ermöglichen. In dieser Entwicklung wird aber auch zugleich die »erste Entscheidung« vorbereitet, in der sich derzeit real unsere Menschheit befindet, ob nämlich eine betreffende planetoide Sozietät sich selbst vernichtet oder ob sie befähigt erscheint, sich weiter zu entwickeln. Ob sie fähig wird, sich anderen planetoiden Sozietäten zu verbinden. Ob sie also schließlich befähigt erscheint, durch die Entwicklung ihrer geistigen Potenzen die »galaktische Quarantäne«, in die sie mit einer bestimmten »Absichtlichkeit« geworfen worden zu sein scheint, zu durchbrechen oder nicht.

Diese Entwicklungen, Evolutionen oder Revolutionen hin zu einem künftigen galaktischen Schicksalsraum, in dem dann eine planetoide Sozietät auf eine oder auf mehrere andere stößt – wodurch zugleich eine planetoide Sozietät zum Schicksal der anderen wird –, haben aber eine weitere entscheidende Voraussetzung. Eine Voraussetzung, die als eine Art *galaktische Si-*

cherung anzusehen ist, nämlich eine bestimmte sittliche Norm, welche der zeitweise geltenden galaktischen Ordnung in gewissen galaktischen Bereichen entspricht. Wird aber diese sittliche Norm verletzt, so vernichtet sich eine planetoide Sozietät selbst, bevor sie noch die Möglichkeit besitzt, in den galaktischen Ereignisraum einzudringen, um dort möglicherweise andere planetoide Sozietäten zu zerstören.

Daraufhin zielen zuletzt auch die »Zehn Gebote«, die vorher schon in Babylon bekannt gewesen sind. Sie bilden ebenfalls einen Aspekt jener »galaktischen Sicherung«, welche verhindern soll, daß sich die Menschheit durch sittliche Entartung vorher selbst vernichtet. In diesem letzten Sinne sind auch alle anderen sittlichen Ordnungen aller Weltreligionen und Hochkulturen der Menschheit zu verstehen, die oft sehr bewußt eine Konkordanz zwischen »Himmel und Erde«, zwischen »Himmel und Mensch« wie etwa in China anstrebten (vgl. darüber u. a. Wolfgang Bauer, »China und die Hoffnung auf Glück. Paradiese, Utopien, Idealvorstellungen in der Geistesgeschichte Chinas«, 1974).

Alle diese theo- oder kosmo-humanoiden Ordnungsmodelle sind letztlich, wie wir erst heute erkennen, dem Ziel zugewandt, eine planetoide Sozietät vor ihrer Selbstvernichtung zu bewahren. Jedes Sonnensystem ist prinzipiell deshalb seiner Möglichkeit nach als ein »galaktischer Ei-Gebärraum« zu erkennen, dahin angelegt, eine planetoide Sozietät zu entwickeln bzw. zu erhalten. In diesem Sinne sind unser gesamtes solares System wie wahrscheinlich Milliarden anderer solarer Systeme allein in unserer Galaxis und auch in »n« vielen anderen Galaxien als Gebärräume und unsere Menschheit als eine Art Fötus bzw. dann als ein galaktischer Embryo zu erkennen. Das solare Leben bewegt sich in unserem Sonnensystem auf unserem Planeten Erde vorerst einem tellurischen und schließlich einem planetoiden, solaren und galaktischen Bewußtsein entgegen.

Diese Bewußtseinsentwicklung aber ist nur unter gewissen Voraussetzungen möglich, welche durch bestimmte sittliche

Normen bedingt wird. Diese sittlichen Normen stehen wieder mit bestimmten Gesetzen des Sonnensystems in Übereinstimmung. Gesetze, die für die Entwicklungsräume unserer Menschheit, die möglicherweise über zwei Milliarden Jahre in die Zukunft reichen, als ordnend gelten, in den gewaltigen Zeiträumen von Galaxien aber nur relativierte Ordnungen sind, die mit dem Anschwellen der Sonne nach 5 Milliarden Jahren aufgehoben werden. In Zeiträumen, die viel kleiner sind als etwa die 2 Milliarden Jahre, welche der Menschheit, wie Julian Huxley glaubt, der Zukunft zu gegeben sein können, vermag auch unsere Menschheit in den galaktischen Ereignisraum zu dringen. Allerdings nur dann, wenn sie an entscheidenden sittlichen Normen festhält, die sich in der Ehrfurcht vor dem Leben und in der Liebe zu aller Kreatur und zu allen galaktisch-personalen Wesen konzentriert. Denn eben diese Ehrfurcht vor dem Leben und vor allem diese von Buddha, von Christus und dem hl. Franz verkündete Liebe, die durch die Normen des Mitleides und der Barmherzigkeit verkündet worden ist, garantieren wesentlich die Voraussetzung, daß unsere Menschheit sich nicht vorher selbst vernichtet, und daß sie befähigt wird, in den solaren und galaktischen Ereignisraum einzudringen.

So scheint es also etwas wie eine Regel zu geben, die etwa so lautet: Nur solche planetoiden Sozietäten, welche bestimmten geistigen und sittlichen Normen entsprechen, erscheinen befähigt und auch ermächtigt, in den galaktischen und universalen Schicksalsraum einzudringen, um mit anderen planetoiden Sozietäten und Wesen Kontakt aufzunehmen.

In diesem Sinne stellen also alle planetoiden Sozietäten, die zur Kommunikation mit anderen gelangen, etwas wie eine »galaktische Auslese«, etwas wie eine »galaktische Elite« dar. Auch für die planetoiden Sozietäten trifft also in einem gewissen Sinne das berühmte Wort Christi zu: Viele sind berufen, aber nur wenige sind auserwählt. Ob wir also nur zu den »Berufenen« oder aber vielleicht doch zu den »Auserwählten« zählen, das entscheidet sich im geistigen und sittlichen Freiheitsraum unserer planetoiden Sozietät selbst. Quantensprünge, Ingressionen sozusagen von den meta-galaktischen Bereichen in die unserer planetoiden Sozietät hinein, die uns helfen, in diese Zukunft vorzustoßen, hat es bereits mehrere gegeben.

So könnte also jeder planetoiden Sozietät etwas wie ein sehr feines planetoides oder galaktisches Gewissen eigen sein, etwas wie eine Art geistiger Waage zugleich. In dem Augenblick aber, und zwar erst in jenem Moment, in dem die negativen Potenzen, in dem die sittliche Degeneration einer planetoiden Sozietät überwiegt, beginnt ihr Abfall, sei es durch einen evolutionär-negativen Vorgang, durch eine fortschreitende Degeneration oder durch einen revolutionär-negativen Akt, nämlich durch ihre spontan und plötzlich erfolgende Selbstvernichtung.

Und da unsere Menschheit keineswegs an geistigen und sittlichen Qualitäten eminent zunimmt, sondern eher zu degenerieren scheint, wobei die Degeneration in dem Verlust des Gefühls der Liebe und der Ehrfurcht vor dem Leben begründet ist, scheint sie einer selbstbewirkten und verdienten Vernichtung preisgegeben zu sein. Andererseits aber ist ebenso ein bisher noch niemals in diesem Maße festzustellendes Empfinden für soziale und humane wie aber auch für wissenschaftlich fortschreitende Aktionen, ein solches Bewußtsein um die Bedeutung der Freiheit festzustellen gewesen wie in unserer Zeit. Auch ist noch nicht jener entscheidende letzte Punkt erreicht, in dem die Summe der negativen Momente eindeutig überwiegt. Das bedeutet: Die Chance ist noch offen, daß wir vielleicht doch die »apokalyptische Grenzschwelle« überschreiten könnten. So erscheint der unbekannteste, der verborgenste Akt, den jeder von uns vollzieht, im Sinne der vorhin erwähnten ungemein feinen und unsichtbaren Waage, die auch unserer planetoiden Sozietät sozusagen »eingebaut« ist, jede Tat, jedes Bekenntnis der Liebe und der Ehrfurcht vor dem Leben, jede kreative Aktion auch ein Akt zur Weiterexistenz unserer planetoiden Sozietät zu sein, um dadurch die apokalyptische Grenzschwelle mit bewältigen zu können.

Doch jene planetoiden Sozietäten, die sich nicht selbst vernichten oder degenerieren oder sonst durch kosmische Einwirkungen, welcher Art auch immer, zerstört werden, bewegen sich innerhalb ihrer konkreten galaktischen Bewußtseinsfelder zuletzt einem einzigen Prädikat, einem letzten Perspektivpunkt entgegen. Das aber bedeutet, sie öffnen sich einem letzten Sinn zu. Diese prädikatsbewußten planetoiden Sozietäten werden jedoch in ihrer Entfaltungsmethodik, entweder ähnlich oder annähernd oder auch verschieden zu uns, dennoch von einer Revolution des Menschen und von einer Revolution der Gesellschaft bzw. von einer Revolution der Geistnatur des betreffenden galaktisch-personalen Wesens und von einer Revolution der betreffenden galaktischen Sozietät bestimmt, welche wieder die Voraussetzung zur Verwirklichung einer Revolution des galaktischen Seins bildet.

Die Revolution ist somit jener dominante Begriff, der einzig und allein geeignet erscheint, das besondere Ereignis – in der Ereignisreihe bis zum höchsten Ereignis hin, nämlich zur Transformation des galaktischen Seins – zu charakterisieren. Auch wird hier das letzte Wesen der Revolution, des Revolutionären an sich, als eine ebenso systematische wie spontane Aktion verstanden. Als eine ebenso logische wie phantastische, das letzte Wesen des Seins offenbarende, eminent kreative Aktion. Mit einem Worte: *So ist jede Revolution als Vorentwurf hin zu der größten überhaupt nur vorstellbaren Revolution, nämlich zu der demiurgischen Revolution des galaktischen Seins, zu begreifen.*

Das Wesen des Revolutionären bzw. der Revolution an sich ist als eine eminent kreative Aktion, als ein geistiger Quantensprung zugleich, zu verstehen, der sich der Überwindung des »metaphysischen Skandals« in diesem Sein, der Überwindung des Leides, der Krankheit, des Todes und der Tragik wie zuletzt der Überwindung des Sinnlosen, des Katastrophalen, des Pantragischen einerseits und der Befreiung und Herrlichkeit der bisher in die galaktischen Seinsstrukturen eingebundenen und eingefesselten poetisch-geistigen Substanzen, ihrer Muster und Bilder andererseits, zuwendet.

Daher ist die Lehre von der Entfaltung der dreifachen Revolution eine Lehre, welche das Wesen der Revolution nicht nur als total und absolut, sondern auch als eminent erlösend erkennt. Sie erlöst den Keim jedes galaktisch-personalen Wesens, nämlich die auf das Unendliche hin angelegte eminent kreativ-demiurgische Potenz in die Freiheit einer Unendlichkeit hinein, jenseits von Zeit und Raum, welche als die absolute Freiheit, Erlösung und Sinnerfüllung zu begreifen ist.

In dieser Perspektive ist auch jeder Mensch zutiefst nicht auf irgendeine vage Unendlichkeit, sondern auf die in ihm a priori gegebene Unendlichkeit, das heißt zugleich auch auf die Möglichkeit zur Entfaltung seiner Göttlichkeit hin angelegt. Auf eine Göttlichkeit, die ihn allerdings durch die ihm eigene absolute Freiheit und absolute Einzigkeit in aller Ewigkeit von jedem anderen Wesen unterscheidet, wie sie aber ebenso auf jedes andere Wesen ergänzend hinweist.

Dieser Begriff der Revolution schließt jedoch keineswegs den Begriff der Evolution aus. Beide Begriffe bedingen einander wie sie sich auch zugleich voneinander unterscheiden: Der revolutionäre bzw. der geist-revolutionäre Charakter unserer konkreten geschichtlichen und gesellschaftlichen Entfaltung entspricht dem Wesen des galaktischen Seins, das zutiefst von seinem Quantencharakter bestimmt wird. Und es ist eben jener Quantencharakter des galaktischen Seins, der sozusagen seiner plötzlichen, seiner revolutionären Erlösung und Transformation zuspringt, eine Aktion, die zutiefst das Wesen des galaktischen Seins selbst wandelt.

Das evolutionäre Moment innerhalb der konkreten geschichtlichen und gesellschaftlichen Entfaltungsprozesse besteht nun in der Entwicklung von einem ganz bestimmten charakteristischen und entscheidenden Geschehnispunkt des planetoid-solaren, des galaktisch-kosmischen Seins hin zu einem anderen. Die Evolution ist also als eine Zwischenphase zu verstehen, in welcher entweder revolutionäre Entscheidungs- und Wandlungsereignisse sozusagen »auswellen« oder sich wieder auf künftige Entscheidungs- und Wandlungsereignisse vorbereiten.

Die Entscheidungen selbst vollziehen sich jedoch in Ereignissen, genauer in »Ereignisquanten«. Und eben diese Ereignisquanten charakterisieren zutiefst das eigentliche revolutionäre Moment im geistigen und menschlichen wie aber auch im gesellschaftlichen und zuletzt im galaktischen Sein.

Zugleich aber sind jedoch alle diese Ereignisquanten dem sich vorbereitenden gewaltigen »Ereignisquant des galaktischen Bewußtseins« zugeordnet. Ein Ereignisquant, das sich noch verborgen vorbereitet, das jedoch durch unsere Bewußtwerdung, durch die Akte revolutionären Bewußtseins innerhalb der galaktischen Sozietäten, durch die Methodik des an sich zutiefst revolutionären Wesens der Galaxien sich eben in ihren Sozietäten vorbereiten wird, um schließlich in einer koordinierten demiurgischen Revolution des galaktischen Seins zu kulminieren.

Keineswegs zufällig leben wir in einem Zeitalter der Revolutionen, das einen einzigen revolutionären Weltprozeß offenbart, der nicht nur die Momente einer gesellschaftlichen, sondern auch einer industriellen, einer wissenschaftlich-technischen Revolution wie einer Revolution der Kosmologie, der Physik und Biologie, aber auch der Philosophie einschließt.

Daher ist die »Galaktische Philosophie« als die revolutionärste aller Philosophien zu begreifen.

Denn erstmals wird von dem Perspektivpunkt der Revolution des galaktischen Seins aus das gesamte, von unserer sogenannten Weltgeschichte mit vorbereitete Schema einer dreifachen Revolution erkennbar, und zwar auch in sich selbst:

Innerhalb der *Revolution des Menschen* ist zuerst die Entfaltung des Menschen zu einem geist-revolutionären zu erkennen, der sich mit dem wissenschaftlichen in naher Zukunft verbinden wird. Diesem folgt der kosmische Mensch (der »homo cosmicus«), das heißt der planetoide, der solare und der galaktische Mensch, der dann durch den demiurgischen Menschen abgelöst wird.

Die *Revolution der Gesellschaft* konkretisiert sich durch ihre Entfaltung hin zu einer planetoiden, solaren und galaktischen Sozietät, die sich dann in einer demiurgischen Elitesozietät vollenden könnte. Es bedarf hier jedoch keineswegs besonderer Hinweise, daß unsere gegenwärtige ideologische und soziale Entwicklung, wie sie sich konkret ab Marx, Lenin und Trotzki wie Mao darstellt, eine Reihe von Vorentwürfen umfaßt, die sich wesentlich auf die erste Form einer kosmischen Sozietät, nämlich auf die planetoide Sozietät beziehen. Es sind Vorentwürfe, die zweifellos einerseits notwendige Mängel, auch gewisse entscheidende Fehler aufweisen, die aber andererseits auch durch Vorentwürfe jener Gesellschaftsformen zu ergänzen sind, die sich in den Bereichen unserer Welt entwikkeln, die sich nicht zum Marxismus bekennen. Und eine künftige Synthese – vorausgesetzt, es findet kein dritter Weltkrieg statt – drängt sich als Lösung der gegenwärtig noch immer real gegebenen Dialektik der beiden Supermächte und ihrer Ideologien geradezu auf.

Es ist nämlich für die Zukunft der Menschheit von existentieller Bedeutung, daß sie von ihrer gegenwärtigen Ausgangslage einer apokalyptischen Dialektik zu einer Integration zwischen der Idee der Freiheit einerseits und der Idee des Sozialismus andererseits gelangt.

Erst diese Integration garantiert zugleich auch die optimale Entfaltung der kreativen Potenzen der Menschheit sowohl in ihrer Ganzheit, als planetoid-solare Einheit verstanden, als aber auch jedes Menschen in ihr.

Und diese optimale Entfaltung der kreativen Potenzen unserer Menschheit bis hin zur Demiurgie bildet nämlich das eigentliche, zuerst nur latente, dann aber immer bewußter hervortretende Anliegen der Revolution des Menschen wie der Revolution der Gesellschaft.

Von diesem Gesichtspunkt aus enthüllen sich also die Revolutionen der Gesellschaft, ihnen verbunden die Evolutionen, als die Geburtswehen, als die Ansprünge, die zu einer künftigen Sozietät führen, nämlich zu einer *Kosmo-Sozietät.* Zu einer künftigen kreativen Gesellschaft also, die sich in den solaren und galaktischen Ereignisraum einbewegt.

Es ist gerade die absolute Kreativität, ihre höchste überhaupt nur vorstellbare Entfaltungsform, welche diese künftige Kosmo-Sozietät charakterisieren wird, die dann in Verbindung mit anderen planetoiden Sozietäten die demiurgische Transformation verwirklichen wird. *Und diese Entfaltung der kreativen Potenzen durch alle Jahrtausende hindurch bis zum Aktionswerden der Demiurgie bildet den eigentlichen, den letzten Sinn unserer sogenannten Weltgeschichte.*

Die *Revolution des galaktischen Seins,* in der sich die revolutionäre Weltdynamik der Zukunft wie aber auch der Vergangenheit und Gegenwart vollendet, auf die hin sie zuletzt perspektiviert ist, tritt uns nun in der dritten revolutionären Entfaltungsphase entgegen, wesentlich auch mit vorbereitet durch die sogenannte Revolution der Wissenschaft, die überhaupt erst begonnen hat. Es ist eine Wissenschaft, die sich wahrscheinlich zuletzt einer galaktischen bzw. kosmischen Einheitswissenschaft zubewegen wird. Eine Entwicklung, die in Verbindung zu einem planetoiden, solaren und galaktischen Lebensgefühl und einer diesem entsprechenden Kunst zu verstehen ist.

Die erste dieser insgesamt wahrscheinlich drei Phasen umfassenden Revolution des galaktischen Seins wird also, wie anzunehmen ist, durch die *Revolution der Naturwissenschaften* eingeleitet. Die zweite könnte im Bereich der *Geisteswissenschaften* erfolgen, jener Wissenschaften, die vielleicht, besonders der gegenwärtigen Parapsychologie verbunden, in Zukunft als eine *meta-galaktische Wissenschaft* bezeichnet werden könnte. Davon abgesehen aber wird sie sich – ab dem bedeutenden deutschen Philosophen Wilhelm Dilthey (1833–1911), der überhaupt erst die Selbständigkeit einer Geisteswissenschaft gegenüber der Naturwissenschaft begründete – auch als eine Kulturwissenschaft verstehen, welche die geschichtliche und gesellschaftliche Wirklichkeit nacherlebend und denkend zu erfassen haben wird. Eine Aufgabe, die nun nach der Kontaktnahme mit anderen planetoiden Sozietäten zum Verständnis anderer planetoider Kulturen führen wird. Dann aber erweitert sich die Geisteswissenschaft zu einer galaktischen Kulturwissenschaft. Zu einer Wissenschaft, die uns zum eigentlichen Verständnis des spezifischen Wesens und des Sinnes jeder planetoiden Kultur wie aber auch zum Vergleich der verschiedenen planetoiden Kulturen untereinander führen wird. Ein Vergleich, der schließlich zur Prädikatsbestimmung des gesamten Kulturfeldes, das unserer Galaxis zugrunde liegt, vorstößt. Eine Sinnbestimmung, die in einer *galaktischen Kulturlehre* kulminiert. In einer Kulturlehre, welche die verschiedenen planetoiden Kulturen als Aspekte der unserer ganzen Galaxis zugrunde liegenden demiurgischen Gesamtpotenz zu erweisen haben wird.

Die Entfaltung unserer Menschheit hin zu einer Revolution des galaktischen Seins vollendet sich dann voraussichtlich in der dritten Phase, nämlich in der *Synthese der kosmischen Einheitswissenschaft mit der Meta-Wissenschaft. Vollendet sich in der höchsten überhaupt nur vorstellbaren Kunst, nämlich in der Kunst der galaktischen Seinswandlung und Transformation bzw. in der Kunst der »Weltschöpfung«, in der Kunst der Demiurgie.*

In diesen gewaltigen Zeiträumen, die stets mit der Entfaltung der Intelligenz und des Geistes der Menschen bzw. der verschiedenartigen galaktisch-personalen Wesen zu multiplizieren sind, wird die kreative Intelligenz, und in diesem Sinne die demiurgische Intelligenz, die sich wieder in einer demiurgischen Geistigkeit und Kunst vollendet, längst die Grenzen von Zeit und Raum, die Grenzen unserer Wirklichkeit durchstoßen haben, um vielleicht von einer anderen Wirklichkeit aus, von meta-galaktischen Bereichen, die dann vordergründige Wirklichkeit in den Griff zu nehmen, um sie in ein höheres Sein zu verwandeln.

Auf diese letzte, zweifellos so erregende und phantastische Perspektive zielt also auch, und zwar sehr wesentlich, jene einzigartige Bewußtseinsentfaltung, die unserer gesamten Sozietätsentwicklung in Vergangenheit, Gegenwart und Zukunft entspricht.

Der Beginn dieser Bewußtseinsentfaltung konzentriert sich – abgesehen von der Möglichkeit einer am Anfang stehenden Urkultur und auch Urreligion – in Offenbarungen des Letzten Einen, gebrochen durch das Prisma der verschiedenen Zeiten und Räume wie Rassen und Völker, die verschiedenen Schicksale mit einbeziehend, in den großen Weltreligionen unserer Menschheit. Das Denken konzentriert sich dann in den Welt- und Seinsphilosophien wie in den großen Hochkulturen der Geschichte. Diese Entwicklungen der Weltkulturen sind jedoch in einem engen und untrennbaren Zusammenhang mit der Entwicklung der Weltreiche und unserer modernen Weltzivilisation zu sehen, die zum Voraussetzungsfeld einer künftigen Weltkultur werden könnte.

Diese Entfaltung des Bewußtseins, die sich zuerst in den großen Weltreligionen, dann in den großen Weltphilosophien und in der Weltpolitik der geschichtlichen Zeiten konkretisierte, wendet sich nun gleichsam vom »heiligen Offenbarungsraum des Letzten Einen« dem Schöpfungsraum des Letzten Einen zu. Das Bewußtsein entbindet sich immer mehr den Bereichen des unmittelbar Göttlichen und wendet sich dem Bereich des galaktischen und kosmischen Seins, seiner Natur zu. Dringt in diese ein, bricht sie auf, bis es die gewaltigen Dimensionen des Universums und in ihm die Galaxien als dessen Grundstrukturen erkennt.

Diese Erkenntnis charakterisiert unsere Zeit, die jedoch zugleich als eine Zeit der letzten Entscheidung zu erkennen ist, eben als jene, in der das Divergenzereignis der beiden Konstanten, nämlich der apokalyptischen einerseits und der kosmisch-galaktischen andererseits, zu dem unser Schicksal, unsere Zukunft bestimmenden Ereignis wird. Es ist ein Entscheidungsereignis, dem jeder von uns, und zwar ausnahmslos, einbezogen ist.

Die Revolution des galaktischen Seins, die den letzten Perspektivpunkt einer »Galaktischen bzw. Demiurgischen Philosophie« bildet, weist nun auf eine besondere Art von künftigen höchstentwickelten Menschen hin, die dann vielleicht noch kaum mehr als Menschen in unserem üblichen Sinne zu bezeichnen seien werden und die hier stets Demiurgen genannt werden.

Mit anderen Worten: *Die dreifache Revolution, die in einer Revolution des galaktischen Seins gipfelt, wird aller Wahrscheinlichkeit nach von einer demiurgischen Elitesozietät bewirkt werden, welche die Spitze einer künftigen galaktischen Sozietät bilden wird.*

Drittes Buch

8. Die Vollendung galaktischer Sozietätsentwicklung in einer demiurgischen Elitesozietät

Ausgangspunkt dieser künftigen Entwicklung bildet unsere geeinte, den ganzen Planeten Erde umspannende Gesellschaft, eben die *planetoide Sozietät.* Sie ist als das erste und entscheidende kosmische Modell einer künftigen Menschheit zu verstehen. Es ist ein Modell, um dessen konkrete Verwirklichung wir gegenwärtig ringen und von dem wir noch nicht wissen, ob wir es überhaupt erreichen werden.

Wird aber dieses kosmische Basismodell erreicht, wird die apokalyptische Grenzschwelle bewältigt, so strahlen von ihm jene Kräfte aus, die uns in die Zukunft führen. Dann wird es zum entscheidenden Ausgangsfeld eines solaren, galaktischen und demiurgischen Bewußtseins und entsprechend zu diesem auch einer solaren, galaktischen und schließlich demiurgischen Elitesozietät.

Die planetoide Sozietät bildet also die künftige, konkrete »Zielsozietät«, die in etwa einem Vierteljahrhundert circa acht Milliarden Menschen umfassen wird und *die sich als eine geschlossene und zugleich offene Lebens- und Bewußtseins- wie Intelligenz- und Energieeinheit eines Planeten in einem der Milliarden Sonnensysteme unserer Galaxis begreift.*

So gesehen erweisen sich die in vielen Jahrtausenden immer wieder unternommenen Versuche der Weltreligionen und der Weltkulturen, zu einer Einheit vorzustoßen, wie aber auch die Entwürfe aller Weltimperien in unserer sogenannten Weltgeschichte keineswegs als sinnlos. Sie alle enthüllen sich uns nämlich als Aktionen eines Bewußtseins, das die politische, soziale, wie aber geistige Einheit der ganzen Menschheit anstrebt. Eine Tendenz, die allerdings nur dann zum Erfolg führt, integriert sie innerhalb der Einheit die komplexen Verschiedenheiten der differenten Entwicklungsformen und Faktoren. Viele Entwicklungen und Reichsbildungen unserer bisherigen Weltgeschichte stellen oft auch bewußt verwirklichte Integrale auf jenes Weltimperium dar, das die Ordnung wie aber auch die Freiheit, die Elastizität einer den Planeten Erde umspannenden Menschheit garantiert.

Bewältigt jedoch unsere Menschheit ihre apokalyptische Grenzschwelle, verwirklicht sie das kosmische Basismodell einer planetoiden Sozietät, so stößt sie zu einer *solaren Sozietät* vor. Zu einer Sozietät, die bereits schon jetzt durch die moderne Forschung und Weltraumfahrt vorbereitet wird.

Auf diese solare Sozietät weist bereits teils visionär, teils philosophisch das berühmte Buch »Die Sonnenstadt« (Cittá del Sole) des großen Tommaso Campanella (1568–1639) hin. Sein Buch proklamiert, was wir erst heute begreifen, eine kosmische, dem solaren Lebensgefühl zugeordnete Gemeinschaft. Den Schwerpunkt dieser solaren Gemeinschaft, die Elite, bildet eine Hierarchie von Priester-Beamten, deren höchster den Titel »Sol« führt. Sie beobachten die Prozesse im Universum, und sie berechnen auch die Wirkungen der kosmischen Kräfte, ihrer Strahlungen auf die Bewohner der Stadt. Es ist eine Vision, eine Utopie, die zweifellos interessant erscheint, da wir uns eben jetzt der Entdeckung der Sonnenenergie zuwenden und den Bau von Kraftwerken planen, welche die Sonnenenergie verwerten.

Die solare Sozietät, der wir uns nun von modernen Gesichtspunkten aus zubewegen, ist eine astrotechnische wie vor allem auch geistig hoch entwickelte künftige Gesellschaft, welche bereits in ersten Vorentwürfen unmittelbar demiurgisch in das Sonnensystem eingreift.

So meint Carl Sagan in seinem schon öfters erwähnten Buch »Nachbarn im Kosmos«, daß selbst bei einem nur bescheidenen Anwachsen unserer technologischen Fähigkeiten in etwa zwei oder drei Jahrhunderten das gesamte Sonnensystem genau erforscht sein wird. Die weitere Entwicklung würde dann, wie Sagan weiter meint, dazu führen, daß unser Sonnensystem völlig neu organisiert wird. Zuerst allmählich, dann jedoch mit steigender Geschwindigkeit. Ausdrücklich verweist Sagan auf die Verwirklichung gewaltiger astrotechnischer Projekte. Er meint damit geradezu ungeheuerliche technische Aktionen, »die die Planeten hin und her bewegen, um ihre Massen neu anzuordnen – gemäß den Bedürfnissen der Menschheit, ihren Nachfahren und ihrer Erfindungen. Bis dahin – vielleicht aber schon lange vorher – haben wir vielleicht schon Kontakt mit anderen fortgeschrittenen Zivilisationen in der Galaxis aufgenommen. Vielleicht aber auch nicht. Auf jeden Fall werden wir in einigen Jahrhunderten für den nächsten Schritt bereit sein. Wahrscheinlich werden wir zu dem Zeitpunkt, an dem das Sonnensystem »übervölkert« sein wird... so weit sein, daß wir interstellare Reisen durchführen können. Dann öffnet sich ein schier unbegrenztes Feld, das die besten Forscherinstinkte der Menschheit für alle Zeiten an sich fesseln kann.«

Diese vorhin erwähnten astrotechnischen Projekte beziehen sich zum Beispiel auf die künstliche Urbarmachung des Planeten Venus, ein Plan, den bekanntlich Carl Sagan selbst zur Diskussion gestellt hat. Aber diese Projekte beziehen sich auch auf die Sprengung des Planeten Jupiter. Ein unleugbar faszinierendes Projekt, das Professor Freeman J. Dyson entwickelte. Diese astrotechnischen Projekte greifen jedoch auch in galaktische Dimensionen über, wie sich die solare Sozietät geradezu organisch einer galaktischen Sozietät zu öffnet.

Auch der bekannte sowjetische Wissenschaftler Josef Schklowski, Leiter der radioastronomischen Abteilung des Moskauer Sternberg-Instituts, ist davon überzeugt, daß die Kolonisierung des Sonnensystems, dann unserer Galaxis, des

Weltraums überhaupt, in den nächsten Jahrhunderten erfolgen wird. Er hält diesen von den Menschen eingeleiteten Aufbruch in das Universum, der zur Errichtung von Weltraumstädten führen wird, die bis zu zehn Milliarden Menschen erfassen werden, für unumkehrbar. Und hier, in diesem Punkte, ist Schklowski unbedingt zuzustimmen. Er erklärt auch, daß diese künftigen Weltraumstädte, die über eine Oberfläche verfügen könnten, die hunderttausendmal größer als die Erde ist, es ermöglichen werden, gewaltige Mengen von Sonnenenergie einzufangen und zu verwerten. Hier deuten sich also bereits jene großen Projekte an, die zu verwirklichen Aufgabe einer künftigen solaren Sozietät bilden werden.

Der amerikanische Physiker Gerard O'Neill, Professor an der berühmten Princeton University in den USA, aber entwikkelte bereits konkrete Pläne solcher künftigen Weltraumstädte, solcher »Weltraumhabitats«, wie er sie in seinem 1978 erschienenen Buch »Unsere Zukunft im Raum« nennt. Praktisch handelt es sich bei diesem bereits in Vorbereitung befindlichen, beweglichen »Weltrauminseln« um irdische Paradiese, um Wohn- und Lebensbereiche, welche ganze Städte, Flüsse und Wälder wie Wiesen und Seen in sich schließen. O'Neill ist auch davon überzeugt, daß die Zukunft der Menschheit eher im Weltraum als auf unserem Planeten liegt. Zugleich aber erscheinen diese künftigen Weltraumstädte von einer entscheidenden Bedeutung: Sie sind nämlich als die Gebärräume der künftigen kosmischen Menschen zu verstehen. Menschen, die, von den tellurischen Strahlungskräften unseres Planeten Erde befreit, sich unmittelbar in unserem Sonnensystem bewegen. Selbstverständlich erfordern diese Weltraumstädte neue soziologische, nämlich kosmosoziologische Strukturen. Und selbstverständlich werden in diesen künftigen Weltraumstädten auch ein neues kosmisches Denken und Empfinden, eine neue kosmische Wissenschaft und Kunst wesentlich mitbegründet werden. So könnten diese Weltraumstädte auch zu Begegnungen mit anderen Wesen und Sozietäten führen.

Denn über die Existenz nicht nur intelligenten, sondern auch weitaus geistig höherentwickelten Lebens in unserer Galaxis bzw. in unserem Universum besteht ebenfalls kaum noch ein Zweifel. So meinte z. B. Sir Bernard Lovell, Astronom von Weltruf und Leiter des radioastronomischen Observatoriums von Jodrell Bank (England), bereits in einem vor einigen Jahren gegebenen Interview: »Nach meinem Dafürhalten müssen wir uns mit der Vorstellung vertraut machen, daß höhere Wesen, die irgendwo im All existieren, eine Vorstellungswelt, eine Zivilisation und ein wissenschaftliches Niveau haben, die uns wunderbar erscheinen. Im Vergleich zu ihnen kämen wir Urwaldaffen oder etwas noch weniger Entwickeltem gleich. Ich bin davon überzeugt, daß wir schon in wenigen Jahren die Bestätigung dafür erhalten werden.« Und Professor Harold C. Urey, Nobelpreisträger, sagte bei einer Astronomentagung in Lindau 1967 u. a.: »In irgendeiner uns unbekannten Welt werden andere intelligente Wesen die Möglichkeit von Leben auf anderen Planeten erörtern.« Und sie werden, wie man hinzufügen darf, wahrscheinlich nicht nur diskutieren, sondern sie werden auch die technischen und sonstigen Voraussetzungen schaffen, um ihre These durch die Erfahrung zu beweisen bzw. sie haben diese Beweise mit großer Wahrscheinlichkeit schon längst erbracht. Es gibt auch galaktische Wikinger.

Aber es gibt auch andere, es gibt dämonische und gefährliche Aspekte, die aus uns selbst aufbrechen oder die uns auch von außen bedrohen können. Unter den vorhin erwähnten astrotechnischen Projekten sind auch solche zu verstehen, wie sie bereits Carl Sagan und Josef Schklowski zur Diskussion gestellt haben: Es könnte nämlich in der Zukunft eine kraftvolle Zivilisation in der Lage sein, Sterne, das heißt Sonnen, mit Hilfe eines weiterentwickelten Lasers mit einer Leistung von etwa 10 Billionen Kilowatt zu sprengen. Die Sprengung solcher Sonnen aber könnte, ähnlich wie man das bei explodierenden Sternen annimmt, zu einer Kettenreaktion führen, die sich durch die ganze Galaxis fortpflanzt. Hypothesen, die sich auf die Forschungen von G.B. Burbidge beziehen (vgl. Adrian Berry, »Die große Vision«, 1975, S. 64 u. S. 286).

Solche Vorstellungen eines apokalyptischen Grauens in galaktischen Dimensionen, und genau um diese handelt es sich hier, können allerdings erst heute aufgrund der Entwicklung der modernen Naturwissenschaften, auch der Kosmologie, überhaupt erahnt werden. Auch sie erweisen die Notwendigkeit, daß nur geistig-sittlich hochbegabte Wesen zu demiurgischen Sozietätsbildungen vordringen dürfen.

Die »galaktische Sozietät«, zu der hin sich nun die solare Sozietät öffnet, ist also jene künftige Menschheit, die sich in einer fernen, wenn auch nicht allzu fernen Zukunft in den galaktischen Ereignisraum bewegen wird, um ihn zu entdecken und um auch zu versuchen, ihn zu kolonisieren. Nicht nur die Errichtung phantastischer Weltraumstädte, deren Verwirklichung bereits eingeleitet wird, sondern auch die Kontakte zu anderen planetoiden Sozietäten erschienen denkbar.

Diesen anderen personal-galaktischen Wesen haben wir dann in einem »brüderlichen Geiste« der Gandhischen »ahimsa« zu begegnen, mögen sie auch vielleicht von uns verschieden sein. So meint Carl Sagan, es komme darauf an, »ob wir fähig sind, zu erkennen, daß Wesen, die vielleicht ganz anders aussehen als wir, vielleicht sogar irgendwie ›monströs‹, daß diese Wesen trotz allem Freundschaft und Achtung, Brüderlichkeit und Vertrauen verdienen. Vor uns liegt ein weiter Weg... Am wahrscheinlichsten ist es, daß wir auf extraterrestrische Intelligenzen stoßen, deren Gesellschaft weit fortgeschrittener ist als unsere.« Carl Sagan neigt überdies dazu, diese höherentwickelten Sozietäten auch als »gütige« zu verstehen.

Es ist überdies fraglich – sieht man von den vorhin erwähnten Weltraumstädten ab –, ob zu diesem Zeitpunkt unsere Menschheit überhaupt noch auf dem Planeten Erde existiert, dort verblieben ist. Es ist vielmehr eher anzunehmen, daß sie bereits andere ferne Planeten in unserer Galaxis zu kolonisieren begonnen haben wird. Es ist aber auch nicht auszuschließen, daß sie dann andere planetoide Sozietäten dem von ihr errichteten »Planetenverband«, ihrem »galaktischen Imperium« – oder wie immer man sonst die Herrschaft der Menschheit in der Galaxis bezeichnen mag – eingeschlossen haben könnte.

Vielleicht wird diese künftige galaktische Sozietät auf eine jede Phantasie übertreffende Vielfalt von galaktisch-personalen Wesen stoßen. Vielleicht wird dann diese galaktische Sozietät auch eine bisher unbekannte Entsprechung und Verbundenheit wie aber auch Verschiedenheit dieser planetoiden Sozietäten erkennen, und sie wird darangehen, die Inhalte ihrer differenziert entwickelten Bewußtseinsmomente miteinander zu vergleichen. Vielleicht wird dann diese künftige galaktische Sozietät, zu der unsere Menschheit werden wird, etwas wie ein umfassendes Nervensystem, etwas wie einen Organismus unserer Galaxis entdecken. Sie wird aber dann, dieser Vielfalt von planetoiden Sozietäten konfrontiert, erstmals auch ihre Einzigkeit bestimmen können. Sie wird vielleicht etliche Kommunikationsmöglichkeiten zur Verständigung mit eben diesen anderen planetoiden Sozietäten entdecken oder selbst entwikkeln.

Sie wird vielleicht auch auf eine Reihe von planetoiden Sozietäten stoßen, die uns niemals gleich, aber weitgehend ähnlich sind. Sie wird vielleicht entdecken, daß die Idee einer demiurgischen Revolution des galaktischen Seins vielen planetoiden Sozietäten gemeinsam ist. Sie wird vielleicht aber auch entdecken, obwohl dies der unwahrscheinlichste Fall sein dürfte, daß unsere Menschheit als einzige und erste planetoide Sozietät die Idee einer demiurgischen Revolution des galaktischen Seins proklamiert.

Unsere galaktische Sozietät wird vielleicht auch beginnen, den Dialog mit anderen planetoiden Sozietäten unserer Galaxis aufzunehmen. Die Weiterentwicklung unserer Menschheit wird dann nicht mehr wie bisher in einer galaktischen Quarantäne erfolgen, sondern innerhalb eines einzigartigen, vielleicht bereits das gesamte Universum umgreifenden Bewußtseinsstromes und Kommunikationsnetzes. *Unsere Menschheit wäre dann der Empfänger wie der Geber eines einzigartigen »galaktischen Kulturaustausches« geworden, ein einheitliches universales Bewußtsein anstrebend.*

Die Menschheit wäre aber in dieser Zukunft auch nicht mehr als eine nur auf diesen winzigen Planeten begrenzte Sozietät vorzustellen, sondern als eine Sozietät, die im Sonnensystem, sei es auf anderen Planeten, sei es in Weltraumstädten, aber auch tief in galaktischen Bereichen mit ihren Kolonien auf fernen Planeten in fernen Sonnensystemen in einem engen Kontakt steht. Die galaktische Sozietät hätte sich dann vielleicht zu einem galaktischen Imperium erweitert.

Eine solche Sozietät, von solchen galaktischen Dimensionen bestimmt, strebt nun mit großer Wahrscheinlichkeit einer noch höheren Stufe ihrer Entwicklung entgegen, nämlich einer *demiurgischen Elitesozietät.* In diesem Zusammenhang darf nie vergessen werden, daß die Fortschritte der technischen Zivilisation sehr oft von Entwicklungen der geistigen Potenzen begleitet werden, die sich dann so hoch entfalten, daß sie die technische Zivilisation überholen und schließlich sogar als rückständig enthüllen. Denn die technische Zivilisation erweist sich nur so lange als notwendig, solange es einer galaktischen Sozietät nicht gelungen ist, zur vollen Entfaltung ihrer geistigen, ihrer mentalen Energien vorzustoßen.

Andererseits aber könnte auch eine fortschrittliche technische Zivilisation einen solchen hohen Grad ihrer Entwicklung erreicht haben, daß sie von einer sogenannten »kosmisch-magischen Kultur« nicht mehr zu unterscheiden ist. In diesem Sinne meint auch C. Clarke – viele Jahre hindurch Präsident der British Interplantary Society und Autor eines Buches über die Perspektiven der Raumfahrt: »Unsere Zukunft im Weltall« –, »daß eine ausreichend fortgeschrittene Technik nicht von Magie zu unterscheiden ist«.

Wie auch immer, so wird jedoch jede planetoide Sozietät, die sich zu einem *galaktischen Wirkungsquant* entwickelt, die es also vermag, die raum-zeitliche Isolierung, die »galaktische Quarantäne«, in die jede planetoide Sozietät hineingeworfen wurde, zu überwinden, von sehr bedeutsamen Energien ihrer Intelligenz und ihres Geistes bestimmt.

Von Energien, die unsere gegenwärtigen Vorstellungen weit übersteigen. *Diese intellektuellen und geistigen Kräfte konzentrieren sich in dem vorhin erwähnten »galaktischen Wirkungsquant«. Es bezeichnet somit das gelungene prometheisch-faustische Experiment einer planetoiden Sozietät, in und um sich ein Feld physikalischer und geistiger Energien aufzubauen, welche es dieser betreffenden Sozietät ermöglichen, in das galaktische Sein nach freiem Ermessen einzugreifen, es demiurgisch, das heißt kreativ zu gestalten, es zu verändern, um es letztlich in einer einzigartigen revolutionär-galaktischen Aktion zu durchstoßen, zu überwinden und zu verwandeln.*

Diese demiurgische Revolution des galaktischen Seins aber wird geradezu unvorstellbar in ihrer Wirkung verstärkt, wird sie durch die demiurgischen Revolutionen und durch die ihnen vorangehenden physikalischen und geistigen Energien von »n« anderen planetoiden Sozietäten dieser Galaxis, erweitert durch die demiurgischen Energien von »n« anderen Galaxien, in ihrer Energiemenge und in ihrer Zielkraft potenziert.

Diese gleichsam »koordinierte demiurgische Revolution« des galaktischen Seins durch »n« planetoide Sozietäten von »n« Galaxien könnte für die schon bestehenden oder in Entstehung begriffenen Kommunikationssysteme innerhalb der Galaxien und zwischen ihnen vorbereitet werden. Erst die Addition der demiurgischen Potenzen von »n« vielen planetoiden Sozietäten von »n« vielen Galaxien vermag voraussichtlich zu einer Veränderung, zu einem entscheidenden Eingriff, zu einer Transformation nicht nur galaktischer, sondern auch weiter kosmischer Bereiche unseres Universums, letztlich vielleicht sogar zur Transformation des Universums selbst führen.

Auch Carl Sagan läßt keinen Zweifel daran, daß hochentwickelte planetoide Sozietäten zu entscheidenden demiurgischen Aktionen fähig sein könnten, die in die Strukturen des Universums, in sein Sein eingreifen. So meint er u. a.: »Sicher gibt es zumindest ein paar Zivilisationen, die hundert Millionen oder gar eine Milliarde Jahre in unserer technologischen Zukunft leben. Mit riesigen Energiequellen ausgestattet, müßten diese Zivilisationen fähig sein, den Kosmos neu aufzubereiten.«

Diese Worte zielen auf die vielleicht größte Idee dieses Universums, nämlich auf seine Transformation in ein höheres Sein. *Diese Perspektiven weisen aber auch auf die These hin, daß galaktische Sozietäten, die einer Weiterentwicklung fähig sind, sich in demiurgischen Elitesozietäten vollenden.*

Das heißt in Gemeinschaften, an deren Spitze einige wenige, aber höchste geistig-personale, fast heilige Potenzen stehen, welche fähig sind bzw. fähig werden, diese demiurgische Revolution, diese Transformation galaktischen Seins, diese – ich wiederhole es hier geradezu feierlich – vielleicht größte Idee des Universums zu verwirklichen.

Solche Demiurgen, solche *Superzivilisationsgötter* für einzelne Galaxien nimmt auch Carl Sagan als denkbare Möglichkeit an (vgl. Carl Sagan/Jerome Agel, »Nachbarn im Kosmos«, 1975, S. 193).

Nach diesen allgemeinen Darlegungen erscheint es nun notwendig, daß wir uns im nächsten Abschnitt dem Wesen des demiurgischen Menschen bzw. des Demiurgen selbst und den Vorentwürfen, die aus unserer Menschheit dahin weisen, zuwenden.

9.
Die Entwicklung zum demiurgischen Menschen, zum großen Meisterverwandler und Schöpfer der Zukunft

Die Entwicklung zum demiurgischen Menschen umspannt Jahrtausende und ist ungemein dramatisch und erregend. Sie umfaßt praktisch das Leben aller Menschen, die gelebt haben und noch leben werden. Sie läßt sich auch an vielen entscheidenden Punkten der Kultur- und Geistesgeschichte der Menschheit wie vor allem auch der Geschichte der Weltreligionen und der Philosophie erkennen. Sie ist aber untrennbar mit der fortschreitenden Entwicklung des kosmischen Bewußtseins der Menschheit verbunden. Je mehr sich jedoch der Mensch in das Universum einbewegt, desto mehr bewegt er sich zugleich seinem inneren, seinem personalen und geistigen Universum, seinem »Weltinnenraum« entgegen. Je mehr die Menschheit sich solaren und galaktischen Bereichen zubewegt, desto mehr bewegt sie sich der Entdeckung, Entfaltung und kreativen Erlösung der in ihr zutiefst verborgenen Geistnatur entgegen.

Das bedeutet aber auch, daß *jene Menschheit, die fähig werden wird, in weite galaktische Bereiche zu dringen, als jene eminent geist-energetische Menschheit zu begreifen sein wird, die sich auf die Demiurgie vorbereitet.*

Welche Voraussetzungen lassen nun erkennen und hoffen, daß der Weg des Menschen hin zum Demiurgen eines galaktischen Äons führt? Zweifellos, es ist ein weiter Weg, der sowohl in die Zukunft als aber auch in die Vergangenheit führt.

Jüngste anthropologische Funde haben das Alter des Menschen auf etwa 5 Millionen Jahre festgelegt. Doch nach Carl Sagan ist der Mensch zuletzt »kosmische Materie, die über sich nachdenkt«.

Der Fortschritt des Menschen, vorausgesetzt, er überwindet seine apokalyptische Grenzschwelle, wird stets auch in Verbindung mit der Aktivierung seiner Gehirnstrukturen zu sehen sein. So schreibt der Anthropologe Sir Wilfried Le Gros Clark: »Die ganze Evolutionsgeschichte der Primaten ist durch einen speziellen Zug gekennzeichnet, der sich der Aufmerksamkeit sehr nachdrücklich aufdrängt, und das ist die fortschreitende Ausdehnung und Verfeinerung des Gehirns. List und Schlauheit der frühen Primaten sind zur Intelligenz der höheren geworden, und der Mensch hat alle anderen Mitglieder des Tierreiches mit seiner Fähigkeit zu geistigen Aktivitäten der kompliziertesten Art weit hinter sich gelassen.« (W. E. Le Gros Clark: »History of the Primates«, 1970)

Hinzu kommt, daß unser Gehirn nur zu einem Zehntel aktiviert ist. Es wird nun weitgehend angenommen, daß die weitere Aktivierung des Gehirns auch zu einer weiteren Aktivierung der menschlichen Intelligenzen führt. Das Gehirn, der Sitz des menschlichen Intellekts, das aus Billionen Zellen besteht, ist jedoch ungemein kompliziert aufgebaut. »Die Verbindung zwischen den Zellen«, bemerkt John Taylor in seinem Buch »Die schwarzen Sonnen«, »sind so komplex, daß sie sich bis heute unserem Verständnis entzogen haben und dies vielleicht auch noch für einige Zeit tun werden. Aber allmählich lernen wir einige der wenigen subtilen Merkmale geistiger Aktivität verstehen, und es sind bereits einige Schritte unternommen worden, Maschinen zu konstruieren, die intelligent handeln können...«

Diese Billionen Nerven und Gehirnzellen geben dann den Billionen Zellen unseres Körpers die Informationen weiter. Diese Mengen der Zellen lassen wieder an galaktische Mengen denken. So befindet sich in einer Entfernung von 5 Milliarden Lichtjahren, und zwar im Sternbild des Koma oder des Hauses der Berenike, wie man glaubte feststellen zu können, eine Riesengalaxis von einer Billion Sonnen, eine Galaxis, die zehnmal so groß wie unsere Milchstraße ist.

In einer einzigen Neutronenzelle sind annähernd 20 Millionen RNS-Moleküle enthalten, jedes für sich ein eigenes Zentrum der Energieverteilung. Hinzu kommen unzählige Moleküle unterschiedlichster Art, wobei jeder Mensch aus nicht weniger als

7 000 000 000 000 000 000 000 000

Atomen besteht, also ein gewaltiges Zellenuniversum darstellt. Man könnte sich nun vorstellen, daß die astronomische Zahl von Informationen, aus denen sich Geist und Persönlichkeit eines Menschen zusammensetzen, in den Energiekonfigurationen der Moleküle gespeichert sein könnten. Allerdings bedingt die Summe von Informationen auch dann, wenn sie astronomische Variantenzahlen umfaßt, noch keine Persönlichkeit, die zusätzlich noch durch eine ganz spezifische Einzigkeit bestimmt wird.

Schließlich drängt sich als Ergebnis dieser Darlegungen ein faszinierender Gedanke auf: Vielleicht befinden sich die Strukturen des Zentralnervensystems in Verbindung mit den Billionen anderer Körperzellen eines Menschen in einer gewissen Entsprechung zu den Strukturen unserer Galaxis, und vielleicht ist es gerade dieses Moment, das befähigt, uns den galaktischen Strukturen und dem galaktischen Bewußtsein überhaupt entgegen zu öffnen. Mit anderen Worten: Vielleicht ist es gerade die Entwicklung unseres Zentralnervensystems, das uns vorerst den solaren und dann den galaktischen Strukturen und ihrem Bewußtsein entgegenführt. Und umgekehrt: Unsere immer bewußtere Zubewegung zu den solaren und galaktischen Ereignisbereichen entwickelt unser Zentralnervensystem immer intensiver, macht es dafür »bereit«, öffnet es.

Besteht nun diese hier vorläufig nur hypothetisch angenommene Wechselwirkung zwischen der Struktur unserer Galaxis einerseits und der Struktur unseres Gehirns andererseits, so muß der künftige Mensch in einer neuen, in einer ungemein erregenden galaktischen Perspektive erkannt und neu definiert werden. In diesem Sinne stellt er daher die kleinste personale Bewußtseinseinheit dar, die nicht nur einem bestimmten Sonnensystem, sondern unserer gesamten Galaxis und ihrem Bewußtsein zugeordnet ist.

Diese Zuordnung läßt aber etwas wie eine gewisse Entsprechung erkennen. Diese Entsprechung zwischen Mensch und Galaxis, die hier anstelle der Entsprechung von Mensch und Universum tritt, deutet sich nicht nur in dem indischen Mythos vom Purusha, dem kosmischen Urmenschen, an, aus dem alles geschaffen worden ist, nicht nur in dem chinesischen Mythos vom Weltbaumeister P'an-ku und nicht nur in der kabbalistischen Vision des Adam Kadmon, sondern sie offenbart sich auch in der stark geläuterten Form des Tantrismus, wie er im Fernen Osten, vor allem auch in Japan, gelehrt wird. Dort wird der menschliche Körper, der Mensch überhaupt, als Entsprechung eines »Pan-Buddhas« verstanden, der Mahavairocana, d. h. »großer Erleuchteter«, genannt wird. Nach dieser Idee ist der Körper des Menschen sozusagen die Miniaturausgabe des kosmischen Leibes dieses Pan-Buddhas, und unsere Sprache ist identisch mit seiner Sprache, wie unser Denken auch eins ist mit seinem Denken. Daher vollzieht sich die Erleuchtung in uns, sobald wir durch das mystische Ritual, in dem sich Handeln, Sprache und Denken vereinen, in uns selbst diese wesentliche Gleichheit mit dem Buddha wiedergefunden haben. Eine Gleichheit, die uns existent ist, ohne daß wir es wissen (vgl. Pierre Grimal, »Mythen der Völker«, II., 1967, S. 213).

Die Entsprechung von Mensch und Galaxis läßt aber auch an gewisse Yogis denken, die – wie sie behaupten – ihren geistigen Leib von ihrem fleischlichen zu lösen vermögen, um ihn auf astrale Reisen hin zu anderen Sonnensystemen unserer Galaxis, aber auch zu anderen Galaxien zu senden. Dies wird dadurch ermöglicht, daß, wie angenommen wird, unsere Galaxis ihre »psychoastrologischen Meridianpunkte« in unserem Gehirn besitzt. Überhaupt scheint die auch geistige Erfassung unserer Galaxis, ihres Bewußtseins wie ihrer spirituellen Energie vor allem dann verständlich, wenn den physiologischen Strukturen unseres Gehirns »metaphysiologische Gehirnstrukturen« entsprechen, worauf P. J. Saher in seinem Buch »Zen-Yoga« hinweist.

Vom Leben selbst aus ist der Mensch und wahrscheinlich auch andere intelligente personal-galaktische Wesen auf eine geradezu unbegrenzte Zukunft und Chance hin angelegt. »Wenn die Molekularbiologen mit ihrer Überzeugung, daß sich unter günstigen Bedingungen stets Leben entwickeln wird, recht haben«, wie der englische Autor Adrian Berry meint, »dann folgt daraus, daß es für Menschen – oder irgendwelche andere intelligente Wesen – kaum Grenzen des Erreichbaren gibt. Wir könnten gar nicht nachdrücklich genug den Physiologen Constantin Generales zitieren, der einmal gesagt hat, daß zwar die physische Kraft des Menschen minimal ist, daß er jedoch lernen kann, Kräfte anzuwenden und zu lenken, die trillionenmal so stark sind wie er selbst.« (Zit. aus Adrian Berry, »Die große Vision«, 1975, S. 239 und C. D. J. Generales, »Quest for Cosmic Survival«, N.Y. State Journal of Medicine, 15. 5. 1970.)

Spricht man nun von der Entfaltung der demiurgischen Potenzen des Menschen, so darf nicht vergessen werden, daß sich diese durch die Herausforderung und Konfrontation mit den galaktischen Bereichen steigern werden. In diesem Sinne kann von einer faszinierenden Wechselwirkung gesprochen werden: Die Galaxis bzw. das Universum fordert sozusagen die planetoiden Sozietäten, ihre geistigen, letztlich ihre kreativen Potenzen heraus, damit diese durch die immer stärkere Bewußtwerdung ihrer demiurgischen Kräfte zum Wandler und Erlöser eben dieser Galaxis bzw. des Universums von seinen pantragischen Dimensionen werden. Träger dieser Aktionen aber sind die Demiurgen.

Diese Entwicklung zum demiurgischen Menschen der Zukunft kündet sich bereits in den Kategorien des solaren und des galaktischen Menschen an:

Der *solare Mensch* ist als geistige Mitte und Vollendung unseres Sonnensystems zu denken. In ihm wird der Geist dieses bewußt, mehr noch: Er wird im Menschen erstmals »demiurgisches Geistquant«. Hier ist nun nachdrücklich auf die unmittelbare Beziehung zwischen dem Menschen und dem Sonnenkosmos hinzuweisen. Ein Bezug, der einsichtig werden läßt, wie sehr jener Mensch, der sich bereits zu einem »planetoiden Menschen« entwickelt hat, auch als »solarer Mensch« zu begreifen sein wird. Als ein Wesen nämlich, das weitgehend vom Charakter unseres Sonnensystems mitbestimmt wird. Denn alles in unserem Sonnensystem scheint auf die Entwicklung des Menschen hin angelegt: Die Sonnenatmosphäre, die mit dem Sonnensystem identisch ist, bildet eine einzige schützende Kugel mit einem Durchmesser von 12 Milliarden Kilometern. Diese Kugel unserer Sonnenatmosphäre schützt uns vor der kosmischen Strahlung. Erst innerhalb dieser Kugel, dieser solaren Eisphäre sozusagen, kann sich unser Leben entwickeln. Dazu bemerkt Hoimar von Ditfurth, daß sich gerade aus »den neuesten Forschungen ergibt, daß die Erde, und damit auch die Menschheit, keineswegs beziehungslos in einem für uns letzten Endes gleichgültigen Weltraum existiert, sondern daß wir und unser Ergehen einbezogen sind in ein unglaublich kompliziertes verzweigtes Netz kosmischer Einflüsse und Zusammenhänge, an die unsere Existenz gebunden ist.«

Dieses Netz vermögen wir vielleicht noch umfassender zu erkennen, dringen wir in den Sonnenkosmos ein, beginnen wir ihn als unsere unmittelbare kosmische Heimat zu entdecken und auch zu empfinden, vor allem aber auch zu gestalten. In diesem Sinne müssen wir die Erforschung der Planeten unseres Sonnensystems, seine Neuordnung und vielleicht auch die Urbarmachung des Planeten Venus oder Mars erkennen, wie sie Carl Sagan zur Diskussion stellte. Doch bereits diese Fähigkeit, so auch die Möglichkeit, den Planeten Jupiter aufzusprengen, um aus ihm viele »Erden« zu gewinnen, weist zweifellos und unübersehbar auf die demiurgischen Aspekte eines solaren Menschen hin.

Das Schicksal unserer Galaxis prägt nun bis zu dem künftigen Eindringen in den galaktischen Ereignisraum auch die solarplanetoide Existenz des Menschen mit. Doch es darf angenommen werden, daß diese »galaktische Bedingung« künftig durch eine »galaktische Gestaltung« ersetzt wird, bewirkt durch die fortschreitende Bewußtwerdung der demiurgischen Potenzen des Menschen. Diese Potenzen werden immer intensiver werden, je mehr sich der Mensch in die Galaxis, das heißt aber auch in ihren Bewußtseins-, in ihren Katastrophenraum einbewegt.

Diese Potenzen werden voraussichtlich um so mehr zunehmen, je mehr der Mensch die Voraussetzung des galaktischen Ereignisfeldes kennenlernt, je mehr er seine dann bereits schon wahrscheinlich sehr große Informationsmenge über den galaktischen Ereignisbereich durch eine uns noch unbekannte Informationsmenge anderer planetoider Sozietäten vermehren wird. So werden diese Informationen, verbunden den Herausforderungen, die vom galaktischen Ereignisfeld her auf den *galaktischen Menschen* zukommen, dahin führen, daß der Mensch beginnen wird, die Galaxis nicht nur zu entdecken und zu kolonisieren, sondern er wird auch beginnen, in sie demiurgisch einzugreifen.

In der Bewegung in den galaktischen Ereignisraum hinein könnten wir, wie Carl Sagan glaubt, auch intelligenten Wesen begegnen, die einst auf Planeten, unserem ähnlich, aufgewachsen sind, die »ihre Aktivitäten dann aber in das weitaus größere Spielfeld des interstellaren Raumes verlegt haben. Wesen in weit entfernter technologischer Zukunft müssen eigentlich Fähigkeiten besitzen, von denen wir uns heutzutage noch keine Vorstellung machen können. Es ist nicht auszuschließen, daß solche Gesellschaften die Materie und die Energie von Sternen und ganzen Galaxien für ihre Zwecke einsetzen können. Genauso wie wir heute auf dem Land beheimatete Organismen sind, obgleich wir uns ursprünglich im Meer entwickelt haben, könnten im Universum Gesellschaften leben, die ursprünglich von Planeten stammten, die sich jetzt aber nur in den Tiefen des interstellaren Raumes wohlfühlen.«

Auf diese außerordentlichen Entfaltungsmöglichkeiten, die den personal-galaktischen Wesen innezuwohnen scheinen, deuten aber auch noch eine Reihe anderer Erwägungen hin. So weist John Taylor in seinem hier bereits zitierten Buch »Die schwarzen Sonnen« darauf hin, daß man die Existenz der sogenannten »black Holes« auch als eminente Ausgangspunkte kosmischer Energiegewinnung verstehen kann. Er meinte dazu: »Schwarze Löcher sind gefährlich. Was sie erst einmal an sich gerissen haben, geben sie nicht wieder frei. Wenn es im Universum tatsächlich schwarze Löcher geben sollte – und wir haben gesehen, daß die Wahrscheinlichkeit dafür spricht und daß es bestimmt nicht wenige sind –, dann sollte man sie meiden wie die Pest. Allerdings kommt dabei Materie ins Spiel, die so dicht zusammengepreßt ist, wie wir uns das gar nicht vorstellen können. Beim Kollaps eines Sterns, der ein schwarzes Loch bildet, werden ungeheure Mengen Energie freigesetzt, und wenn dann diese Materie von einem bereits gebildeten schwarzen Loch verschluckt wird, müßte eigentlich noch mehr Energie erzeugt werden. Daraus läßt sich schließen, daß das schwarze Loch ein riesiges Energiereservoir ist. Energie ist die treibende Kraft des Universums. In ihr ruht das Geheimnis unserer Existenz als beseelte Wesen in einem unbeseelten Universum. Mit einem genügend großen Vorrat an Energie können intelligente Wesen wie wir die Welt erobern. Schwarze Löcher besitzen also die verlockende Möglichkeit, uns dabei zu helfen, dieses Ziel zu erreichen.«

Schwarze Löcher könnten jedoch nicht nur dazu dienen, daß intelligente Wesen diese »Welt erobern«, sondern auch dazu, daß diese ungeheuren Energien dafür eingesetzt werden, dieses galaktische Sein demiurgisch zu transformieren.

Bereits der russische Provinzlehrer Konstantin Tsiolkowskij schrieb die so ungemein interessanten Worte: »Warum sollte man nicht die Möglichkeit bedenken, daß hochorganisierte, vernunftbegabte Wesen die Eigenschaften ganzer Sterne verändern.« Von hier aus führt zweifellos der Weg zu den Plänen der sogenannten Dyson-Sphäre, zu jenen Entwürfen, die vorsehen, den Planeten Jupiter aufzusprengen, um aus ihm 38 erdähnliche kleinere Planeten in einem günstigen Abstand um die Sonne kreisen zu lassen.

Tsiolkowskij stellte überdies auch die Idee der Existenz von hochentwickelten Zivilisationen in den Kernbereichen der verschiedenen Milchstraßensysteme zur Diskussion, meinte er doch u. a.: »Vielleicht sind die merkwürdigen Erscheinungen, die im Kern der Galaxien beobachtet werden, auf die Initiative uns unbekannter Zivilisationen zurückzuführen? Und schließlich, könnte man nicht als Ursache der außergewöhnlich starken radioaktiven Strahlung mancher Milchstraßen einen Bildungsprozeß hochorganisierter Materie annehmen, die ›vernunftbegabt‹ zu nennen uns schwerfällt?« Und er schließt seine Darlegungen mit der Hoffnung, mit dem Bekenntnis zur Existenz galaktischer Demiurgen. »Hoffen wir«, schreibt er, »daß die ›kosmischen Wunder‹, die wir beobachten, Wunder der Intelligenz in den Welten sind, Zeugnis der Existenz der Herren des leuchtenden Himmels, der für immer ihre Zitadelle ist.«

Auf diese »Herren des leuchtenden Himmels« aber weist auch Carl Sagan hin, der in dem Buch »Nachbarn des Kosmos« die mögliche Existenz von »Superzivilisationsgöttern«, das heißt von Demiurgen, als Möglichkeit in seine Darlegungen und Spekulationen einschließt. Erregende Perspektiven brechen hier auf. Und sie sind mit den Demiurgen verbunden, die auch aus unserer Menschheit erstehen werden.

Auf diesen demiurgischen Menschen der Zukunft aber gibt es durch alle Zeiten hindurch Vorentwürfe und Vormodelle. Er ist es auch, der in den Mythen und Sagen der Völker aufleuchtet, denkt man etwa an Prometheus, Herakles oder Perseus! Es ist auch nicht auszuschließen, daß viele uralte kosmische Kulturen, wie es vielleicht einmal Lemuria oder Atlantis gewesen sein mochten, an demiurgischen Versuchen durch katastrophale Vernichtung zugrunde gegangen sind. Vielleicht bezieht sich darauf der gewaltige Mythos vom Turmbau in Babel. Jedenfalls aber umschließt dieser Versuch, einen Turm bis zum Himmel zu bauen, das Gleichnis eines einzigartigen, eines demiurgischen Strebens bis hin zum letzten Sein, zum Urgrund des Seins überhaupt vorzudringen.

Das Bewußtsein einer gleichsam »christozentrischen Demiurgie« aber bricht ohnegleichen im Johannes-Evangelium auf, wo Christus an die gewaltigen Worte des Psalm 82,6 erinnert und diese bis zum Ende aller Zeiten aktualisiert. Jene Worte, die lauten, daß die Menschen Götter sind (Joh. 10,34). Und die berühmten Worte von Paulus im Römer 8,19: »Denn die ganze Schöpfung wartet sehnsüchtig auf das Offenbarwerden der Söhne Gottes«, können auch als ein Hinweis auf jene künftigen galaktisch-demiurgischen Menschen verstanden werden, welche im Sinne einer Integration hin zum Göttlichen die Transformation des galaktischen Seins durchführen werden, damit diese Schöpfung und mit ihr die ganze Kreatur auch wirklich erlöst werde.

Das Streben nach Selbstverwirklichung, nach Vergöttlichung des Menschen durch das kosmische Bewußtsein, die Einheit von »brahman« und »atman«, ein Jahrtausende altes Axiom indischen Geistes, ist so bekannt, daß es hier nur in Erinnerung gerufen werden soll. Das ist eine Tendenz, die auch in der Renaissance des Hinduismus, von Ramakrishna über Vivekanada bis hin zu Sri Aurobindo und weiter bis zu P. J. Saher eine der größten Botschaften indischen Geistes geblieben ist. Es führt nämlich kein Weg hin zu einem künftigen galaktisch-demiurgischen Menschen, der nicht den Geist Indiens und den des Yoga tangiert oder einschließt.

Dieses Streben nach Gottähnlichkeit charakterisiert auch die Zeit der sogenannten Väter, der Patristik, die Zeit der geistigreligiösen Führer des Christentums bis ins 7. Jahrhundert n. Chr. So forderte der große Kirchenvater Origines von Alexandria (185–254 n. Chr.), daß die Asketen durch ihr »engelsgleiches Leben« das Einwohnen des Logos in ihre Seele zu entwickeln haben, um so die »Homoiosis Theõ«, die »Angleichung des Menschen an Gott«, anzustreben. Für Isaak den Syrer, gestorben etwa um 460 n. Chr., wird der Mensch durch seine große Barmherzigkeit zu allen Geschöpfen, letztlich auch zu den Reptilien, »gottgleich«.

Und der Grieche Demosthenes Savramis, Professor für Religions- und Kultursoziologie an der Universität Köln, weist in seinem Buch über Christus auf eine entscheidende Erkenntnis der Theologie der Ostkirche hin, die in den Satz gipfelt: »Gott wurde Mensch, damit der Mensch Gott wird.« (Zit. aus seinem Buch »Jesus überlebt seine Mörder«, 1973) Und Teilhard de Chardin, der erstmals die Christenheit wieder kosmischen Perspektiven zu öffnete, schrieb: »Das vollständige Individuum ist das kosmische Individuum, weil nur dann, wenn wir das All in uns aufgenommen haben und darüber hinausgegangen sind, unsere Individualität vollkommen sein kann.« Das sind Worte, die an Erkenntnisse indischer Geistigkeit denken lassen, wie sie sich vor allem in der Philosophie Sri Aurobindos konzentrieren und die uns sagen, der höchste Typ des Menschen ist der, der in das kosmische Bewußtsein eingetreten ist.

Unmittelbar auf die demiurgische Transformation aber weisen auch jene Worte des katholischen Priesters Dom Le Saux hin, dessen Buch »Indische Weisheit – Christliche Mystik«, 1968 erschienen, dem Verständnis der indischen Dreifaltigkeit, der Trimurti, zugewandt ist. Dom Le Saux schreibt: »Nur wenn im Menschen der tiefste Grund des Seins offen wird, kann die Umgestaltung und Vergeistigung des Kosmos bis in seine Tiefen erfolgen.« Und: »Von all dem aber konnte in der Welt nichts geschehen, ehe der gekommen war und als ganzer Mensch gewirkt hatte, der Ursprung und Ziel dieser Welt ist.« (S. 120) Mit anderen Worten: Erst die Inkarnation Christi auch in unserer Menschheit führt zur Bewußtwerdung christozentrischer Demiurgie, auf die hin eben die Transformation des galaktischen Seins und im weiteren Sinne die Umgestaltung und Vergeistigung des Universums weist. Eine Bewußtwerdung, die erst nach fast zwei Jahrtausenden möglich wird, weil der Begriff »Kosmos« bzw. »Universum« und vor allem auch der unmittelbare kosmische Bereich, in dem wir leben, der Begriff »Galaxis«, grundsätzlich neu, und zwar von der modernen Kosmologie und Astrobiologie her, erfahrbar wird.

Der katholische Theologe Hulsbosch meint in seinem Buch »Die Schöpfung Gottes«, 1965, sehr präzisiert, wenn auch in theologische Vorstellungen eingeschlossen: »Der Mensch muß die Herrschaft über das All erobern.« (S. 202) Ein interessanter Satz, der allerdings von der Hypothese ausgeht, daß der Mensch bereits einmal die Herrschaft über das All besessen hat, und der übersieht, daß sich unsere Menschheit keineswegs allein im Universum befindet.

Und N. Max Wildiers, der als Teilhardforscher weithin bekannt geworden ist, schreibt in seinem Buch »Weltbild und Theologie«, 1974 erschienen, über die zur Unendlichkeit drängende Kreativität des Menschen u. a.: »Im Gegensatz zum Tier, das seine ›Welt‹ von Geburt her mitbekommt, muß der Mensch seine Welt selbst erdenken, selbst entwerfen und selbst aufbauen, und diese Welt ist niemals vollendet, niemals ganz fertig. Es ist das Los des Menschen, daß er niemals mit der Welt zufrieden ist, die er selbst geschaffen hat, daß er sie immer wieder verändert, ohne daß sie ihn jemals befriedigen kann. Bei ihm offenbart sich eine unerschöpfliche Kreativität, so daß die Welt jeder Generation sich von der der vorangehenden unterscheidet.«

Eben diese unerschöpfliche Kreativität ist es, die auf die Demiurgie hinweist. Denn die Demiurgie stellt eine einzigartige und entscheidende Phase der Kreativität dar. Sie liegt teils vor der Vergöttlichung des Menschen, teils greift sie bereits in diese ein bzw. wird von dieser ergriffen. Sie ist ein Integral zu einem geistigen Übermenschen und zu einem Gott-Menschen. Doch nicht nur im sakralen, sondern auch, und zwar noch mehr, im säkularen Raum der abendländischen Kultur ist immer bewußter werdende Bewegung zu einem demiurgischen Menschen hin zu erkennen. Hier, in diesem Rahmen, können selbstverständlich nur Beispiele angeführt, nur Tendenzen und Persönlichkeiten skizziert werden.

So ist Friedrich II., der große Hohenstaufe (1194–1250), der einst als »Wunderbarer Verwandler der Welt« bezeichnet wurde, nicht nur als ein imperialer, sondern auch als ein eminent kosmischer und faustischer Mensch zu begreifen. Nicht umsonst weilte der große Magier, so nannte man damals die »kosmisch Wissenden«, Michael Scotus an seinem Hof in Palermo. Es besteht kein Zweifel, daß es Friedrich II. um ein einheitliches kosmisches Weltbild, um eine Einheitswissenschaft ging, die wir heute als eine künftige »Kosmische Einheitswissenschaft« bezeichnen würden, die man aber damals der Magie einschloß. Eine der Aufgaben der Magie aber war auf die Verwandlung nicht nur der Substanzen, sondern im weiteren Sinne auf die Transformation des Seins an sich gerichtet. So müssen wir Friedrich II. von einer modernen, in die Zukunft weisenden Perspektive aus durchaus demiurgische Momente seines Interesses, seiner geradezu universalen Leidenschaft zubilligen.

Die Magie, die nicht nur Jahrhunderte, sondern Jahrtausende durchzieht, ist als ein Vorentwurf zu einer künftigen Demiurgie hin zu begreifen, allerdings mit dem entscheidenden Unterschied, daß die Demiurgie durch die künftige Bewußtwerdung höchster geistiger und kreativer Potenzen des Menschen bestimmt wird, die Magie sich dagegen sehr oft statt der Aktivierung der eigenen schöpferischen Geisteskraft geglaubter Geister oder Geisterhierarchien bediente. Dieses Moment trifft noch mehr auf die sogenannten okkulten, d. h. geheimen Wissenschaften zu, die zutiefst von dem Streben nach Machtgewinnung über die Natur und ihre Kräfte bestimmt werden.

Ganz in diesem Sinne interpretiert Sri Aurobindo das Wesen

und die Bedeutung des Okkultismus, wenn er schreibt: »Seinem Wesen nach ist der Okkultismus des Menschen Bemühen, zu einem Wissen von den geheimen Wahrheiten und Machtmöglichkeiten der Natur zu gelangen. Das soll ihn herausheben aus der Versklavung durch die physischen Begrenzungen seines Wesens. Im besonderen ist es ein Versuch, die geheimnisvolle, okkulte, nach außen hin noch unentwickelte Macht des Mentals über das Leben und von Mental und Leben über die Materie zu besitzen und auszüben. Zugleich bemüht er sich, Kommunikation mit Welten und Wesenheiten herzustellen, die zu den supraphysischen Höhen, Tiefen und Zwischenbereichen des kosmischen Wesens gehören. Er will diese Kommunion dazu benützen, eine höhere Wahrheit zu beherrschen. Sie soll den Menschen in seinem Willen unterstützen, sich zum Souverän über Fähigkeiten und Kräfte der Natur zu machen. Dieses menschliche Streben geht von der Überzeugung, Intuition oder Ahnung aus, daß wir nicht nur Geschöpfe aus Ton sind, sondern Seele, Mental und Wille, die die Mysterien dieser und jeder anderen Welt erkennen können, und nicht nur Schüler der Natur, sondern ihre Eingeweihten und Meister.« (Zit. aus »Das göttliche Leben«, 2. Buch, Teil 2, S. 282, dtsch. A. 1974)

Diese Charakterisierung der okkulten und auch gewisser magischer Tendenzen enthüllen jene Voraussetzungen der Vergangenheit, die auf eine künftige Transformation des galaktischen Seins, wenn auch von ganz anderen Vorstellungen aus, hinweisen. In diesen Darlegungen Sri Aurobindos findet man aber auch den weiteren Hinweis auf das entscheidende Streben des Menschen, »Meister«, letztlich nämlich »Demiurg« der Natur, d. h. nach unserem modernen kosmischen Weltbild Demiurg des galaktischen Seins, zu werden.

Diese hier angeführten Momente der Magie und des Okkultismus finden sich bereits in den ältesten magischen und geheimwissenschaftlichen Schulen der Ägypter, Chaldäer und Assyrer. Momente, die zuletzt auf eine verlorengegangene oder esoterisch gewordene galaktische Verwandlungslehre zurückzuführen sind, die vielleicht einer auch heute noch existenten galaktischen Urkultur eigen sein könnte.

Bereits der griechische Philosoph Jamblichus aus Chalkis (gest. ca. 330 n. Chr.) hatte ein grundlegendes Buch geschrieben, in dem er besonders auf die Geheimlehren der Ägypter hingewiesen hat. Es ist nämlich nicht als denkunmöglich auszuschließen, wenn auch noch nicht beweisbar, daß die altägyptischen Priesterschulen eine Art Demiurgie gelehrt haben, die sie vielleicht von dem versunkenen Kontinent Atlantis oder, wie P. J. Saher in seinem Buch »Die verborgene Weisheit«, 1971, meint, von dem versunkenen gewaltigen Kontinent Lemuria übernommen haben, der sich einst südlich des heutigen Indiens erstreckt haben soll.

Wie auch immer, es besteht jedoch kein Zweifel, daß Hermes Trismegistos, eine mythenhafte Gestalt, die noch weiter zurück, nämlich auf den gewaltigen geist-magischen Imhotep verweist, am Beginne aller Magie und Geheimwissenschaft steht. Dieser Hermes Trismegistos wird als Autor oder Vermittler – er galt vielen auch als Götterbote – der sogenannten »hermetischen Schriften« bezeichnet. Es sind über 40 griechische, arabische und lateinische Schriften – nach anderen Angaben nicht weniger als 20 000 oder 36 525 Buchrollen – aus dem ersten Jahrhundert n. Chr., die er hinterlassen haben soll. Diese Schriften berühren auch Aspekte der Alchemie, die wieder ungemein von der ägyptischen Geheimwissenschaft bestimmt war.

Diese Schriften berühren auch jene Probleme, die uns heute und noch mehr in der Zukunft beschäftigen werden. Probleme, die auf gewisse Perspektiven einer galaktischen Demiurgie hinweisen, so etwa: Entstehen und Vergehen, Urmaterie, Mischung und Ineinanderverwandlung, Transelementation, überhaupt alle Metamorphosen des Stoffes wie die Ideen von dem Keimen und der Zeugung, wie vor allem die Herstellung des sogenannten »Homunculus«. Auch Albertus Magnus (1193–1280), der vielleicht bedeutendste universale Denker des Mittelalters, weshalb ihm auch der Ehrenname »Doctor universalis« verliehen worden ist, bezeichnete in seinen Schriften diesen legendären Hermes Trismegistos als einen der Großen der Vorzeit, der ihm als ein »seelenbeherrschender Gott von zauberhafter Universalität« erscheint (vgl. Franz Strunz, »Astrologie, Alchemie, Mystik. Ein Beitrag zur Geschichte der Naturwissenschaften«, 1928).

Diese demiurgischen Transformationstendenzen aber findet man – allerdings ohne ein weltenschöpferisches Konzept von neuen Dimensionen – ebenfalls in der Magie, die glaubte, ein praktisches Wissen der verborgenen Mysterien der Natur zu besitzen, und die daher auch einen »aktivierenden Eingriff des Geistes in die Natur« forderte (vgl. Horst E. Miers, »Lexikon des Geheimwissens«, 1976).

Allein schon das Wort Magie läßt jedoch sofort an Dr. Johannes Faust denken, der wahrscheinlich etwa in der Zeit um 1480–1540 gelebt hat. Gerade seine legendenumwobene Gestalt wurde zum Gleichnis jener Geisteskraft, die wir ab ihm als »faustisch« bezeichnen. Keiner seiner Vorgänger, keiner seiner Zeitgenossen und auch keiner seiner Nachfolger, weder der Abt von Sponheim, Trithemius, noch der Renaissancephilosoph und Kabbalist Pico della Mirandola (1463–1494), noch Agripa von Nettesheim (1486–1535), der eine »Occulta philosophia« geschrieben hat, also eine »Geheimphilosophie«, noch der große Paracelsus (1493–1571) und auch nicht der später lebende John Dee (1527–1608), der berühmte englische Mathematiker und Astrologe, der bekanntlich ein vertrauter Berater der Königin Elisabeth I. von England war, wurde so sehr zu einem Jahrhunderte überbrückenden, nicht nur magischen, sondern auch geistigen Archetyp wie gerade Faust.

Aber bereits vor der eigentlichen »Achsenzeit der Fauste«, die etwa zwischen 1460–1560 gelegen ist, wurde um 1458 die sogenannte »Heilige Magie des Abramelin« von Abraham von Worms an Lamech, seinen Sohn, geschrieben. Nach seiner eigenen Lebensbeschreibung begegnete Abraham von Worms nach zehn Jahren in Ägypten seinem Meister, dem großen Abramelin. Wieder nach Worms zurückgekehrt, begann er dann im Jahre 1409 mit der Ausübung der Magie, die er nach seinen eigenen Worten bis zu seinem 96. Lebensjahr »mit größtem Erfolg und größter Ehre« ausgeübt hat. Ausdrücklich bemerkt er auch, daß derjenige, der die magischen Operationen – und zwar stets mit Beschwörung bestimmter Geister, deren Namen er alle in seinem Buch aufzählt – ausführt, »große Macht erhält«.

Sie ermöglichte es ihm, wie Abraham von Worms dann weiter schreibt, verschiedene Fähigkeiten zu erlangen. So die Vergangenheit und Zukunft in allgemeinen Zügen erkennen, die alchemistischen Arbeiten weiter ausführen, in das Schicksal anderer Menschen eingreifen, sich selbst, seine Gestalt wie sein Gesicht verwandeln zu können, über Wasser zu gehen, durch verschlossene Türen zu schreiten, Krankheiten zu heilen, durch die Lüfte zu fliegen wie aber auch Verstorbene für sieben Jahre wieder zum Leben erwecken zu können. Davon abgesehen aber erlangte Abraham von Worms die Fähigkeit, gewisse Momente unserer Wirklichkeit, so etwa Landschaften, Berge, blühende Wiesen, Seen und Flüsse, aber auch Paläste und Schlösser wie aber auch bestimmte Tiere illusionär erschaffen zu können.

In diesem Zusammenhang scheint nun noch besonders der Hinweis interessant, daß man durch die Magie, und zwar mit Hilfe böser Geister, »Opern, Komödien, jegliche Tanz- und Musikvorführungen erscheinen lassen kann« (»Die heilige Magie des Abramelin«, hrsg. v. Johann Richard Beecken, 1957, S. 86). Da im künstlerischen Ereignisraum des Theaters die ganze Welt zur Darstellung gelangt, so deutet diese Fähigkeit, Opern und Komödien wie Tanz- und Musikspiele erscheinen zu lassen, auf den besonderen Charakter des Welttheaters an sich hin, das nämlich den illusionären Charakter unserer Wirklichkeit nicht nur brennpunktartig spiegelt, sondern ihn durch die illusionäre Darstellung gleichsam noch steigert.

Aber auch in diesem Buch des Abraham von Worms erscheint Ägypten viele Jahrhunderte vor Paul Bruntons bekanntem Buch »Geheimnisvolles Ägypten«, 1951, als eines der Zentren letzter Weltgeheimnisse und auch der Magie. So vollzog sich gerade in Ägypten die Einweihung des Pythagoras. Die Philosophie, die Ideenlehre Platons ist jedoch undenkbar ohne die Weisheit der Priesterschulen Ägyptens. Es war nämlich Ägypten, das um die Mitte seiner 4. Dynastie die Welt der Begriffe durch einen »Kosmos von Ideen« ersetzt hat, wie Joachim Spiegel in seinem Buch »Das Werden der altägyptischen Hochkultur« erklärt, und er meint dann: »Es erscheint zweifellos, daß die Ideenlehre Platons von der hier geschilderten ägyptischen Weltanschauung, die durch alle weiteren Jahrhunderte der ägyptischen Geistesgeschichte als maßgebende Grundströmung des ägyptischen Denkens weiterwirkt, wesentliche Anregungen empfangen hat und von hier ihren letzten Ursprung ableitet.« (S. 302) Diese Ideen, diesen »Gestalt-Begriffen«, wurde von den Ägyptern, wie Joachim Spiegel weiter schreibt, »das gleiche absolute Sein zugeschrieben, das nach Platons Lehre den Ideen zukommt. In ihnen verkörpert sich die göttliche Wesenheit des Ka.« Dieser »Ka« wird als göttliche Schöpferkraft verstanden, die aber einer Person verbunden vorzustellen ist. So hieß es im Alten Reich über den »Ka«: »Der Ka ist der Bildner (Schöpfer).« Vorstellungen, die uns also zweifellos an ein Wesensmoment auch des künftigen Demiurgen denken lassen. Gelingt es aber, zu diesem »Kosmos der Ideen«, zu der Welt, in welcher der Ka wirksam wird, vorzudringen, und gelingt es, die eminenten Bildkräfte dieser absoluten Gestaltungseinheiten mit dem eigenen Willen in Verbindung zu setzen, so wird etwas wie eine ägyptische Demiurgie ahnbar.

Aber nicht nur Abraham von Worms begegnet damals vor vielen Jahrhunderten in Ägypten seinem großen Meister Abramelin, sondern auch der größte Schwarzmagier unserer Zeit, Aleister Crowley (1875–1947), begegnet dort 1904 seinem großen Meister, Aiwaz, eines – wie er glaubte – Abgesandten des ägyptischen Gottes Hoor-pa-Kraat, der ihm die Offenbarung des »Gesetzes von Thelema« zuteil werden ließ, wodurch überhaupt erst Crowleys eigentliches Wirken begonnen hat, das ihn sogar den Orden Astrum-Argentinum gründen ließ, der von einem ägyptischen Ritual bestimmt wird.

Interessant ist aber auch, daß Moses – wie schon Sigmund Freud sagte – der eigentlich A-moses geheißen hat, ein Ägypter gewesen ist, der höchstwahrscheinlich die Tempelschulen Ägyptens besucht hatte, in denen er, wie anzunehmen ist, in die Geheimnisse, d. h. in die magisch-demiurgische Kunst Ägyptens, eingeweiht worden ist.

Auch die zwölf »Bücher der praktischen Magie«, von H. E. Douval (eigentlich Herbert Döhren) 1977 neu herausgegeben, wissen, und zwar in ihrem 4. Buch, um Wege, die hin zum »Herrn des Kosmos«, also hin zu einer Art Demiurgiewerdung führen. Nicht zufällig wird gerade dieser Abschnitt durch eine Abhandlung über die Aktivierung der schöpferischen Kräfte eingeleitet. Dort heißt es auch u. a.: »Die magische Konzentration bedient sich der Odkraft und des absolut-kosmischen Willens, um zustande zu kommen und Wirkungen zu zeitigen. Die ›Gedankenstille‹ führt ihre Wirkung kraft des bis dahin vordringenden kosmischen Willens, der sich also mitentwickelt, auf den kosmisch-geistigen Körper zurück, so daß von dieser geistigen Ebene aus – nur das ›Nirwana‹ steht höher – alle magischen Phänomene verursacht werden können.« (S. 9) Unter dieser vorhin erwähnten Odkraft wird nach Reichenbachs »Odisch-magentische Briefe«, 1955, eine unabhängige, für sich bestehende Kraft verstanden, die sowohl im Menschen wie aber auch in der Natur allgemein gespeichert erscheint.

Der Umgang mit höheren Welten und ihren Kräften ist eine der entscheidenden Voraussetzungen, um »Herr des Kosmos« zu werden. In diesem Sinne hat der Durchbruch hin zum TAO, die »Gleichschaltung des irdischen Organismus mit der höchsten Kraft«, zu erfolgen. Aber der Mensch öffnet sich nicht nur den kosmischen Kräften und Schwingungen, sondern er ist auch umgekehrt fähig, auf diese einzuwirken. »Es ist ein fürchterliches Geheimnis«, heißt es dann weiter in diesem 4. Buch, »daß der Mensch, jeder Mensch, kraft seiner schöpferischen Sendung mehr oder minder kraftvoll Einfluß nimmt auf den gestaltenden kosmischen Willen...« (S. 70) In diesem Satz brechen nun klar die demiurgischen Möglichkeiten und Zielsetzungen der Zukunft auf.

Aber auch die dauernd geübte Herrschaft über Empfindungen führt zur Herrschaft über den Empfindungskörper, der dadurch auf andere Personen einzuwirken vermag. Und so verstanden, können die vorhandenen oder angezogenen Gewalten des Astralkörpers den Menschen zum »Herrn des Astralkörpers« und somit auch zum »Herrn des Kosmos« machen (8. Buch, S. 86).

So kann man also zusammenfassend in den wesentlichen Tendenzen der Magie ein oft noch dunkles, verwirrtes und verwirrendes Suchen erkennen, das sich weitgehend dadurch selbst verurteilt, daß es sich auf die Macht und auf den Geist anderer Geistwesen beruft, mögen es Dämonen oder gute Geister sein, statt die eigenen geistig-kreativen Potenzen des Menschen zu entfalten. Aber es ist auch ein Suchen, das, vor allem in seinem faustischen Anliegen, Vorentwürfe einer künftigen Demiurgie erkennen läßt.

Die faustische Thematik, die faustische Dichtung und die faustische Dramatik im besonderen zählen zu den gewaltigsten demiurgischen Dichtungen der Welt überhaupt. Nur ist sie, und zwar bis heute, noch nicht als solche erkannt worden. Doch gerade das faustische Problem bildet nicht nur einen der ersten, sondern auch einen der bewußtesten Vorentwürfe auf den demiurgischen Menschen der Zukunft.

Denn der faustische Geist ist zutiefst ein demiurgischer. Dieser faustisch-demiurgische Geist aber drängt nicht dahin wie in Goethes Faust II. Teil, auf einem dem Meer entrissenen Gebiet eine neue Gesellschaft als Gleichnis einer neuen Menschheit zu errichten, sondern er strebt nach viel substantielleren Zielen. Denn um eine neue Gesellschaft auf einem neu gewonnenen Land zu verwirklichen, dazu hätte es keineswegs der Beschwörung des Erdgeistes oder des Paktes mit Mephistopheles, wie in Faust I. Teil, bedurft. Der faustische Geist drängt vielmehr zur Verwandlung des Seins an sich. Ja er versucht sogar, dieses gegebene Sein durch ein herrlicheres zu übertreffen, durch ein Sein, das durch die Geisteskräfte Fausts beschworen wird und das noch realer, noch vollkommener ist als das Sein, in dem wir leben.

Auf dieses eigentlich demiurgische Wesen faustischen Geistes, auf diese neue Schöpfung eines neuen Seins, deuten manche Szenen des Volksbuches von Dr. Faust. Dahin aber war auch die geschichtliche Persönlichkeit des Dr. Faust selbst gerichtet, den wir nicht als einen Scharlatan der schwarzen Künste, sondern als einen Großmagier, eben als einen Vorentwurf demiurgischen Geistes erkennen müssen.

Dieses Streben des Dr. Faust nach neuen Schöpfungen und nach neuen Wesenheiten aber erinnert an gewisse Mächte tibetanischer Lamas, wie es aber auch an gewisse Berichte Paramhansa Yoganandas denken läßt. Dieser große Yogi beschreibt in seinem Buch »Autobiographie eines Yogi«, 1967, die Begegnung mit einem gewaltigen göttlichen Wesen, das er »Babadschi« nennt, das sich manchmal in den Himalayas bestimmten Erleuchteten offenbart. Auch dieser Babadschi vermag es, ähnlich wie das Volksbuch über Faust berichtet, aus der gewaltigen Kraft seines Geistes herrliche Paläste und schöne Menschen zu schaffen, vermag also ein neues Sein aus den demiurgischen Potenzen seines Geistes zu verwirklichen.

Zugleich aber deutet die ebenfalls in der Faustsage und im Volksbuch erwähnte Versuchung Dr. Fausts durch den Teufel auf ein weiteres entscheidendes Moment hin, das in seinen letzten Perspektivdimensionen erst dann erkennbar wird, begreift man das faustische Streben eben als ein zutiefst demiurgisches. Denn Dr. Faust wird deshalb durch den Teufel in Versuchung geführt, weil die Entfaltung der Demiurgie sich zwei Aspekten zu öffnet: Die eine führt hin zum Göttlichen und läßt den demiurgischen Menschen zu einem göttlichen Menschen werden. Die zweite aber stürzt den demiurgischen Menschen in die Dämonie. So kann Dr. Faust als der noch unentschiedene Vorentwurf entweder zu einem Gott-Menschen oder zu einem Dämon erkannt werden.

So verstanden wird aber Faust auch zu einem Entscheidungsgleichnis unserer Menschheit überhaupt. Denn: Die Chance einer Menschheit, welche die Schwelle einer sehr wahrscheinlichen Selbstvernichtung überwindet bzw. überschreitet, besteht in der Entwicklung zu kosmischen Sozietäten, die sich in einer demiurgischen Elitesozietät vollenden. Der Mißbrauch dieser Chance, der Mißbrauch dieser möglichen Entwicklung der Menschheit besteht in der nicht auszuschließenden Möglichkeit, daß sie in Zukunft in einer »planetoiden Dämonenkaste« entartet. In einer Dämonenkaste, wie sie vielleicht bereits als Relikt einer vor vielen Jahrtausenden mißbrauchten und mißgeleiteten kosmischen Urkultur unserer Menschheit existieren könnte.

Das Zeitalter, das einen Faust schuf, war auch jenes, in dem Paracelsus (1494–1541) lebte. Für ihn, der die Medizin im Rahmen einer großen Weltweisheit sah, bedeutete die Astrologie das Wissen und Erkennen der gesamten »Welt«, das heißt der Umwelt wie auch des Kosmos. Im Zentrum dieser Weltsicht steht der Mensch. »Er ist der Mikrokosmos, angetreten nach den Gesetzen des Makrokosmos«, wie Ernst Kaiser über den »paracelsischen Menschen« schreibt. Dieser Mensch trägt »das ganze, lebendige Universum in sich und die Elemente, aus denen es aufgebaut ist« (zit. n. Ernst Kaiser, »Paracelsus«, 1969, S. 120).

Dieses Einkonzentrieren des Universums, des kosmischen Seins in den Menschen, bedeutet auch die Einkonzentrierung der Kräfte und Mächte des Universums in den Menschen, der eben dadurch zu einem *kosmischen Menschen* wird. Zu einem

Menschen, der die Kräfte unseres Universums nicht nur kennt, sondern der sie auch anzuwenden weiß, wie etwa in der Medizin, der sie aber auch zu beherrschen vermag bzw. lernen wird, sie in Zukunft zu beherrschen. Doch gerade dieses Beherrschen der kosmischen Kräfte und Mächte unseres Universums, zumindest einiger, zumindest der Versuch dahin, charakterisiert den demiurgischen Menschen der Zukunft.

Und es waren nur zwanzig Jahre, die zwischen dem Tod des großen Paracelsus und der Geburt des großen Francis Bacons Philosophie als ein weiterer Vorentwurf zu einer künftigen Demiurgie und zu einer künftigen demiurgischen Elitesozietät verstanden werden. Denn Francis Bacon war es, der als erster als höchste Aufgabe der Wissenschaft die Beherrschung der Natur und die zweckmäßige Gestaltung der Kultur der Menschen durch die Erkenntnis der Natur verkündete. Die Demiurgie aber stellt in letzter Konsequenz auch die Beherrschung der Natur dar. Eine Beherrschung, welche auch die Transformation des Seins, mehr noch die »Neuschöpfung dieses Seins« als Möglichkeit einschließt.

Und diese demiurgische Beherrschung der Natur hat in letzter Konsequenz der Kultur der Menschen zu dienen, das heißt einer »demiurgischen Kultur«. Einer künftigen Kultur, welche erstmals, wie wir heute erkennen, als Vollendung aller Kultur verstanden werden kann, nämlich als das absolute Freiwerden der in allen galaktisch-personalen Wesen eingeschlossenen kreativen Tendenzen. Eine Perspektivität, die sich gerade in der Kunst aller Künste und in der Wissenschaft aller Wissenschaften, nämlich in der Demiurgie, vollendet.

In diesem Sinne ist daher auch die Macht des Menschen über die Natur fortschreitend zu steigern. Das Wissen um die Natur wird daher auch zum Schlüssel der Beherrschung der Natur, im weiteren Sinne des galaktischen Seins. Von diesem Aspekt aus ist auch der berühmte Satz von Francis Bacon zu verstehen, der lautet: Tantum possumus quantum scimus. Der Mensch vermag so viel, als er weiß.

So war es gerade Francis Bacon, der durch seine Philosophie jene wissenschaftliche Revolution auslöste, die sich zuletzt demiurgischen Dimensionen zubewegt. Diese Tendenzen aber schließen gleichsam einen Instinkt Francis Bacons von einem uns noch verborgenen Bereich der Natur ein, von einem Urlicht, das er »Leuchte« nannte.

Es ist vielleicht jenes Streben nach einem letzten Einheitsgesetz, nach einer, um modern zu sprechen, »einheitlichen Feldtheorie«, die Albert Einstein am Ende seines Lebens anzielte. Es ist jenes Streben, das Werner von Heisenberg eine »faustische Einheitsformel« entwerfen ließ. Es ist ein zutiefst faustisch-demiurgisches Streben. Francis Bacon schreibt über diese Leuchte in der Natur in seiner Vorrede zur »Erklärung der Natur« u. a.: »Sollte es vor allem jemand gelingen, nicht bloß eine besondere Erfindung zu machen..., sondern in der Natur eine Leuchte zu entfachen, die am Anfang ihres Aufstiegs etwas Licht auf die gegenwärtigen Grenzen und Schranken der menschlichen Entdeckungen werfen und später... jeden Winkel und jedes Versteck der Finsternis deutlich aufzeigen würde, so würde dieser Entdecker verdienen, ein wahrer Erweiterer der menschlichen Herrschaft über die Welt genannt zu werden...« Mit diesem Satz wird deutlich die demiurgische Dimension beschworen, ist doch der vollendete menschliche Herrscher über die Welt eben der Demiurg und die Demiurgie seine Wissenschaft und Kunst.

Für Francis Bacon sind die wahren Herrscher in seiner Utopie, in seiner weltberühmten »Nova Atlantis«, die Vertreter der reinen Wissenschaft. Diese Geistelite bildete daher auch für ihn den »Kopf« der neuen Gesellschaft. Eine Geistelite, welche überlegt und systematisch die weitere Erforschung, das heißt aber auch die weitere und immer umfassendere Beherrschung der Natur plant. Und in diesem Sinne bilden die Gelehrten, die Geistelite der »Nova Atlantis«, auch einen weiteren Vorentwurf hin zu einer künftigen demiurgischen Elitesozietät.

Francis Bacon strebte diesen demiurgischen Dimensionen

entgegen. Darauf weist entschieden seine »Nova Atlantis« hin, die bewußt Bezug zu dem versunkenen Atlantis, seiner Kultur nimmt, von der bekanntlich Platon berichtet hat. Der »Templum Salomonis«, der auf dieser Insel Nova Atlantis steht, ist, wie Ernst Bloch bemerkt, etwas wie eine mythische und noch mehr utopische Technische Hochschule. (Vgl. Ernst Bloch, »Zwischenwelten in der Philosophiegeschichte«, 1977, S. 261)

Diese technischen Visionen begreift Francis Bacon als Aktionen einer zuletzt prometheischen Dimension. Zu diesem rebellischen Mythos des Prometheus – über den bekanntlich Karl Marx seine Dissertation geschrieben hatte – bekennt sich Francis Bacon mit den Worten: »Prometheus ist der erfinderische Menschengeist, der die menschliche Herrschaft begründet, die menschliche Kraft ins Grenzenlose steigert und gegen die Götter aufrichtete.« Es sind Worte, die eindeutig auf die demiurgische Dimension, auf den demiurgischen Ethos auch hindeuten. Denn die in das Grenzenlose gesteigerte Kraft des Menschen wendet sich schließlich der Transformation des galaktischen Seins zu!

In der deutschen Philosophie vollzieht sich dann in einigen sehr entscheidenden Punkten jenes Phänomen, das man heute als die Bewußtwerdung des Demiurgischen bezeichnen könnte. Diesem ist die Philosophie von Johann Gottlieb Fichte (1762–1814), und zwar in dem Aspekt des »Absoluten Ich« zugewandt. Eine Philosophie, die nicht zufällig gerade in jener Zeit entstanden ist, in der das zutiefst demiurgische, politische und strategische Genie eines Napoleon, das dichterische und naturphilosophische eines Goethe und das musikalische Genie eines Beethoven wirkte. In diesem Sinne kann man das »Genie an sich« sehr wohl nicht nur als Bestätigung eines »Absoluten Ich«, sondern auch als Vorentwurf auf einen demiurgischen Menschen hin erkennen. Auf einem Menschen also, der die Vollendung aller genialen Kreativität darstellt.

Fichtes Philosophie selbst kann in diesem Aspekt als ein Vorentwurf auf einen künftigen demiurgischen Menschen verstanden werden. Fichte erklärt, daß das Ich die Dinge bestimmt und nicht umgekehrt. Mit anderen Worten: Einzig und allein im personalen Sein, im absoluten Ich zuletzt, ist das absolute Sein konzentriert. Die Welt außer uns ist nur das Produkt unserer eigenen Vorstellungen. Diese Idee, die an entscheidende Aussagen der klassisch indischen Philosophie denken läßt, führt nun, in weiterer Konsequenz gedacht, unweigerlich dahin, daß das absolute Ich, das in jedem von uns ist, einmal fähig werden wird, eine neue Vorstellung, ein neues Bewußtsein und damit auch eine neue Welt zu schaffen. Doch eben dies ist eine Idee, welche die demiurgische Dimension in letzter Konsequenz berührt. Diese Perspektivität aber wird aus einem berühmten Satz Fichtes einsichtig, der lautet: »Das Ich ist in seinem tiefsten Wesen reine, unendliche Tätigkeit.« Diese aber ist, bevor sie endlich zur Vergöttlichung drängt, auf die Transformation und Neuschöpfung des galaktischen Seins, also auf demiurgische Horizonte hin ausgerichtet.

Auch von dem eigentlichen »Philosophen der Romantik«, nämlich von Friedrich Wilhelm Schelling (1775–1854), führen Wege zu demiurgischen Dimensionen. Seine Naturphilosophie löst nämlich den Gegensatz von Subjekt und Objekt, vom Realen und Idealen, von Natur und Geist in einem letzten Absoluten auf und werden in ihr identisch. Diese Identität aber öffnet sich nun in ihrer weiteren Perspektivität der Demiurgie entgegen. Denn sie bedeutet, da Natur und Geist zuletzt identisch sind, daß der Geist auf die Natur einzuwirken vermag, daß der Geist gleichsam sich selbst in seinem Aspekt der Natur, mit der er identisch ist, zu bemächtigen vermag. Das bedeutet aber auch, daß der Geist – geistmächtig werdend – die Natur zu transformieren versucht.

Nicht so sehr der Natur, sondern dem Reiche des Geistes ist die Philosophie von Georg Wilhelm Friedrich Hegel (1770–1831) vornehmlich verbunden. Daher rückt auch sein geniales Frühwerk, seine 1807 erschienene »Phänomenologie des Geistes«, immer mehr in das Zentrum. In diesem Werk führt Hegel das Bewußtsein durch eine dialektische Entwicklung hin zu einem »absoluten Wissen«. Dieses bildet auch den Inhalt seiner Philosophie überhaupt. So ist zu erkennen, daß erst durch Hegel der Mensch – denn nur in ihm wird der Geist bewußt – zum Träger, Befreier und Vollender des Geistes wird. In diesem Sinne kann sich auch der »Weltgeist«, der sich im einzigartigen Menschen konzentriert, seinem höchsten Ziel entgegenbewegen, nämlich zurück zum Absoluten, zurück zum Göttlichen. Auf dem Wege dahin aber berührt er – nach der »Galaktischen Philosophie« – die demiurgische Dimension, ist doch die Transformation des galaktischen Seins in ein höheres Sein als ein Vorentwurf hin zu diesem absoluten Sein zu verstehen. Und im Demiurgen selbst, der auch als ein »vergöttlichter Mensch« zu verstehen ist, wird ein entscheidender Vorentwurf hin zum Göttlichen selbst zu erkennen sein.

Es ist jedoch Friedrich Nietzsche (1844–1900), der erstmals überhaupt in der Geistesgeschichte, und das ist ein entscheidender neuer Aspekt, den Vorentwurf hin auf einen künftigen demiurgischen Menschen nicht nur durch seine Philosophie postuliert, sondern auch lebt. Die entscheidende Erkenntnis Nietzsches ist, daß der gegenwärtige Mensch nur als ein Entwurf zu begreifen ist. Als ein Entwurf, der jedoch weit über ihn hinausweist, hin zum Übermenschen.

Nietzsches geniale Konzeption besteht darin, daß seiner Idee nach der Mensch »offen« ist, und zwar – wie er es nennt – einer dionysischen Zukunft entgegen. Das Bild vom »neuen Menschen«, das einst der hl. Paulus in Hinblick auf Christus verkündet hatte, wandelt Nietzsche, Erbe von Generationen von Pastoren, zu einem neuen Menschen, der sich immer mehr einer erregenden Zukunft zu öffnet, enthüllt sich diese Zukunft auch zuletzt im Sinne einer indisch-kosmischen Zyklenlehre als eine »ewige Wiederkunft«. Ein Gedanke, der den ganzen dritten Teil seines »Zarathustra« beherrscht.

Daß Nietzsche die Aufgabe seines Übermenschen darin sah, seine Lebensherrlichkeit in einem geradezu renaissancehaften

Sinne zu steigern, daß der Mensch der Zeit, in der Nietzsche lebte, Dekadent eines infantilen, passiven und verlorenen Christentums, einem faszinierenden künftigen Menschen in der Art eines Cesare Borgia weichen soll, einem Menschen »jenseits von Gut und Böse«, der seine Welt und die Werte dieser neuen Welt selbst schaffen soll, all das ist heute als Prophetie zu begreifen. Denn tatsächlich ist unsere Gegenwart als eine Zeit des Zusammenbruches aller Werte, als die Zeit eines absoluten Nihilismus, als die Zeit aber auch eines Umbruches aller Werte zu verstehen, so wie dies Nietzsche erstmals mit einer kulturphilosophischen Diagnostik und Schärfe ohnegleichen proklamiert hat.

Zugleich aber ist unsere Zeit auch ein Äon, das sich einer »zweiten Renaissance« und damit auch neuen, gewaltigen kosmischen Menschenarten zubewegt, vorerst noch Groteskentwürfen eines künftigen Cesare Borgia. Denn so wie die »erste Renaissance« die Menschen auf ihren Schiffen über die Ozeane hinaustrieb, damit sie fremde Kontinente und Kulturen entdecken, so treibt unsere Zeit einer »zweiten Renaissance« die Menschen mit Raketen in den solaren und galaktischen Ereignisraum, damit wir unbekannte Planeten und Sozietäten entdecken. Und im Rahmen dieser Perspektive haben wir auch mit geradezu phantastisch cäsarischen Ungeheuern, mit auch gigantisch luziferischen, mit sozusagen »galaktischen Cesare Borgias« zu rechnen.

Die Philosophie Nietzsches ist jedoch für eine künftige Gesellschaft mindestens ebenso entscheidend wie die von Marx, vielleicht sogar noch entscheidender. Denn es war gerade Max Horkheimer, eine der führenden Persönlichkeiten der sogenannten »Frankfurter Schule«, der sagte: »Nietzsche ist vielleicht ein größerer Denker als Karl Marx.« Tatsächlich ist seine Philosophie als ein erster, jedoch sehr leidenschaftlich proklamierter Vorentwurf zu einer galaktisch-demiurgischen Philosophie der Zukunft zu erkennen.

Diese visionäre und eminent aktuelle und in der Zukunft

immer aktueller werdende Philosophie eines »dionysischen Übermenschen« aber ist nicht nur ein Vorentwurf auf eine künftige demiurgische Elitesozietät, und zwar einer der allerinteressantesten Vorentwürfe, sondern sie wird durch die Vision eines künftigen Demiurgen selbst – der freilich auch dämonische Akzente besitzt – von Nietzsche in einer gewaltigen und einzigartigen Sprache geistig profiliert und auch vitalisiert.

Diese visionäre demiurgische Philosophie Nietzsches umspannt die Konzeption eines Übermenschen, umspannt seinen ganzen Zarathustrakreis.

Der Begriff des Dionysischen wird in der vorhin erwähnten Abhandlung »Dionysos Philosophus« so bestimmt: »...mit dem Namen des Dionysos wird andererseits (nämlich im Gegensatz zu ›apollinisch‹, Anmerkung d.Verf.) das Werden aktiv gefaßt, subjektiv nachgefühlt, als wütende Wollust des Schaffenden, der zugleich den Ingrimm des Zerstörenden kennt.« (S. 385) Und: »Mit dem Wort ›dionysisch‹ ist ausdrücklich ein Drang zur Einheit, ein Hinausgreifen über Person, Alltag, Gesellschaft, Realität, über den Abgrund des Vergehens: das leidenschaftlich-schmerzliche Überschwellen in dunklere, vollere, schwebendere Zustände, ein verzücktes Jasagen zum Gesamtcharakter des Lebens, als dem in allem Wechsel Gleichen, Gleich-Mächtigen, Gleich-Seligen, die große pantheistische Mitfreudigkeit und Mitleidigkeit, welche auch die furchtbarsten und fragwürdigsten Eigenschaften des Lebens gutheißt und heiligt, der ewige Wille zur Zeugung, zur Fruchtbarkeit, zur Wiederkehr, des Einheitsgefühls der Notwendigkeit des Schaffens und Vernichtens.«

Es erscheint verständlich, daß hier auch entscheidende Unterschiede zur »Galaktischen Philosophie« aufbrechen, die keineswegs die »furchtbarsten und fragwürdigsten Eigenschaften des Lebens« gutheißt, geschweige denn heiligt, sondern die radikal revolutionär entschlossen ist, den metaphysischen Skandal des Seins zu enthüllen, um ihn zu beenden.

Es erscheint aber auch verständlich, daß sich in dieser Konzeption des Dionysischen auch Aspekte einer »nicht-metaphysischen Ursprünglichkeit kosmologischer Philosophie« zeigen, wie Eugen Fink, Professor an der Universität Freiburg/Br., in seinem Buch über »Nietzsches Philosophie«, 1960 erschienen, meint. Diese kosmologischen Aspekte finden sich nun besonders in Nietzsches Vorstellung vom Spiel. Denn für Nietzsche »wird«, wie Eugen Fink weiter meint, »das menschliche Spiel, das Spiel des Kindes und des Künstlers, zum Schlüsselbegriff für das Universum«, zur »kosmischen Metapher«.

Denn für Nietzsche enthüllt gerade das Spiel das eigentliche Wesen des Lebens, das kein absolutes Sein, sondern ein absolutes Werden ist. Und diesem Werden eingeschlossen ist nicht nur das Ja zum Leben, zur Zeugung, sondern auch das Ja zur Zerstörung. Mit anderen Worten: Der Dionysos Nietzsches ist nahegerückt dem Wesen des gewaltigen Schiwa des Hinduismus, jenes Gottes Indiens, »Herr des Yoga«, der eine der Personen der Trimurti, der Dreifaltigkeit, bildet, jenes Gottes, der in seinem Aspekt als »schiwa nataraja« in seinem kosmischen Tanz Welten zerstört und eben dadurch die Voraussetzung zur Schaffung neuer setzt.

Freilich zeigt sich ferner auch in Nietzsches Vorstellung des »Zarathustra«, des Übermenschen, auch die weitere Differenz zum Wesen des demiurgischen Menschen, wie ihn die »Galaktische Philosophie« zu begreifen versucht. Denn der demiurgische Mensch der Zukunft spricht nicht sein großes Ja zu diesem galaktischen Leben und Sein, so wie es konkret eben ist, damit auch zu der galaktischen bzw. universalen Tragik, Sinnlosigkeit und Katastrophentendenz. Der demiurgische Mensch der Zukunft spricht daher auch nicht sein großes Ja zu Nietzsches »amor fati«, das diesem künftigen Menschen als eine Art Kretinismus erscheint, sondern er spricht zu diesem galaktischen Sein, von dem metaphysischen Skandal bestimmt, sein großes Nein! Der demiurgische Mensch der Zukunft ist daher wirklich sein Befreier, er ist tatsächlich sein Erlöser, das er zutiefst und einzigartig verwandelt und auch vielleicht neu schafft, weil er es zutiefst als Skandal und als problematisch erkennt.

Der demiurgische Mensch der Zukunft bestätigt also nach der »Galaktischen Philosophie« keineswegs wie Nietzsche dieses galaktische Sein, das der deutsche Philosoph so verherrlicht, sondern er erkennt es als zutiefst »verwandlungsbedürftig«, und er vollzieht daher auch die notwendige Konsequenz: Er transformiert das galaktische Sein hin zu einem höheren und herrlicheren Sein.

Diese eminent entscheidende revolutionäre Konsequenz, welche die Philosophie Nietzsches, auch seine Visionskraft, noch weit übertrifft, diese geradezu, eben von dem Aspekt der galaktisch-demiurgischen Revolution aus, als »fast reaktionär« enthüllt, konnte jedoch zur Zeit Nietzsches, was hier ausdrücklich festzustellen ist, nicht anders formuliert werden. Das Weltbild der modernen Physik und Kosmologie wie Astrobiologie war damals, wenn überhaupt vorhanden, in einem noch fötushaften Werden, obwohl ein genial-prophetisches Wort Nietzsches dennoch die Begrenzung seiner Zeit durchbricht, schreibt er in »Der Wille zur Macht« u. a.: »Seit Copernicus rollt der Mensch aus dem Zentrum in das X.«

Trotz dieser notwendig zeitbedingten Begrenzung der Philosophie Nietzsches bleibt seine Philosophie dennoch eine der gewaltigsten Vorentwürfe zu einem künftigen demiurgischen Menschen. Schließlich berührt jedoch gerade meine Konzeption einer galaktisch-demiurgischen Revolution die eigentliche Vision Nietzsches. Denn eben durch diese Revolution des galaktischen Seins, bewirkt durch die Demiurgen der Zukunft, wird unser gegenwärtiges Sein zu einem noch herrlicheren und vollendeteren. Zu einer Vollendung dionysischer Kreativität.

Versteht man nämlich den dionysischen Menschen Nietzsches, wie er ihn im »Dionysos Philosophus« deutet, als jenen Menschen, der zum Wandler des Lebens wird, dann muß man in dem demiurgischen Menschen der Zukunft die Vollendung dieses dionysischen Menschen Nietzsches in einem gewissen Sinne erkennen, wird doch gerade dieser demiurgische Mensch der Zukunft zum einzigartigen, derzeit noch unvorstellbaren

Transformator des galaktischen Seins hin zu einem höheren oder neuen Sein.

Und versteht man – wieder im Sinne des »Dionysos Philosophus« Nietzsches – das dionysische Lebensgefühl als das Einheitsgefühl des Schaffens und Vernichtens, dann offenbart sich gerade der demiurgische Mensch der Zukunft durch sein Schaffen, durch seine revolutionäre Aktion der Transformation des galaktischen Seins, als Integral von Kreativität und Negation, wobei aber diese Negation keineswegs die Anerkennung des metaphysischen Skandals in diesem Sein, sondern nur dessen radikale Aufhebung bedeutet. So dürfen wir daher, so verstanden, in den künftigen demiurgischen Menschen auch den von Nietzsche visionär bezeichneten dionysischen Menschen der Zukunft erkennen.

Von diesem Aspekt aus ist daher in einem gewissen Sinne die galaktisch-demiurgische Philosophie auch als eine Art Vollendung der Philosophie Nietzsches, und zwar in ihren letzten und tiefsten Visionsdimensionen und Intentionen zu erkennen.

Aber auch entscheidende Aspekte der Philosophie und der gesamten geistigen wie kulturellen Entwicklung vieler Jahrhunderte weisen auf den demiurgischen Menschen wie auf die demiurgische Aktion der Zukunft hin.

Dies trifft besonders auch für die Philosophie und für das geistige Leben unserer unmittelbaren Gegenwart zu. Und es ist anzunehmen, daß diese Tendenz, der Zukunft zu gesehen, immer bewußter, immer konzentrierter und aktueller wird.

In diesem Sinne ist auch die Philosophie von Alfred North Whitehead (1861–1947), auch Mathematiker, Mitarbeiter von Bertrand Russels berühmter »Principia Mathematica«, zu sehen, der die Welt als ein Gesamtgefüge miteinander verbundener »Ereignisse«, als einen einzigen Werdeprozeß, ähnlich wie Nietzsche, begreift, der die Wirklichkeit selbst ist. Trifft dies zu, dann müssen sich diese Ereignisse – wobei jedes Ereignis als eine Synthese des ganzen Universums verstanden wird – in bestimmten Punkten konzentrieren. Dann müssen sie sich zuletzt einem »dominanten Ereignis« zubewegen, das nicht nur den Sinn der Zukunft, sondern auch der Vergangenheit bestimmt. Dieser Perspektivpunkt aller Ereignisse kann in der demiurgischen Aktion erkannt werden und in dem Demiurgen, der dieses »galaktische Transformationsereignis« vor allem als Vollendung seines »personalen Ereignisses« bewirken wird.

Auf diesen galaktisch-demiurgischen Menschen der Zukunft weist überdies A. N. Whiteheads Philosophie in Ausgangspunkten hin, erklärt er doch, daß sich jeder Mensch selbst schafft, und zwar mittels kleinerer oder größerer »Entscheidungen«. So verstanden ist der Mensch als »a self-creative creature«, als »a creative-becoming«, als ein schöpferisches Werden zu begreifen, das seinem höchsten Sinn und seiner größten kreativen Selbstentfaltung – wie die »Galaktische Philosophie« annimmt –, nämlich einem demiurgischen Menschen der Zukunft zustrebt.

Aber der Mensch bildet nach A. N. Whitehead in seiner kreativen Entfaltung keineswegs eine schöpferische Einzigkeit in einem etwa an sich entwicklungsunfähigen, toten Universum. Denn auch in der Evolution der Materie – deren Wesen der bekannte Astronom Peter von der Osten-Sacken zutiefst als von »Zuständen« bestimmt erkennt (vgl. dessen Buch »Kosmos plus minus«, 1971, S. 260) – und der biologischen Phänomene treten dauernd »Entscheidungen« auf, durch welche die vielen Möglichkeiten, die in jeder Sekunde im galaktischen Sein gegeben sind, durch eine einzige Entscheidung eben auch zu einer einzigen Wirklichkeit werden.

Und es scheint fast, als bewegten sich die beiden »Entscheidungsreihen«, nämlich die des galaktischen Seins und die der Entfaltung des Menschen – im weiteren Sinne aller galaktisch-personaler Wesen – aufeinander zu, um einander schließlich in jenem dominanten Ereignis zu begegnen, das als die demiurgische Revolution zu begreifen ist.

A. N. Whitehead verstand den Menschen als eine »self-creative creature«. Dieser Begriff aber läßt an Jean Paul Sartres Philosophie denken. Sie proklamiert die neue und absolute Freiheit des Menschen. Zugleich aber fordert sie in eben diesem Sinne eine permanente Schöpfung des Menschen durch ihn selbst, eine »création continue«, wie er es nennt. Diese permanente Schöpfung des Menschen durch ihn selbst erscheint notwendig, will sich der Mensch nicht selbst als Entwurf, der er ist, verlieren. Den Perspektivpunkt dieser »création continue« Sartres aber bildet der demiurgisch-revolutionäre Mensch, welcher eben durch seine künftige demiurgische Existenz sich selbst aus einem Entwurf zu dem letzten, ihm adäquaten Sein geschaffen hat. Das aber ist eben das demiurgische Sein. Das bedeutet ein Sein, das nicht gegeben, sondern bewußt durch einen eminent kreativen, durch einen demiurgischen Akt geschaffen wird.

Die Entdeckung des »Absurden«, besonders bei Albert Camus (1913–1960), bildet einen weiteren sehr entscheidenden Ausgangspunkt zur »Galaktischen Philosophie« bzw. zum demiurgischen Menschen. Denn gerade dieses Absurde, das sich uns im Sein offenbart, sozusagen als ein Aspekt des Pantragischen, aktiviert den Menschen zu einer »Revolte« gegen dieses absurde Sein, aktiviert ihn letztlich zu eben jener demiurgischen Revolution, welche das galaktische Sein transformieren wird, um eben durch diesen demiurgischen Prozeß das Absurde an sich aufzulösen.

Camus sah gleichsam solche neue Schöpfungen, solche demiurgischen Vorentwürfe in der Kunst gegeben. Demnach ist jedes Kunstwerk, besonders jedoch für ihn der Roman, als etwas wie eine »Neuschöpfung« zu verstehen. »Als schöpferische Literatur par excellence, als Schöpfung einer Welt, ist folglich der Roman die philosophischste aller literarischen Formen: philosophischer als der Essay, der die Wirklichkeit kommentiert und erklärt, aber keine neue Wirklichkeit schafft, philosophischer als die Lyrik, die die Wirklichkeit beurteilt, ihr aber keine andere Wirklichkeit entgegenhält«, wie Rosario Assunto in seiner »Theorie der Literatur bei Schriftstellern des 20. Jahrhunderts«, 1975, meint.

Hier bricht also eine poetische Dimension auf, die der demiurgischen eng verbunden ist. Es ist eine Dimension, die nicht nur zu neuen Wirklichkeiten, sondern auch zu neuen Körpern drängt. Allerdings, diese künftigen Körper werden nicht aus jener Art des vergänglichen und verwesenden Fleisches bestehen, an der wir so leiden. Denn diese künftigen Körper, deren mögliche Existenz durch galaktisch-demiurgische Akte mit bewirkt werden, müssen von einer ungemeinen Feinheit, Grazie, Zärtlichkeit und von einer Sensibilität ohnegleichen angenommen werden. In den Frauen, welche der große florentinische Meister Sandro Botticelli (1446–1510) einst malte, liegt vielleicht etwas wie eine Ahnung dieser künftigen Körper.

Es könnten Leiber von einer eminent feinen und erregbaren Substanz sein, welche die Strahlenwelt ihrer neuen Umwelt empfangen. Es könnten Körper sein, die unmittelbar Ausdruck der persönlichen Wesenheit, nicht nur dieser neuen, ungemein sensiblen Wirklichkeit zu offen sind, sondern die auch fähig werden, bereits schon durch ihr Fühlen, Wollen und Denken diese neue Wirklichkeit zu verwandeln und weiter zu gestalten.

Diese neue Wirklichkeit entspricht somit einem neuen Sein, das sozusagen erst »nach« der demiurgischen Revolution aufbricht. Es ist ein Sein, das wir uns allerdings derzeit noch kaum vorstellen können, wird es doch weder von der Materie, wie wir sie derzeit kennen, noch von den dieser Materie entsprechenden Gesetzen der Physik bestimmt. *Das künftige Sein ist also als etwas wie eine Art ideoplastischer Wirklichkeit zu imaginieren, in dem die hier nur in grotesken Bruchstücken ahnbare poetische Dimension zur dominanten wird. Oder anders formuliert: In der künftigen Wirklichkeit, die zu schaffen sein wird, tritt anstelle der Physik die ideoplastische Poesie.*

So wird es möglich, daß diese neue Wirklichkeit in einer derzeit noch unvorstellbaren Ganzheit empfunden und erlebt, wie umgekehrt diese neue Wirklichkeit entsprechend der Sehnsucht, den Ideen und der Phantasie der künftigen personalen Wesenheiten unmittelbar verändert und gestaltet werden kann.

Erst von diesem Aspekt dieser derzeit für uns noch unvorstellbaren Entfaltungsmöglichkeit her, die den Menschen und die anderen galaktisch-personalen Wesen einbezieht, wird das Problem der Persönlichkeits- und Substanzbildung der künftigen Demiurgen entscheidend. Denn nur dann, wenn der galaktische Mensch, der sich einem demiurgischen zu entwickelt, als eine Persönlichkeit verstanden wird, die eminent ethisch und geistig profiliert ist, vermag die demiurgische Revolution, die als ein einzigartiger geist-revolutionärer Prozeß zu begreifen ist, der geradezu unvorstellbar ungeheuerliche Kräfte freisetzt, verwirklicht zu werden. Denn niemals darf auch nur einen einzigen Augenblick vergessen werden, daß die geistig-kreative Potenz und Strahlung des künftigen Demiurgen nicht nur die künftigen Wesenheiten, sondern auch das künftige Sein, das künftige Leben und das künftige Universum entscheidend bestimmt.

Jeder dämonische Gedanke, jede dämonische Empfindung würde sofort, und zwar schon in der beginnenden Transformation des galaktischen Seins, noch mehr aber nach der Verwandlung des alten Seins in dem neu geschaffenen offenbar werden. Dieses neue Sein könnte dann zu einer einzigen, grotesk verzerrten Dämonwelt werden, in der sich dämonisch verzerrte Wesen bewegen, um sich und andere in derzeit für uns undenkbaren Vorgängen zu quälen und zu zerstören.

Diese Erwägungen lassen noch zusätzlich die entscheidende Bedeutung einsichtig werden, welche die Erziehung, die Elitebildung für jene künftigen Menschen besitzt, die sich zu planetoiden, solaren und galaktischen, zuletzt zu demiurgischen Menschen entwickeln werden. Mit anderen Worten: Die Steuerung der Entwicklung des künftigen Menschen wird für unsere mögliche Zukunft von geradezu entscheidender Bedeutung. Denn diese Entwicklung hat unter allen Umständen die Existenzwerdung von dämonischen Menschen zu verhindern, und sie hat in den »galaktisch-heiligen Menschen«, die anzuzielen sein werden, den Keim der künftigen Demiurgen zu erkennen.

Unter galaktisch- oder kosmisch-heiligen Menschen versteht die »Galaktische Philosophie« die Mitglieder einer künftigen demiurgischen Elite, welche das Universum, d. h. das konkrete galaktische Sein, durch ihre Heiligkeit, durch die Entfaltung ihrer kreativen Potenzen »heiligen«, zugleich aber auch heilen. In dem Sinne heilen, daß sie das konkret gegebene galaktische und universale Sein zu einem vollkommeneren, zu einem unvergleichlich herrlichen Sein hin transformieren.

Diese demiurgische Aktion aber hat in die Transformation des konkreten galaktischen Seins, die stets auch in gewissen Bereichen oder überhaupt als eine Neuschöpfung, als eine »creatio nova« zu verstehen sein wird, auch neue »Kreativbilder« einzubeziehen. Diese gewaltigen neuen Ideenreihen sind jedoch als eine Art Samenkörner zu verstehen, die in das dann in Transformation befindliche galaktische und universale Sein sozusagen »eingeworfen« werden, damit sich dieses neue Feld-Sein nach diesen neuen Kreativbildern entfaltet. Es ist also von allerentscheidendster Bedeutung, wer diese Kreativbilder bewirkt, von welchen Tendenzen diese künftigen Demiurgen bestimmt werden.

Als einen bedeutenden Weg, der hin zu einer Moral der Erleuchtung, hin zu einem geistigen Übermenschen, hin zu einem zuletzt heiligen Demiurgen führt, ist in diesem Zusammenhang die große Philosophie kosmischen Bewußtseins des Inders Sri Aurobindo Gosh (1872–1950), vor allem aber auch sein »Integraler Yoga« zu verstehen. Darunter verstand Sri Aurobindo einen die Welt verwandelnden Yoga: »Was ist die vollkommene Technik des Yoga oder genauer eines die Welt wandelnden oder die Natur wandelnden Yoga! Nicht eine, die ein kleines bißchen vom Menschen irgendwo packt, einen Haken daran spießt und ihn mit einem Flaschenzug ins Nirwana oder Paradies hinaufzieht. Die Technik eines die Welt wandelnden Yoga muß vielfältig, elastisch, vielseitig bezogen, geduldig, allumfassend wie die Welt selbst sein.« (Zit. aus »Der Integrale Yoga«, hrsg. von Otto Wolff, 1957) Und: »Diejenigen einzelnen also, die einem neuen Zeitalter der Zukunft der Menschheit am meisten dienen werden, das werden die sein, die eine spirituelle Evolution als die Bestimmung und darum als die große Notwendigkeit des Menschen anerkennen werden. Eine Entwicklung oder Verwandlung des gegenwärtigen Types von Menschheit in eine spiritualisierte Menschheit ist das dem menschlichen Geschlecht Notwendige, und sie ist gewiß Absicht der Natur.«

Gefordert wird also von Sri Aurobindo ein die Welt, die Natur, das heißt konkret ein das galaktische Sein verwandelnder Yoga. Gefordert wird ein Yoga, welcher die Menschheit vergeistigt. Gefordert wird, in letzter Konsequenz der Evolution weiter gedacht, ein Yoga, welcher die höchste Entwicklungsphase des künftigen Menschen, und das ist der galaktisch-demiurgische Mensch, spiritualisiert.

So verstanden ist der Yoga überhaupt als jener Weg zu begreifen, welcher die geistigen und schließlich die demiurgischen Fähigkeiten des Menschen entwickelt. An der Spitze der geistigen Übermenschlehre Sri Aurobindos steht demnach der »Gott-Mensch« oder die »Gott-Menschen«, welche den Integralen Yoga Sri Aurobindos mit absoluter Konsequenz realisieren. Das aber bedeutet, sie werden die Welt, die Natur, das galaktische Sein wandeln, es zu einem höheren Sein transformieren.

Wie sehr jedoch die demiurgische Dimension zutiefst dem Yoga eingeschlossen ist, beweist das Buch »Die heilige Wissenschaft«, das Sri Yukteswar, der Meister von Paramhansa Yogananda, überdies auch in stetem Bezug zu Inhalten des Johannes-Evangeliums, verfaßt hat. Darin heißt es, daß die Menschen zutiefst auf ihre Vergöttlichung hin angelegt sind und daß sie schließlich fähig werden, das wahre Wesen des Universums, den letzten und ewig werdenden geistigen Teil dieses Universums zu erfassen. Dann jedoch gilt die Konsequenz: »Wenn der Mensch dieserart zum Gottessohn geworden ist, hat er alle Fesseln der Dunkelheit (Maya) abgeworfen und ist im Besitz aller Aiswaryas oder asketischen Hoheiten.« Die höchste dieser insgesamt acht asketischen Hoheiten heißt »Ischiwita«. Sie verleiht die Macht, Ischa (Herr) über alle Dinge zu werden. Doch eben dies ist Demiurgie, und zwar spirituelle Demiurgie!

So haben wir im Yoga einen entscheidenden Weg hin zur Demiurgie, und so haben wir auch in jedem Yogi, vor allem jedoch in den großen Yogis, Vorentwürfe auf die künftigen Demiurgen zu erkennen. Und in einigen Yogis scheinen sich diese künftigen Demiurgen in integralen Vorentwürfen verwirklicht zu haben. Denn sollte jene einzigartige geistmächtige Persönlichkeit wirklich existieren, der Paramhansa Yogananda in den Himalayas begegnet ist und die er in seinem bereits erwähnten Buch »Autobiographie eines Yogi« »Babadschi« nennt und den er sogar als den »Yogi-Christus« bezeichnet, so befindet sich bereits ein gewaltiger Demiurg »unter uns«, zugleich aber auch jenseits von Zeit und Raum im »geistigen Körper« unserer Menschheit.

Ebenso notwendig aber ist es, daß sich die Kraft des Yoga den Kräften und Ergebnissen der westlichen Wissenschaft, der Revolution der Wissenschaft, zu verbinden haben wird. Denn das Ziel jener künftigen, einzigartigen demiurgischen Revolution des galaktischen Seins besteht nicht darin, dieses in uns »abzumeditieren«, es als »illusionär«, als »maya«-Dimension zu erklären, die von uns zu streifen ist wie ein schmutziges Kleid, wie ein Alptraum auch, sondern das unverrückbare Ziel besteht darin, um hier erneut Sri Aurobindo zu zitieren, die Welt und die Natur zu verwandeln. Wirklich und tatsächlich zu verwandeln, zu transformieren. Und zwar auch in jenem Sinne zu verwandeln, daß die kreativ-poetischen Potenzen der galaktisch-personalen Wesen, ihnen eingeschlossen auch der Mensch, Gelegenheit finden, in diesen neuen Seinsarten, welche durch die demiurgische Revolution eröffnet werden, selbst auch neue Wirklichkeiten zu schaffen.

Die spirituelle Dimension des Yoga muß der demiurgisch-revolutionären Dimension zugeordnet werden. Erst aus der Synthese beider, erst aus dem höchsten Elitedenken, aus den höch-

sten kreativen Entfaltungen Europas (im weiteren Sinne des Westens) und Indiens (im weiteren Sinne des Ostens) hat jene kreativ-spirituelle Methodik gefunden zu werden, die zur Entdekkung des galaktischen Seinsbereiches, zu seiner demiurgischen Transformation führt.

Von diesen Erwägungen aus aber haben wir auch die sogenannte Revolution der Wissenschaften und hier besonders die Entwicklung der Naturwissenschaften mit einzubeziehen, die zu einer Revolution des galaktischen Seins führen. Denn es ist eben die Naturwissenschaft gewesen, die uns lehrte, das gegenständliche Sein, das einem galaktischen Sein eingeschlossen ist, schrittweise zu erforschen und in den Griff zu bekommen.

10.
Die demiurgische Revolution des galaktischen Seins

Die demiurgische Revolution des galaktischen Seins, diese zweifellos größte Idee in diesem Universum, ist bisher noch niemals in das »Visier« der kreativen Perspektivmöglichkeiten der Menschheit gerückt worden. Diese Idee schien allzu utopisch, phantastisch, irreal und märchenhaft.

Die einzige irgendwie noch vorstellbare Transformation des galaktischen Seins, soweit dieser Begriff hier überhaupt eingesetzt werden kann, wurde in der Möglichkeit angenommen, sich entweder selbst aus diesem zutiefst als illusionär oder leidvoll erkannten Sein zu lösen, wie das etwa der Buddhismus lehrt, um so der »sansara«, dem Rad der Wiedergeburten, zu entspringen – oder aber zu glauben, daß die Transformation des gesamten kosmischen Seins, zugleich dessen Neuschöpfung, einmal am Ende der Zeiten erfolgen werde, sei es durch den heiligen, weltenschöpferischen Rhythmus des Ein- und Ausatmen des Brahmas, wie der Hinduismus glaubt, sei es durch die gewaltige Schöpfungs- und Liebesmacht Christi, wie das Christentum lehrt oder sei es schließlich durch einen sich selbst erneuernden kosmischen Weltprozeß.

Doch die galaktischen Perspektiven, zu denen uns die moderne wissenschaftliche Entwicklung, vor allem jedoch die Kosmologie führt, haben neue faszinierende Horizonte und Dimensionen aufgebrochen, die vor kurzem noch keiner zu denken wagte. Es sind Horizonte, welche erstmals die Möglichkeit einer auch durch die Menschheit bewußt mitbewirkten Transformation des galaktischen Seins ahnen lassen.

Den Ausgangspunkt zu dieser gewaltigen Vision bildet eben jenes neue Weltbild, das die Galaxien als die kosmischen Grundstrukturen immer mehr in das Zentrum der künftigen Forschung über das Universum rücken wird.

Zugleich aber entwickelt dieses neue galaktische Weltbild ein grundsätzlich neues Bewußtsein unserer Menschheit. Ein Bewußtsein, das auch entscheidend die bisherige Soziologie und die ihr verbundenen Ideologien und weltpolitischen Tendenzen verändern wird.

Die Hypothesen und Theorien von der Entwicklung der gesellschaftlichen Strukturen können nicht mehr wie bisher in einem rein abstrakt-intellektuell-soziologischen Raum gesehen werden, sondern nur mehr in einem unmittelbaren Zusammenhang mit dem galaktischen und kosmischen Raum, in dem sie sich vollziehen.

Auch muß uns immer mehr bewußt werden, daß die Existenz von »n« planetoiden Sozietäten zu entscheidenden Konsequenzen führt. Denn mit diesen »n« planetoiden Sozietäten in »n« Galaxien sind eminent geistige und kreative Energiepotenzen, Energiefelder und Energiefrequenzen verbunden.

Die systematische Konzentration dieser Energiepotenzen auf ein einziges entscheidendes Ziel, nämlich auf die Transformation des galaktischen Seins, könnte innerhalb eines bestimmten Zeitraumes zu seiner Realisierung führen. In weiterer Sicht aber könnte diese Transformation vielleicht sogar, so unwahrscheinlich das auch gegenwärtig erscheint, nicht nur Teilbereiche der Galaxis und des Universums, sondern auch bestimmte, noch viel größere Bereiche des Universums erfassen. Man hat nämlich, vorausgesetzt die Menschheit vernichtet sich nicht vorher selbst, den Fortschritt der Menschheit mit der Zeit zu multiplizieren.

Auch wäre in diese Perspektivität die Möglichkeit einzubeziehen, daß es bestimmte geistige Trainings- und Meditationsmethoden gibt bzw. geben könnte, welche die Entwicklung unseres Denkens Jahrhunderte, vielleicht sogar Jahrtausende vorwegnehmen. Darauf weisen heute bereits der Krishna-Yoga von Paramhansa Yogananda und auch der Zen-Yoga von P. J. Saher hin.

Diese großen Zeiträume können aber auch durch eine entscheidende Verlängerung des menschlichen Lebens vielleicht leichter bewältigt werden. Schon seit geraumer Zeit beschäftigt sich die moderne biologische Forschung mit diesem Problem, bildet doch auch der oft abstoßende und entwürdigende Prozeß des Alterns, der mit quälenden Erkrankungen so häufig verbunden ist, wie des viel zu früh erfolgenden Todes einen Aspekt des umfassenden ontologischen und metaphysischen Skandals. So behaupteten jedenfalls vor kurzem Wissenschaftler des sowjetischen Institutes für biologische Physik, eine Art »Lebenselixier« gefunden zu haben, das die Zellaktivität im menschlichen Körper beeinflußt und den Alterungsprozeß der Zellen verlangsamt oder sogar aufhebt.

Schließlich ist hier überhaupt die weitere Entwicklung der Wissenschaften, das Anschwellen ihrer Informationsmenge, und zwar nicht in Jahrzehnten, sondern in noch viel größeren Zeiträumen, mit zu berücksichtigen. Auch kann angenommen werden, daß die derzeitige Isolation unserer Menschheit in unserer Galaxis, daß die gewaltigen Entfernungen, die sie noch von anderen planetoiden Sozietäten trennen, in diesen künftigen Zeiträumen aller Wahrscheinlichkeit nach längst aufgehoben sind und die Summe unseres Informationspools, durch jene der anderen planetoiden Sozietäten ergänzt, in einem noch unvorstellbaren Ausmaß erweitert werden wird. Diese Erweiterung unserer Informationsmenge könnte jedoch zu einem viel früheren Zeitpunkt erfolgen, gelingt es nämlich der Menschheit bereits im 3. Jahrtausend n. Chr., die Kolonisation unserer Milchstraße zu beginnen, und erweisen sich UFOs als existent und Kontakte mit ihnen als real.

Praktisch hat jedoch, und das ist ein weiterer Aspekt der einzigartigen Bedeutung der Kernphysik, die Transformation des galaktischen Seins bereits mit dem Abwurf der ersten Atombombe über Hiroshima begonnen, allerdings noch in den ersten, primitivsten und auch eminent apokalyptischen Möglichkeiten. Doch mit der Entdeckung des Atoms, seiner Struktur durch Lord Rutherford und mit der Entdeckung bzw. Entwicklung der Quantenphysik durch Max Planck wie durch die weitere Entwicklung der gesamten modernen Physik und Kosmologie wurden bereits allererste Ausgangspunkte zu dieser künftigen Transformation des galaktischen Seins gesetzt.

Denn der letzte Sinn der Kernphysik besteht nicht nur in der fortschreitenden Entdeckung des Mikrokosmos, des Universums der kleinsten Teile bzw. der Prozesse und Zustände der subatomaren Bereiche, auch nicht in ihrer Spaltung allein, sondern in der möglichen Verwandlung der Seinsstrukturen in andere und höhere. Um es mit anderen Worten zu formulieren: Vermag das Atom gespalten, dann vermag es vielleicht auch einmal transformiert zu werden. Das aber bedeutet, zu einer vielleicht wesentlichen Voraussetzung der Transformation des galaktischen Seins vorzustoßen.

Selbstverständlich können hier nur allererste Vorentwürfe dieses größten überhaupt nur vorstellbaren Unternehmens kühnen Menschengeistes, wenn überhaupt, ahnbar werden. Auch bedarf es keines besonderen Hinweises, daß diese hier folgend zur Diskussion gestellten Überlegungen notwendigerweise nur einen hypothetischen Charakter haben können, erscheint es doch derzeit unmöglich, die seriösen Chancen, die Problemstellung wie die Denkart und Denkmethodik künftiger wissenschaftlicher Entwicklungen und Aktionen vorwegzunehmen. Dennoch erscheint es andererseits von entscheidender Bedeutung, gewisse Möglichkeiten und Perspektiven zur Diskussion zu stellen, dadurch aber auch eine neue Philosophie und zugleich auch Kunst mitbegründend.

Aber allein schon die Konsequenz dieser Annahme einer Transformation des galaktischen Seins, bewirkt durch eine demiurgische Revolution, erscheint für die Weiterentwicklung der Menschheit als Ganzes wie aber auch für jeden Menschen im einzelnen von allergrößter Bedeutung. Diese Konsequenz verändert nämlich das Leben jedes Menschen, und zwar in einem beglückenden Sinne. Denn jede Energieentfaltung in jedem Menschenleben wird nun künftig auf einen letzten einsichtbaren und hoffnungsreichen Sinn, zugleich in die größte überhaupt nur vorstellbare Perspektivität integriert. Und jedes Leid, jede Tragik, jede absurde Sinnlosigkeit, und zwar in jedem Menschenleben wie in dem Leben der Völker und der Menschheit wie aller planetoiden Sozietäten insgesamt, erweist sich als ein nur »vorläufiges«, jedoch »überholbares« Moment, das, wie der Tod jedes Menschen, als ein »metaphysischer Skandal« enthüllt, überwunden werden wird. Denn jedem Sterben eines Menschen, das heißt jedem Zerfall eines Universums von Billiarden Zellen, das irgendwie dem Untergang eines ganzen Weltsystems gleicht, wird einmal ein Ende gesetzt, und zwar noch von der Basis dieses galaktischen Seins aus. Eben weil diese Basis in ihren Strukturen grundsätzlich verwandelt werden wird.

Diese Perspektiven aber schließen auch – wenn auch von anderen Voraussetzungen des Glaubens ausgehend – die wesentlichen Zielvorstellungen aller Weltreligionen und Seinsphilosophien ebenso ein, wie sie das von Ernst Bloch in seiner Philosophie aufgeworfene »Prinzip Hoffnung« durch das *Prinzip Transformation* erlösen und vollenden.

Von diesem Aspekt aus ist auch zu erkennen, daß vor allem erst durch die Verwirklichung der demiurgischen Revolution die Revolution des Menschen und der Gesellschaft ihren letzten Sinn, die Erlösung ihrer Hoffnung findet.

Die demiurgische Revolution ist, so verstanden, als die Vollendung aller revolutionären Ereignisse, die jemals stattgefunden haben oder noch stattfinden werden, zu definieren. Die demiurgische Revolution hat somit in unserer Menschheit alle jene Revolutionen und sonstigen Aktionen zur Voraussetzung, welche danach streben, möglichst jeden Einzelmenschen in einem immer größer werdenden Mengenfeld die nur denkbar höchste Freiheit zu gewährleisten, um seine Arbeit, seine Energie, seine ihm eigene Einzigkeit und Talentsubstanz zu wesentlichen Zielen und zur intensivsten Effizienz hin zu entfalten.

In dieser Perspektivtendenz erscheint nun jede Arbeitsleistung, auf welchem Gebiet immer, besonders jedoch die wissenschaftliche und künstlerische Leistung, die dazu dient, die Situation des Menschen und der Gesellschaft fortschreitend zu verbessern, gerechtfertigt. Dies trifft auch in einem einzigartigen Maße für die gesamte Medizin zu, welche schrittweise bemüht sein wird, Krankheit, Leid und Tod – also Aspekte der pantragischen Konstante – in diesem Sein zu mildern, letztlich aber einmal zu überwinden.

Die Demiurgie ist also als die künftige vollkommene Integration von Wissenschaft und Kunst zu begreifen. In ihr vollenden sich alle Geistes- und Naturwissenschaften wie Künste in einer letztlich umfassenden »Weltschöpfungskunst«, in einer »ars magna cosmica«, eben in der Demiurgie.

Bereits von unserer Gegenwart aus lassen sich drei Möglichkeiten denken, welche zur Entwicklung einer demiurgischen Aktion bzw. Revolution führen könnten, nämlich: erstens die sogenannte *Variantenforschung.* Unter diesem Begriff sind alle Forschungen und Entdeckungen zu verstehen, die sich vorerst auf die Verbesserung und auf die Intensivierung des gegebenen galaktischen Seins und Lebens konzentrieren. Unter diesen Begriff fallen also alle Forschungen, welche unsere Lebenskräfte steigern und verlängern. In dieser Perspektivität sind alle Erfolge und weiteren Forschungen der Medizin und Biologie zu verstehen, welche unsere Lebenszeit, unsere Lebensqualität, aber auch unsere Gehirnfunktionen und Gehirnleistungen entscheidend verstärken.

Der zweite Bereich wird von der sogenannten *Transformationsforschung* erfaßt. In ihr werden alle Forschungen und auch neue Wissenschaften entwickelt, welche sich auf die systematische Verwandlung des gegebenen galaktischen Seins und Lebens konzentrieren. In diesem Rahmen wird jedoch auch die sogenannte »Wirklichkeitsforschung« einzubeziehen sein, welche, ausgehend von der Kernphysik und von der weiteren Entwicklung der Naturwissenschaften, versuchen wird, die hinter oder in der Materie liegenden anderen Wirklichkeiten zu entdecken und zu profilieren. Diese Wissenschaft wird also vornehmlich auf die Erforschung möglicher Wirklichkeits- und Seinsbereiche dieses Universums gerichtet sein. Sie wird aber auch die bereits von der modernen Physik und Kosmologie her aufgeworfenen Fragen nach der Existenz unseres Universums, etwa im Zusammenhang mit anderen Universen, untersuchen. So ist anzunehmen, daß die Transformationsforschung zu einer grundsätzlich neuen Lehre vom galaktischen Sein vorstoßen könnte.

Der dritte, eminent wesentliche und kreative Bereich wird durch die sogenannte *Modellforschung und Bildkonzentrationsforschung* bestimmt. Sie erfaßt nicht nur alle Möglichkeiten der Geisteswissenschaften und der heute sogenannten Parapsychologie und des Yoga, sondern auch alle gegenwärtig noch unterentwickelten bzw. überhaupt noch nicht erkannten Möglichkeiten der Entfaltung der poetisch-kreativen Substanzen. *Denn unter diesem grundsätzlich neuen Begriff der »Modell- und Bildkonzentrationsforschung« wird die geist-energetische Konzentrationsbildung neuer Ideen, neuer Schöpfungsmodelle, neuer Urbilder sozusagen verstanden. Denn eben diese sind als die entscheidenden kreativen Chromosome, als die demiurgischen Keimanlagen zu verstehen, welche sich durch die Transformation des galaktischen Seins zu verwirklichen haben.*

Diese »Kreativbildenergien« bzw. diese »Kreativbildkonzentrationen« sind die eigentlichen Schwerpunkte der demiurgischen Revolution, die nämlich nicht nur als Transformation des galaktischen Seins, sondern auch als eine Art neue Schöpfungswelt zu erahnen ist. Das Ziel dieser neuen »Modellforschung« bildet also die geist-intuitive und geistenergetische

Entwicklung von Varianten eines neuen »Weltschöpfungs-Bild-Alphabetes«, neuer »geistiger Bild-Chromosomenreihen«. Und so wie sich der Körper und viele Eigenschaften des Menschen aus seinen Erbanlagen entwickeln, so haben die neuen herrlicheren Wirklichkeiten des dann neuen Seins aus diesen »geistigen Weltschöpfungs-Bildalphabeten« hervorzugehen. *Um dieses Ziel erreichen zu können, scheint es notwendig, daß die geistigen Kräfte so intensiviert werden, daß sie zu Gestaltungen, zu strahlenden neuen Urbildern werden, die Leben in sich selbst besitzen und bewirken.*

Diese Möglichkeitsreihen aber setzen eine eminente Steigerung unseres Bewußtseins und unserer geistigen Kräfte voraus. Eine solche *demiurgische Modellkreation* erscheint uns gegenwärtig einfach unmöglich. Dennoch wurde sie – treffen die folgenden Berichte zu – bereits in allerersten Vorentwürfen verwirklicht. So sollen tibetanische Lamas die Fähigkeit besitzen, wie Alexandra David-Neel berichtet, aus ihren *psycho-mentalen Energien* heraus Personen, sogenannte »Tulpas«, zu schaffen, die zu leben beginnen.

So vermochte Frau David-Neel, nachdem sie einige Monate hindurch die vorgeschriebenen Disziplinen für die rituelle Projektion eines gedachten Bildes durchgeführt hatte, die Gestalt und den Charakter eines Phantom-Mönches zu schaffen, der in diese Wirklichkeit eintrat und mit ihr in ihrer kleinen Wohnung lebte und zu ihrer Begleitung gehörte. Aber nach einiger Zeit begann sich, so berichtet Frau David-Neel weiter, sein Wesen zu verändern, und er entwich der Kontrolle seiner Schöpferin. Und es erforderte nicht weniger als »sechs Monate schwieriger Übungen und Rituale, um das ungeheuerliche Wunderkind magisch aufzulösen« (zit. n. Omar V. Garrison, »Tantra, Yoga des Sexus«, S. 194). Beruhen diese Berichte aber auf Tatsachen, und Frau David-Neel zählte zu den angesehensten Erforschern Tibets, so sind dort sozusagen Reste eines »demiurgischen Kontinents« und einer »demiurgischen Kultur« zu erkennen, die sich vielleicht zuletzt auf eine galaktische Urkultur zurückführen lassen.

Wie auch immer, so wären solche psycho-mentale Energien, solche eminente Geistpotenzen, allerdings noch ungemein höher entwickelt und von oft dunklen magischen Ritualen befreit, dem Licht zugewandt, systematisch für »kreative Weltmodelle« einzusetzen. Für Weltmodelle, die als neue Keimanlagen einer neuen Schöpfungswirklichkeit zu verstehen sind. Diese Möglichkeit, diese Wissenschaft, diese Kunst zu entwickeln, welche dieses Postulat verwirklichen, wird Aufgabe jener künftigen Zeiten bilden, die vor uns liegen.

Erste Ausgangspunkte zur Deutung vorhandener »Bildschöpfungsmodelle« sind ahnbar. So weist P. J. Saher in seinem 1968 erschienenen Buch »Symbole« auf die entscheidende Bedeutung des »Symbolismus« hin bzw. auf das, was der Autor darunter versteht. Saher ist der Meinung, daß der Symbolismus in jene Bereiche vorstößt, »wo die am sorgfältigsten bewahrten Geheimnisse der Natur verborgen liegen. Geheimnisse so subtiler Art, daß der menschliche Verstand niemals hoffen kann, sie mit seinem gewöhnlichen Erkenntnisvermögen zu ergründen.« Die Symbole, die rechte Art sie zu deuten, führen zu etwas, das mehr ist als Magie und Kybernetik, nämlich zu einer, wie es Saher nennt, »transzendentalen Kybernetik«. Zuletzt zielt, wie anzunehmen ist, dieser neu gedeutete Symbolismus, der auf Plato und durch ihn auf Ägypten zurückzuführen ist und der sich in der romantischen Dichtung Europas durch den Neuplatonismus erneut demonstrierte, auf eine erste Bewußtbarmachung des »Bildschöpfungsalphabetes«, das diesem Universum – wenn auch verzerrt und gebrochen – zugrunde liegen mag.

Diese Darlegungen lassen es uns nun auch verständlich erscheinen, daß wir hinsichtlich der vorhin erwähnten »kreativen Weltmodelle« drei Kategorien von solchen zu unterscheiden haben werden. Und zwar erstens solche »kreativen Weltmodelle«, welche bereits in unserem Universum vorhanden bzw. wirksam sind. Weltbildmodelle also, auf welche der von Saher so bezeichnete und verstandene »Symbolismus« hinweist. Diese

»gegebenen« kreativen Weltmodelle, die wieder entsprechenden und verschiedenen Schöpfungsbereichen zuzuordnen sind und in sich etwas wie eine einzige »kosmische Kreativgeometrie« bilden, sind nun durch die demiurgische Revolution bewußt zu bestätigen. Sie sind allerdings in ihrer ganzen und ungebrochenen Herrlichkeit überhaupt erstmals ideal zu verwirklichen. Denn bisher vermochten sich diese unserem Universum, unserem galaktischen Sein zugrunde liegenden kreativen Bildschöpfungsmodelle – Carsten Bresch begreift sie in seinem der Evolution zugewandten Buch »Zwischenstufe Leben«, 1977, gleichsam in einer Vorform als »Muster« – niemals vollkommen, das heißt niemals entsprechend der diesen Bildschöpfungsmodellen zugrunde liegenden Herrlichkeit zu entfalten. Sie wurden nämlich durch die besondere von der pantragischen Konstante bedingten Eigenart des galaktischen und universalen Seins sozusagen »gebrochen« und »verzerrt« wie »verdeckt«.

Dieses Bildschöpfungsalphabet, ohne das nämlich nur ein einziges Chaos existent wäre, ist also in seiner eigentlichen Herrlichkeit »hervor« und »heraus« zu befreien. Allein schon der Prozeß einer solchen »Befreiung« dieser bisher verkümmerten Bildschöpfungsmodelle, gelingt ihre Verwirklichung, begründet ein neues Universum von einer kaum vorstellbaren Herrlichkeit. Ein Universum, dem sozusagen seine verlorene »paradiesische Dimension« durch die demiurgische Revolution wiedergegeben worden ist.

Diese Überlegungen führen uns jedoch zu einer zweiten Kategorie kreativer Weltmodelle. Hier handelt es sich um ein Bildschöpfungsalphabet, das bisher überhaupt noch nicht existent gewesen ist, also etwas grundsätzlich Neues darstellt, damit aber auch eine neue Art des Seins und des Lebens bedingend. In diesem neuen Bildschöpfungsalphabet offenbart sich jedoch überhaupt erst der eigentlich kreative bzw. demiurgische Geist der galaktisch-personalen Wesen. Jener Geist, der in sich absolut frei und in seiner Schöpfungskraft als einzigartig zu begreifen ist. Dieses neue Bildschöpfungsalphabet stellt aber auch an die demiurgischen Potenzen die allerhöchsten Anforderungen. Es postuliert sozusagen ein Avantgarde-Bildsein, d. h. ein wirklich neues Bildsein, das in unserem Universum, in unserem galaktischen Sein überhaupt noch nie vorher existent gewesen ist. Es fordert etwas radikal Neues, es fordert damit auch eine Kreativität ohnegleichen, welche das gegebene Bildschöpfungsalphabet in unserem Universum ergänzt, vielleicht sogar auch überhöht.

So wird es also die vornehmste Aufgabe dieser zweiten Kategorie kreativer Weltmodelle werden, dieses neue Bildschöpfungsalphabet aus dem eigentlichen demiurgischen Ingenium, nämlich aus der »poetischen Einzigkeit« zu schaffen. Aus jener poetischen Einzigkeit, welche die Natur jeder demiurgischen Wesenheit zutiefst charakterisiert.

Die kreative Verwirklichung solcher Bildschöpfungsinhalte wird wahrscheinlich nur durch eine Aktivierung und durch eine Bewußtwerdung der poetischen Substanz möglich werden, die jeden Menschen wie jedes galaktisch-personale Wesen einzigartig konstituiert. Jeder menschlichen und auch jeder galaktischen Personheit liegt eine unendliche Summe von poetischen Entfaltungsmöglichkeiten und Gestaltungsarten zugrunde, die in aller Ewigkeit nur dieser einen Personheit einzigartig und unaustauschbar eigen ist.

Und es erscheint naheliegend, dieses Bildschöpfungsalphabet, dieses kreative Weltmodell, das vorher noch niemals irgendwann und irgendwie existent gewesen ist, aus der schöpferischen Meditation in Konfrontation hin zum Nichts zu schaffen.

Der andere Weg, der solche neuen Bildschöpfungsalphabete verwirklichen könnte, ist die Bereitschaft, sich dem Supramentalen, etwa im Integralen Yoga des Sri Aurobindo, zu öffnen. *Doch dies trifft eher auf die dritte Kategorie der Weltschöpfungsmodelle zu, die gleichsam ein Kombinat oder eine Integration der ersten und zweiten Kategorie der kreativen Weltmodelle bildet.* Es gilt nämlich doch vor allem in der zweiten, in der eigentlich-demiurgischen Kategorie, die Bildschöpfungsalphabete eines neuen transformierten Seins nicht vom Supramentalen her – das gleichsam wie ein einziger »Lichtfüllbereich« verstanden werden kann – zu empfangen, sondern dieses selbst originär kreativ aus der jeder Person gegebenen Einzigkeit ihrer poetischen Essenz zu gestalten. Ein Bereich, der als der allertiefste ontologische Grund zu verstehen ist. Aus diesem Bereich also haben die neuen Bildschöpfungsalphabete, die neuen Weltmodelle »herausgeboren« und »Gestalt annehmend« gebildet, das heißt existent zu werden.

So erkennen wir erneut in der poetischen Essenz jene allerletzte Dimension, in der alle demiurgischen Potenzen verwurzelt sind. Daher wird der Mensch, besinnt er sich seines letzten, seines poetisch-ontologischen Grundes, auch zutiefst von demiurgischen Potenzen bestimmt.

Es sind Potenzen, die zur Transformation des galaktischen und universalen Seins, mehr noch, zu einer neuen Weltschöpfung drängen. *Diese demiurgischen Potenzen werden bereits in den ersten Spielen der Kinder sichtbar.* Jedes »Spiel« aber ist zugleich auch der erste Versuch der Lebens-, Seins- und Weltbemächtigung wie Weltgestaltung.

Diese Spiele werden später dann künstlerisch gestaltetes Bewußtsein, vor allem in der Dramatik. Denn gerade im Raum des Theaters, der ein einzigartiger »Spielereignisraum« ist, werden alle Möglichkeiten und Chancen des Menschen im wahrsten Sinne »ausgespielt«, vor allem jedoch die demiurgischen. Das beginnt mit der gewaltigen dramatischen Dichtung des Aischylos »Der gefesselte Prometheus«. Das setzt sich dann durch alle Jahrtausende fort, vor allem in der faustisch-demiurgischen Thematik. So weist aber vor allem das von mir erstmals proklamierte kosmisch-galaktische Theater – das ich mit meinem 1977 erschienenen Buch »Der Kosmos auf der Bühne. Das galaktische Weltbild des künftigen Theaters« begründete – auf diese künftigen, gewaltigen demiurgischen Spiele, auf die kosmische Dramatik der Zukunft und auf die Entwicklung künftiger demiurgischer Weltschöpfungsalphabete hin.

Von diesem Aspekt aus enthüllt sich schließlich auch der letzte Sinn aller großen Visionen: Sie sind Vorentwürfe kreativer Weltschöpfungsmodelle. Und sie bleiben so lange nur Vorentwürfe, bis sie einmal zu einem Entwurf und endlich zu einer einzigartigen Verwirklichung reifen. Ein Prozeß, der wahrscheinlich kosmisch-galaktische Reihen bzw. meta-galaktische Reihen von »n« Reinkarnationen in gewaltigen Zeiträumen umfaßt, müssen doch vielleicht gerade jene Personen, die zu Demiurgen bestimmt erscheinen, ihrem Ziele durch viele Existenzen entgegenreifen.

Aber nicht nur die galaktisch-personalen Wesen sind durch ihre demiurgischen Potenzen auf eine Transformation des galaktischen Seins, auf einen »Quanteneffekt« sozusagen hin angelegt, sondern auch das Universum selbst. Auf einen Quanteneffekt, das heißt auf die Wirkung eines Energiesprunges, von etwas aus zu etwas hin. Zu etwas, das über dem liegt, was in der Ausgangslage gegeben war. Mit anderen Worten: *Das gesamte Universum ist auf ein Quantenereignis, das heißt auf ein Ereignis des Sprunges und der Wandlung hin angelegt.*

Auf dieses Quantenereignis in galaktischen und universalen Dimensionen aber weist auch die Quantenphysik im Bereiche des Mikrokosmischen hin. Denn das Faktum, daß überhaupt eine Quantenphysik und eine Quantentheorie durch Max Planck entwickelt werden konnte, hat doch etwas im Sein der Materie zur Voraussetzung, das sich der Erkenntnis bzw. der Bewußtwerdung und der Formulierung einer Quantentheorie und einer Quantenphysik zu öffnet. Mit anderen Worten: Die Quantentheorie hat ein zum Quantenhaften hin Drängendes im subatomaren Bereich, im Sein selbst zur Voraussetzung

Die Transformation des galaktischen Seins, letztlich des Universums, ist jedoch von »n« vielen planetoiden Sozietäten durchzuführen. Die Voraussetzung dafür bildet die Entwicklung der demiurgischen Potenzen von »n« planetoiden Sozietäten. Das bedeutet wieder, daß in jeder planetoiden Sozietät etwas wie ein Quantensprung stattfinden könnte, welche die Zubewegung dieser planetoiden Sozietät zur Demiurgie, d. h. zum Quantenereignis bewirkt.

So verstanden ist also der Quantensprung in jeder planetoiden Sozietät als jener Impakt, als jener Anstoß zu verstehen, der hin zum Quantenereignis, d. h. zur Transformation des galaktischen Seins durch die Demiurgie führt. Diese Perspektive von der so eminent aufbrechenden Macht des Geistes aber deutet sich in entsprechenden Prophetien des Hinduismus und Buddhismus wie vor allem in der Prophetie eines Reiches des Geistes im Johannesevangelium wie in den großartigen Visionen des Joachim von Fiore (1131–1202). In dieser Perspektivlinie aber ist auch die johanneische Geistphilosophie des Russen Nikolaj Berdjajew (1874–1948) wie aber auch die Seinsphilosophie und der Integrale Yoga des Inders Sri Aurobindo Gosh zu sehen.

In diesem Sinne liegt auch unserer gesamten sogenannten Weltgeschichte, die doch in Wahrheit nur die skandalöse Geschichte einer an den Abgrund der Selbstvernichtung geworfenen winzigen planetoiden Sozietät ist, ein sogenanntes *Quantenfeld,* wie wahrscheinlich jeder anderen planetoiden Sozietät auch, zugrunde.

Darunter wird das eigentliche »Erregungsfeld« der Geschichte einer planetoiden Sozietät verstanden. Das heißt ein Feld, das jenseits von Zeit und Raum alle jene entscheidenden Punktereignisse verbindet, die hin zu dem soziologischen Quantensprung und letztlich hin zu dem Quantenereignis, zu der Verwirklichung der revolutionären Demiurgie führen.

So gesehen wird also dieses Quantenfeld wesentlich mit dem »revolutionären Feld« identisch sein. Es wird zweifellos oft von sehr verschiedenen Personen und auch von sehr verschiedenen Anliegen bestimmt werden, die jedoch alle durch ihre revolutionäre bzw. geist-revolutionäre Kapazität charakterisiert werden.

Von diesem Gesichtspunkt aus werden wir also diesem Quantenfeld vor allem die »eingeworfenen Ereignisse« wie Christus, dieses Revolutionärs par excellence, aber auch die religiös-revolutionären Genies wie etwas den hl. Johannes und nach ihm Joachim von Fiore wie den hl. Franz, aber auch von einem anderen Aspekt aus Marx, Lenin und Mao einzuschließen haben. Diesem Quantenfeld sind aber auch die führenden Künstler und Wissenschaftler zu integrieren, bewirken doch gerade ihre kreativen und intellektuellen Leistungen die positive Entfaltung der Menschheit ihrem Quantensprung entgegen.

Überträgt man nun diese Erwägungen auf die Dimensionen unserer Galaxis, so bedeutet dies: *Die verschiedenen geist-revolutionären Quantensprünge, die oft in verschiedenen planetoiden Sozietäten unserer Milchstraße zu verschiedenen Zeiten und auch an verschiedenen Orten erfolgen können, bilden dennoch innerhalb des Gesamtorganismus unserer Galaxis jenen einzigartigen, alle planetoiden Sozietäten erfassenden »galaktischen Quantensprung«, der sich schließlich in einem einzigartigen »galaktischen Quantenereignis« konzentriert.*

Es ist jenes Ereignis, das unmittelbar die Transformation des galaktischen Seins bewirkt, und das wahrscheinlich auch, oder vor allem auch, sieht man von anderen Möglichkeiten ab, im Kernbereich unserer Galaxis erfolgen wird.

Dieser Kernbereich, und zwar in allen Galaxien, findet nun in der modernen Kosmologie das besondere Interesse der Forschung. Denn eben in dem Kernbereich einer Galaxis vollziehen sich ihre entscheidenden Prozesse, vielleicht sogar die angenommene neue Schöpfung der Materie.

Diese Hypothese widerspricht dem bekannten Satz von der Erhaltung der Energie, der bekanntlich besagt, daß die Gesamtsumme der Energie, die bei der Entstehung des Universums vorhanden war, während seiner weiteren Entwicklung konstant bleiben muß. Aber dieser Satz trifft dann jedoch nicht mehr zu, so meint der deutsche Autor Walter Bargatzky, der diese Hypothese zur Diskussion stellt, wenn wir das Ereignis der Neuschöpfung der Materie nicht physikalisch, sondern bio-physikalisch verstehen, besitzt doch ein Organismus die Fähigkeit, über die vorhandene Masse und Energie hinaus neue Massen und neue Energien zu schaffen.

Sollte sich also die Galaxis als kosmische Grundeinheit unseres Universums erweisen und sollte sich daher die Neuschöpfung von Materie bzw. von Masse tatsächlich im Zentrum einer Galaxis vollziehen, so liegt es nahe, die Transformation des galaktischen Seins gerade in jenem Bereich durchzuführen, in dem sich diese Neuschöpfung der Materie vollzieht, nämlich in ihrem Kern.

Doch davon abgesehen sprechen viele weitere Überlegungen, die allerdings noch durch die weitere wissenschaftliche Entwicklung überprüft werden müssen, dafür, daß die demiurgische Transformation des galaktischen Seins in seinem Schwerfeldbereich, in seinem Kern, durchgeführt wird.

Dieser Kern befindet sich in unserer Galaxis von unserem Sonnensystem aus bekanntlich 30 000 Lichtjahre entfernt. Man nimmt heute einen Kernbereich an, der einen Durchmesser von 4000 Lichtjahren umfaßt. Dieser Kernbereich zeichnet sich durch eine große Konzentration von Masse aus, die wahrscheinlich die 20milliardenfache Masse unserer Sonne beträgt.

Aber diese Konzentration von Masse wird noch durch die weitere These eines sogenannten Superkerns übertroffen, der wahrscheinlich in unserer Galaxis mit der Radioquelle Sagittarius A identisch ist. Die Masse in diesem Superkern, dessen Durchmesser etwa 50 Lichtjahre beträgt, wurde noch viel schwerer, nämlich ungefähr mit einer 30milliardenfachen Sonnenmasse berechnet. Aber der russische Kosmologe Ambarzumjan nimmt den Superkern unserer Galaxis noch viel kleiner an, nämlich nicht größer als 1,6 Lichtjahre, wobei allerdings die Masse in diesem ungemein kleinen Kern von einer geradezu unvorstellbaren Dichte wäre. Auch würden sich in diesem Minibezirk, wie dazu Bargatzky in »Das Universum lebt« bemerkt, »Prozesse abspielen, die an Gewalt alles bisher Bekannte übertreffen« (S.164).

Auch sind die Kernbereiche der Galaxien sozusagen als eine Art »kosmischer Bühnen« zu verstehen, auf denen sich Ereignisse von einer Dramatik ohnegleichen vollziehen. So wurden gerade bei den Radiogalaxien ungeheure Explosionen in deren Kerngebieten beobachtet.

In einer der Seyfert-Galaxien, die nach dem amerikanischen Astronomen C.K. Seyfert benannt worden sind, bewegen sich – nach den Darlegungen von Bargatzky – sogenannte Filamente in einer Länge von einigen 10 000 Lichtjahren mit einer rasenden Geschwindigkeit, und zwar bis zu mehreren tausend Kilometern pro Sekunde, radikal vom Kern weg nach außen. Diese Filamente werden als Folge einer Explosion gedeutet, die vor ungefähr 5 Millionen Jahren im Kern dieser Galaxis stattgefunden hat. Dabei müssen Energiemengen freigesetzt worden sein, die etwa Millionen von Supernovaeausbrüchen entsprechen.

Hier brechen nun Dimensionen auf, welche überhaupt erst das geradezu unvorstellbare Unternehmen einer demiurgischen Transformation des galaktischen Seins konkreter erahnen lassen! Diese Massen des galaktischen Seins provozieren jedoch zugleich eine Aktivierung der demiurgischen Potenzen der verschiedenen planetoiden Sozietäten unserer Galaxis, darunter auch unserer Menschheit, die für uns derzeit unvorstellbar sind.

Denn es sind eben diese geradezu ungeheuerlichen Ozeane von explodierenden Massen, von Materie des galaktischen Seins, die in dem Zentrum der Galaxis, in ihrem Kernbereich geradezu geballt, die Energien des Bewußtseins, des Geistes und der Demiurgie zu einer Intensität, Größe und Wirkung, eben zu einem »Quantenereignis« herausfordern, das alle Vorstellungen, die wir jemals von den Kräften des Geistes haben mochten, weit übertreffen.

Gerade diese ungeheuren galaktischen Massen provozieren

jedoch eine Kraft des Geistes, eine Intensivierung der kreativen und demiurgischen Potenzen, welche überhaupt erst die Prophetien eines Reiches des Geistes ahnbar werden lassen. Gerade diese Herausforderung des Bewußtseins wie der geistigen und kreativen, letztlich der demiurgischen Potenzen durch die Ozeane des galaktischen Seins aber lassen uns an die darauf antwortende, geradezu phantastisch titanische Aufgabe der Transformation des Universums, zumindest entscheidender Teilbereiche, und an *eine Demiurgische Transformationsformel des Universums denken.*

Es handelt sich hier also zweifellos um die allerentscheidendste Formel, die überhaupt nur vorzustellen ist. In dieser Formel finden alle Geistes- und Naturwissenschaften wie aber vor allem auch die Bewußtwerdung und Entfaltung aller kreativen Potenzen aller planetoiden Sozietäten ihren durch nichts mehr zu übertreffenden Höhepunkt.

Praktisch handelt es sich bei der Erstellung dieser Formel um den erstmaligen Versuch, die physikalische Transformation der Energie mit der geist-kreativen Transformation demiurgischer Energie in Verbindung zu setzen. Eine Verbindung, die eben zur Erstellung einer demiurgischen Transformationsformel des Universums führt. Ihre konkrete Anwendung gilt aber auch für Teilbereiche, seien es mehrere Galaxien oder eine einzige.

In diesem Sinne ist die demiurgische Transformationsformel in einer gewissen Entsprechung zu der Äquivalenzformel von Albert Einstein zu entwickeln, die bekanntlich die Masse als Form der Energie begreifen läßt und umgekehrt. Eine Formel, die überdies gleichzeitig und unabhängig von Albert Einstein, auch von Langevin um 1905 errechnet wurde, lautet:

$$E = m \cdot c^2$$

Diese Formel kommentiert nun Fritjof Capra in seinem Buch »Der Kosmische Reigen«, 1977, mit den Worten: »Jetzt aber erwies sich durch die Relativitätstheorie, daß Masse nichts als eine Energieform ist. Energie kann nicht nur die verschiedenen, in der klassischen Physik bekannten Formen annehmen, sondern auch in der Masse eines Objektes eingeschlossen sein. Das Maß an Energie, das z. B. in einem Teilchen enthalten ist, ist gleich der Masse ›m‹ des Teilchens mal c^2, dem Quadrat der Lichtgeschwindigkeit, somit $E = m \cdot c^2$. Wird Masse erst einmal als Energieform betrachtet, so muß sie nicht länger unzerstörbar sein, sondern kann in andere Energieform umgewandelt werden.« (S. 200)

Mit anderen Worten: Die Relativitätstheorie Einsteins zeigt, daß die Masse eine Form der Energie ist. »Energie ist aber«, wie Capra an einer anderen Stelle seines Buches bemerkt, »eine dynamische, mit Aktivität oder einem Vorgang assoziierte Größe. Die Tatsache, daß die Masse eines Teilchens gleich einer bestimmten Energiemenge ist, bedeutet, daß das Teilchen nicht länger als statisches Objekt gesehen werden kann, sondern als dynamische Struktur, als Prozeß der Energie, die sich als Masse des Teilchens manifestiert.« (S. 76)

Wird aber das kleinste Teilchen von seiner dynamischen Struktur bestimmt, ist es also als Prozeß der Energie zu begreifen, die sich als Masse des Teilchens konkretisiert bzw. manifestiert, dann darf daraus gefolgert werden, daß das Universum grundsätzlich nicht von einer Masse bestimmt erscheint, sondern von Prozessen der Energie, die das Universum letztlich als ein einziges Feld, als ein »Feldereignis« der Energie verstehen lassen.

Zwischen diesem physikalischen Energiefeld des Universums einerseits und den geistigen Energien der planetoiden Sozietäten andererseits, die sich vor allem in den demiurgischen Bildekräften konzentrieren, ist nun ein Bezug, eine Wechselwirkung denkbar, und zwar in dem Sinne, daß diese demiurgischen Bildekräfte auf die physikalischen Energien des Universums einwirken, diese verändern und neu gestalten.

Anstelle der Masse »m« in der Einsteinschen Äquivalenzformel kann man nun, nach diesen Erwägungen, die Menge der planetoiden Sozietäten setzen, und zwar jeweils verschieden, also entweder innerhalb einer Galaxis, einer Gruppe von Galaxien und schließlich aller planetoiden Sozietäten in diesem Universum. Eine Menge, die wir selbstverständlich nicht exakt, aber vielleicht in gewissen Wahrscheinlichkeiten berechnen können.

Anstelle von c^2, dem Quadrat der Lichtgeschwindigkeit der Einsteinschen Formel, tritt hier nun die Entwicklungsgeschwindigkeit, aber auch die Intensität der geist-schöpferischen Energien, die sich in den demiurgischen Bildekräften vollenden. Diese kreativen Energien könnten durch eine bestimmte Einheit ausgedrückt werden, die auch zur Klassifizierung verschieden entwickelter planetoider Sozietäten führt.

Carl Sagan klassifiziert in seinem Buch »Nachbarn im Kosmos« eine Sozietät nach ihrer Gesamtmenge an Informationen, über die sie verfügt. Dieses Beispiel der Klassifikationen von galaktischen Sozietäten bzw. sogar von intergalaktischen Zivilisationen zeigt, daß man sehr wohl nicht nur die Quantität, sondern auch die Qualität der verschiedenen galaktischen Sozietäten, zumindest hypothetisch, verschiedenen Grundbewertungen entsprechend vergleichen kann.

In der hier zu entwickelnden Formel aber wird die Einheit nicht mit einem »Bit«, also mit der besonderen Verbindung von Energie und Information, eingesetzt. Der Begriff »Information« erscheint doch zu oberflächlich, um jene eigentlichen Voraussetzungen und kreativen Substanzen zu berühren, die zur entscheidenden Transformation des Universums führen. Von diesen Erwägungen aus stehen daher die intellektuellen, noch mehr aber die geistigen und kreativen Energien im Vordergrund, die mit der Aktivierung der physikalischen Energien in unmittelbare Verbindung zu bringen sind. Entscheidend erscheint also in diesem Zusammenhang, ob und in welchem Maße die planetoiden Sozietäten zur Entwicklung und schließlich zur praktischen Anwendung der demiurgischen Bildekräfte vordringen können.

Von diesen Voraussetzungen ausgehend, ist also diese ganz bestimmte Grundeinheit, die zwischen den geist-kreativen, letztlich demiurgischen Bildenergien einerseits und den physikalischen Energien andererseits besteht, als ein »Ka« zu bezeichnen. Dieser Begriff wird in Anlehnung an die alt-ägyptische Vorstellung des »Ka« eingesetzt, wobei im Sinne der Interpretation des »Ka« daran zu erinnern ist, daß das Wort »Ka« im Alten Reich eigentlich bedeutete: »Der Ka ist der Bildner (= Schöpfer).« In dieser Formel aber bezieht sich das Wort »Ka« keineswegs auf eine Person, also etwa auf den »Bildschöpfer«, sondern auf die höchste Eigenschaft kreativer Energie, nämlich zu einem aktiven, die physikalische Energie verwandelnden Bildereignis zu werden. So verstanden ist also im »Ka« jene grundlegende kreativ-geistige Einheit zu verstehen, die in bestimmten Entfaltungskategorien der verschiedenen planetoiden Sozietäten zur ersten Bewußtwerdung, dann zur Gestaltung der Energie des Physischen etwa durch Kunst und Wissenschaft und schließlich zur Verwandlung der physischen Energie durch die demiurgischen Bildkräfte führt.

In diesem Sinne wird daher auch zwischen planetoiden Sozietäten zu unterscheiden sein, die von einem Ka 1, Ka 2 und Ka 3 bestimmt werden. Ka 1 bezeichnet demnach jene planetoide Sozietät, die zur ersten Bewußtwerdung des Kreativen vorgestoßen ist, Ka 2 jene galaktische Sozietät, welche durch Kunst und Wissenschaft die physikalischen Energien zu gestalten und zu benützen lernt, und Ka 3 bezeichnet schließlich jene stellare Kultur, in der die demiurgischen Bildkräfte bereits zur Transformation eingesetzt werden. Innerhalb dieser letzten Kategorie das Ka 3 werden aber auch wieder jene Sozietäten zu unterscheiden sein, die überhaupt erstmals demiurgische Transformationsaktionen durchzuführen beginnen und solche, die sie bereits, weite Bereiche ihres Sonnensystems und ihrer Galaxis ergreifend, praktizieren und schließlich solche, denen es bereits gelungen ist, das Sein selbst in galaktischen Dimensionen zu transformieren, um so zu einer anderen Wirklichkeit durchzustoßen. So gliedert sich also auch die höchste demiurgische Transformation in drei mögliche weitere Aspekte.

In der neu interpretierten Äquivalenzformel Einsteins stellt sich »E« als jene Energie dar, die wir als die geistige Transformationsenergie, eben als die demiurgische Energie begreifen können. Diese demiurgische Energie, die hier als »ED« bezeichnet werden soll, ist also das Produkt aus »m«, d. h. der Menge der planetoiden Sozietäten, und aus »c^2«, d. h. der Entwicklungsgeschwindigkeit und Intensität der kreativen, letztlich der demiurgischen Potenzen, also der Summe aller Ka. Diese Gesamtsumme enthält daher auch die Teilsumme jener demiurgischen Potenzen, die in jeder planetoiden Sozietät wirksam ist. Diese planetoide Teilsumme ist daher mit der wahrscheinlichen Menge der planetoiden Sozietäten in einer Galaxis, in einer Gruppe von Galaxien und schließlich innerhalb des gesamten Universums zu multiplizieren.

Daraus ergibt sich nun die *Demiurgische Transformationsformel des Universums* (bzw. einer Gruppe von Galaxien oder auch nur einer einzigen), die somit lautet:

$$ED = M_{pl\cdot Soz.} \cdot Ka^{1-3}$$

Das bedeutet also: Die Demiurgische Transformationsenergie in unserem Universum (bzw. einer Gruppe von Galaxien oder in einer Galaxis) bildet das Resultat des Produktes der Menge der planetoiden Sozietäten, multipliziert mit der ihnen jeweils eigenen kreativ-spirituellen, letztlich demiurgischen Transformationspotenz, die wieder die drei Entwicklungsstufen des Demiurgischen in einer planetoiden Sozietät mit zu berücksichtigen haben wird.

Diese kreativ-geistigen Energien, vor allem aber mit Hinblick auf die demiurgischen Bildreihen, sind undenkbar ohne die poetische Dimension, die sie zuletzt bestimmt. Daraus ergibt sich, daß gerade die Demiurgische Transformationsformel jene eminent poetische Energie enthüllt, die zu einem neuen, und zwar eminent poetischen Sein führen wird.

Und ebenso wie die physikalische Äquivalenzformel Einsteins erkennen läßt, daß Masse eine Form der Energie ist und umgekehrt, so wird hier angenommen, daß jeder planetoiden Sozietät bzw. jeder Galaxis eine ganz bestimmte demiurgische Energie eigen ist, die zuerst verborgen, dann aber immer bewußter auf die Transformation des konkreten galaktischen Seins hin zu einem neuen Sein zielt. Und das trifft wahrscheinlich dort zu, wo es sich um »n« planetoide Sozietäten, also um eine vervielfachte demiurgische Energie handelt.

Man kann daher die Hypothese vertreten, daß bereits im Uratom, noch vor seiner Explosion, die zur Entstehung unseres Universums führte, die zutiefst latente Bereitschaft zur Transformation des Uratoms bzw. des aus ihm entwickelten Universums vorhanden war.

Die Demiurgische Transformationsformel, hinter der die Urahnung um diese präkosmische Zielsetzung steht, strebt nun die Bewegung hin zu dieser herrlichen Intention an und wird sie auch praktisch bewirken.

Aber gerade in dieser Perspektive kann die Einsteinsche Formel selbst als ein Ausgangspunkt zu der von der Demiurgie angezielten Transformation des galaktischen Seins verstanden werden, und zwar deshalb, weil die Masse nach eben dieser Formel in physikalische Energie verwandelt werden kann. Diese könnte vielleicht in weiterer Konsequenz einmal in geistige Energie übergeführt werden, die wieder zu einer demiurgischen entwickelt werden könnte.

So können wir in der Demiurgischen Transformationsformel jenes entscheidende Moment erkennen, das ein künftiges galaktisch-demiurgisches Äon bestimmen wird.

Diese Überlegungen lassen es nun verständlich erscheinen, daß die Voraussetzung für den wirksamsten Einsatz der demiurgischen Potenzen bzw. der Demiurgischen Transformationsformel eben die künftige Koordination der verschiedenen planetoiden Sozietäten bildet.

Diese Koordination hat jedoch wieder die Verwirklichung

eines galaktischen Informations- bzw. Kommunikationsnetzes wie selbstverständlich die Entfaltung und Bewußtwerdung der demiurgischen Potenzen innerhalb der »n« planetoiden Sozietäten einer Galaxis bzw. einer Gruppe von Galaxien und schließlich des Universums zur Voraussetzung.

Ein solches Kommunikationsnetz hochentwickelter planetoider Sozietäten könnte vielleicht schon bestehen, meint Carl Sagan. Auch Louis E. Navia, Professor am New York Institute of Technology, vertritt in seinem Buch »Unsere Wiege steht im Kosmos«, 1976, die Meinung, daß die naturwissenschaftlichen Kenntnisse weit fortgeschrittener Zivilisationen Möglichkeiten der Raumfahrt entwickeln lassen, die außergewöhnlich sind. Navia hält jedoch auch künftige Flüge von unserem Planeten Erde zu entfernten Sternen, zum Mittelpunkt unserer Galaxis und selbst zu Galaxien unserer »Lokalen Gruppe«, z. B. zu Andromeda (M 31), für vorstellbar. In diesem Sinne verweist er auf Louis Berman, der geschätzt hat, »daß der Hin- und Rückflug zum Mittelpunkt der Galaxis nur 40 Jahre dauern würde« (S. 178). Und der französische Wissenschaftler Jean Charon meinte sogar, daß der Flug zu Andromeda, zu dem über 2 000 000 Lichtjahre von uns entfernten Spiralnebel, »nur 2 Jahre und 4 Jahre für beide dauern würde. Charon plädiert für die Verformbarkeit der Zeit, die mit wachsender Geschwindigkeit zusammenschrumpft.« (S. 179)

Schließlich behauptet Navia: »Die noch in den Kinderschuhen steckende Raumforschung wird unvorstellbare Horizonte erschließen und zu unglaublichen Abenteuern führen, an deren Ende viele unvermutete kosmische Bindungen und Brücken stehen werden. Bis dahin können wir zumindest festhalten, daß die Raumfahrt bis in ferne Gebiete der Galaxis und des Universums keine physikalische Unmöglichkeit ist.« (S. 181)

Zu den unglaublichsten Abenteuern werden aber für die Menschheit nicht nur die Kontaktnahme zu anderen planetoiden Sozietäten, sondern auch alle Versuche hinsichtlich der Transformation des galaktischen Seins zählen. Diese Versuche aber werden noch durch das gewaltigste Unternehmen übertroffen werden, das nur vorstellbar ist, ob nämlich eine Transformation des Universums an sich, und wenn überhaupt, in welchen Teilbereichen möglich werden wird. Diese Fragen werden Inhalte der künftigen Forschung über das Universum bilden. Eine Forschung, die jedoch nicht nur das Hauptanliegen unserer Menschheit, sondern voraussichtlich auch das noch vieler anderer planetoider Sozietäten bildet. Eine Forschung, an der sich, wie später auch an der Durchführung der demiurgischen Revolution, ganze »Demiurgenkombinate« unserer Galaxis, vielleicht aber auch anderer, beteiligen könnten.

Hier ist auch noch an einen interessanten Satz von Navia in seinem vorhin erwähnten Buch »Unsere Wiege steht im Kosmos« zu erinnern. Er lautet: »Die technische Welt von heute ist die fiktive Welt von gestern und die primitive Welt von morgen.« (S. 182) Und dieser Satz gilt nicht nur für die Technik, sondern auch für alle anderen Bereiche der Wissenschaft ebenfalls.

So wird es also unsere Galaxis, dann andere und schließlich das Universum selbst sein, das uns durch seine Probleme, durch seine Existenz in einem derzeit noch unvorstellbarem Maße herausfordern wird, und das daher auch eine neue Art von kreativen, nämlich von demiurgischen Menschen fordert.

Es scheint auch, als befinden wir uns erst am Beginn der Erforschung unseres Universums. In dieser Verbindung ist auch daran zu erinnern, daß das Universum wahrscheinlich 2500 Trillionen Sonnen in Trillionen Galaxien einschließt, daß das Universum im Jahre 1971 einen errechneten Durchmesser von 20 Milliarden Lichtjahren besitzt, wobei zu bedenken ist, daß sich unser Universum wahrscheinlich mit etwa 250 000 km pro Sekunde ausdehnt.

Ferner ist hier an neueste sensationelle Entdeckungen zu erinnern. Sie wurden von amerikanischen Wissenschaftlern mit Hilfe des 17 Monate auf Satellitenbahn bleibenden Observatoriums HEAO 1 gemacht. Diese Beobachtungen enthüllten eine solche unvorstellbare Masse von Gas und intergalaktischem Staub, daß man sogar vermutet, diese neu entdeckte Masse könnte die unseres Universums – in der Größenordnung 10^{56} Gramm – übertreffen. Auch entdeckte man: Gigantische Wolken interstellaren Staubes und intergalaktischen Gases von Millionen Milliarden Sonnenmassen umhüllen einen Superhaufen von Galaxien.

Auch ist an die uns noch immer nicht durchschaubare Struktur unseres Universums zu denken, an die Worte des Nobelpreisträgers für Physik, Brian Josephson, der sagte: »Vielleicht hat jener Autor recht, der meint, wir lebten in einer epizyklischen Welt, also in einer, neben der es eine Unzahl anderer Welten gibt. Das könnte in der herrschenden Physik Änderungen ergeben, diese nimmt immer ein einziges Universum an.«

Und Albert Einsteins einstiger Schüler John Archibald Wheeler spekuliert mit Superräumen und anderen Universen neben unserem, die möglicherweise an bestimmten Stellen durch sogenannte »Wurmlöcher« miteinander verbunden sind. Gibt es aber solche »Wurmlöcher«, solche Scharnierungen sozusagen, in denen sich mehrere Universen irgendwie ineinanderfügen, so bedeutet die Transformation unseres Universums vielleicht auch die Beeinflussung der Existenz anderer Universen und wenn ja, welcher, und in welcher Art, mit welchen Konsequenzen? Wie sind diese anderen Universen vorzustellen, welche Eigenschaften besitzen sie?

Zweifellos, es geht hier um allerletzte Fragen und Probleme nicht nur der künftigen Kosmologie und der Wissenschaften, sondern auch der Existenz unseres Universums, unseres Lebens überhaupt. Die Fragen beginnen bereits bei den Problemen der in unserer Gegenwart von Professor Wheeler zur Diskussion gestellten »Superräume«. Diese sind Räume, in denen nicht die Zeit – und da nach Einsteins Relativitätstheorie Zeit und Raum einander bedingen –, auch nicht der Raum existiert. Daher ereignet sich alles Geschehen im »Superraum« gleichzeitig. John Taylor erklärt die Ungeheuerlichkeit eines Superraumes in seinem bereits erwähnten Buch »Die schwarzen Sonnen« mit den Worten: »Der Superraum, das heißt ein Raum, der selber aus Räumen statt aus Punkten besteht, bietet die gleiche Fülle möglicher Entwicklungen wie der Raum, in dem wir leben. Einige werden sehr unwahrscheinlich sein, mit abscheulichen Verzerrungen, die einen normalen Menschen zum Wahnsinn treiben würden, wenn er sie erleben müßte. Andere sind so fremdartig, daß wir sie überhaupt nicht wahrnehmen.«

Hier, an diesem Punkte, ist nun die weitere Frage zu stellen: Wie kann ein Sein, wo immer und wie immer es sich auch befinden mag, noch länger als existent geduldet werden, das abscheuliche Verzerrungen, also eine Art von Höllen besitzt? Kann nicht ein ganz anderes Sein gedacht werden als eben jenes, das zu solchen abscheulichen Verzerrungen führt?

So werden wir doch zu der sittlichen Erkenntnis geführt: Ein nur in bestimmten und begrenzten galaktischen Dimensionen transformiertes Universum würde den pantragischen Charakter, die katastrophale Tendenz dieses Universums, seine nicht zu übersehende Absurdität weiterhin nicht nur existent setzen und sich mit diesen Momenten abfinden, sondern auch diese Tendenzen gleichsam in die Unendlichkeit weiterentwickeln lassen.

Tendenzen, die in weiterer Konsequenz dann zu einem Universum führen, das sich – wie uns dies die zwei führenden Thesen der modernen Kosmologie sagen – entweder in einem absoluten Nichts auflöst, indem es sich nämlich der Fluchtbewegung der Galaxien entsprechend unendlich ausdehnt – oder aber zu einem Universum wird, das sich ab einem gewissen Entwicklungspunkt – bis zu dem es sich ausdehnt – wieder in sich zusammenzieht, um schließlich in einem einzigen Urknall zu enden und so katastrophal zu enden, wie es begonnen hat.

Beide Modelle aber enthüllen eine nicht zu übersehende Tendenz hin zum Irrsinn. Denn es ist sehr wohl ein grundsätzlich anderes Universum zu denken, das sich weder dem Unendlichen zu im Nichts auflöst noch katastrophal ab einem gewissen Punkt wieder in sich zusammenstürzt. Es ist ein Universum denkbar, das sich gleichsam ab einer gewissen Entwicklungsstufe höher verwandelt, sei es evolutionär oder geist-revolutionär. Es ist schließlich ein Universum denkbar, das in sich selbst – in seinen galaktischen Sozietätsstrukturen nämlich, in seinen kosmischen Nervenzentren sozusagen – jene Bewußtseinsenergien entwickelt, konzentriert und aktiviert, die einmal fähig werden, dieses Sein nicht dem Wahnsinn und nicht dem Nichts auszuliefern, sondern es in ein höheres Sein demiurgisch zu transformieren.

Die beiden führenden kosmologischen Theorien deuten also auf eine Katastrophe, auf eine letztlich sinnlose Existenzentwicklung des galaktischen bzw. in weiterer Folge des universalen Seins hin. Dieses Problem aber steht auch noch mit der offenen Frage im Zusammenhang, zu welchem Zeitpunkt die Demiurgische Transformationsformel des Universums einzusetzen sein wird.

Die eine kosmologische Theorie nimmt an, daß sich das Universum von einem Urereignis, von einem Urknall aus, der vor 13–18, vielleicht sogar vor 20 Milliarden Jahren erfolgte, ausdehnt, und zwar bis in die Unendlichkeit hinein. Dieser These neigen neuerlich besonders die Forscher des Fermin-Institutes der Universität Chicago, Dr. David N. Schramm und Dr. Kem L. Hainebach, zu.

Die Theorie eines pulsierenden Universums nimmt hingegen die fortschreitende Ausdehnung des Universums nur bis zu einer gewissen Zeitgrenze, bis zu etwa 40–45 Milliarden Jahren, gerechnet ab dem Urknall, an. Danach erfolgt eine »Wende«. Das Universum zieht sich nun zusammen, es wird kontraktiv. Die Anziehungskräfte nehmen dann immer mehr zu, bis nach einem Zeitraum von insgesamt 80–85 Milliarden Jahren, wieder gerechnet ab dem Urknall, das Universum in einer unvorstellbaren Weltkatastrophe ineinanderstürzt, um wieder, wahrscheinlich zu einem Uratom geworden, sich erneut auszudehnen. Eine Theorie, die überdies durch die neuesten Entdeckungen begründet wird.

Das galaktische Sein erweist sich in seinen Strukturen, soweit heute deutbar, als ein pantragisch bestimmtes und, der Zukunft zu gesehen, als ein sinnloses Phänomen. Denn ein Universum, das sich der Unendlichkeit zu auflöst, ist ebenso sinnlos wie ein Universum, das sich ausdehnt und wieder zusammenzieht, um einer einzigartigen Explosion zuzutreiben. Ein solches Universum erinnert zwar an einen gebärenden Mutterleib, aber auch an eine Geburt, die mit Schmerzen und Leid eines Kindes verbunden ist, das, kaum geboren, schon bestimmt ist, oft auf eine geradezu grauenvolle Art und Weise zu sterben oder selbst zum Mörder anderer zu werden. Auch in diesem Zusammenhang ist die Frage zu stellen: Gibt es keine Geburt, die anders erfolgen könnte? Gibt es nicht Mythen – wie etwa die von Athene, die aus dem Haupte des Zeus entsprungen ist –, die uns daran denken lassen, daß es vielleicht auch geistige Arten der Zeugung und der Geburt geben könnte?

Und enthüllt sich nicht in der leidvollen Geburt und in dem dann meistens ebenso leidvollen Leben eines Menschen die dominante Tragik unseres ganzen Universums? Trifft dieses tragisch mütterliche Moment nicht ebenso auf unser Universum zu, das nach der zweiten kosmologischen Entwicklungstheorie sich wie ein Mutterschoß in Wehen weitet, dehnt und wieder zusammenzieht, um letztlich katastrophale, zum Untergang bestimmte Ereignisse zu gebären? Wäre also nicht auch ein Universum zu denken, das um andere Arten des Gebärens und Gestaltens weiß, um geistige nämlich?

Ist nicht ein Sein denkbar, welches viel herrlicher und vollkommener ist als jenes, das die galaktische und universale Struktur bestimmt? Trägt nicht jeder Mensch, wahrscheinlich auch die anderen personal-galaktischen Wesen, in sich die Ahnung, daß es ein herrlicheres Sein gibt als jenes, in dem wir uns derzeit befinden?

Diese Erwägungen aber führen zu der eminent sittlichen und zugleich demiurgischen Konsequenz einer Revolution des galaktischen Seins. Die hinduistische und buddhistische Kosmogonie nimmt einen anfangs- und endlosen Kreislauf der Welt bzw. der Welten an. Erst von diesem Aspekt aus wird die geradezu einzigartige Konsequenz der demiurgischen Revolution deutlich.

Mit einer Radikalität ohnegleichen, aber auch mit einer Liebe ohnegleichen, mit einem Mitleid ohnegleichen auch zu allen leidenden Geschöpfen in all den Trillionen Galaxien und mit einem geistigen Elan und Heroismus ohnegleichen ist nun der an sich in weiterer Folge sinnlose und katastrophale Prozeß zu unterbrechen.

Nicht der vornehme »Entsprung« aus einem Kreislauf der steten Wiedergeburt mit ihren sich immer wiederholenden Leiden, Schmerzen und Illusionen, auf die Buddha hingewiesen hat und in welchen sich im späteren Buddhismus, seiner Lehre nach, immer wieder die von Mitleid überwältigten »boddhisattvas« hineinstürzen, ist hier gefordert, sondern dieses Rad der Wiedergeburten wird selbst in Stücke geschlagen, präziser, es wird in ein neues Rad subtilerer und feinerer Substanz, in ein Rad unerahnbarer Herrlichkeit und Geistigkeit transformiert.

So wird daher die Revolution des galaktischen Seins und im weiteren Sinne des universalen Seins, das demiurgische Aktionsereignis, bestimmt durch die Demiurgische Transformationsformel, an einem ganz bestimmten Punkt der Entfaltungskurve unseres Universums anzusetzen sein. Genau an jenem Punkt nämlich, an dem zwei wesentliche Tendenzen zusammenfallen. Einerseits die Erkenntnis, daß die weitere Entwicklung des Universums sich immer mehr dem Charakter des Sinnlosen und Katastrophalen zubewegt, andererseits die Erkenntnis, daß das Universum eine bestimmte Reifephase erreicht hat. Jene nämlich, in welcher viele planetoide Sozietäten unserer Galaxis und auch mehrerer Galaxien zu dem Entschluß einer koordinierten Transformation des galaktischen Seins vorgestoßen sind und sich bereit erklärt haben, ihre geistigen und demiurgischen

Energien in einem einzigen, das ganze Universum – oder gewisse Teilbereiche – erfassenden Aktionsereignis zu konzentrieren. Zu jenem Aktionsereignis, das durch den Einsatz der Demiurgischen Transformationsformel bestimmt wird.

Vergessen darf man in diesem Zusammenhang auch nicht die gewaltigen Zeiträume, die sich einer künftigen wissenschaftlichen und vor allem auch geistigen Entwicklung eröffnen. Vielleicht wird es möglich sein, den sogenannten astralen – oder auf höherer Ebene den mentalen Körper – aus unserem fleischlichen Körper zu lösen, um ihn auf »astrale Reisen« durch andere Galaxien zu senden. Darauf deuten bereits bestimmte Yogalehren hin.

Die Möglichkeit ist nicht auszuschließen, daß eine demiurgische Transformation des galaktischen und universalen Seins – zumindest in bestimmten Bereichen – vielleicht bereits von einigen uns vollkommen unbekannten planetoiden Sozietäten und gewaltigen galaktischen »Superzivilisationsgöttern«, wie sie Carl Sagan nennt, eingeleitet worden ist.

Ob die Menschheit, wahrscheinlich eine höchst durchschnittliche planetoide Sozietät, jemals dieses Ziel erreichen wird, und ob sie sich jemals diesen gewaltigen Integrationen galaktisch-demiurgischer Potenzen einschließen wird können, das ist hier eine Frage zweiter Ordnung. Entscheidend ist, daß dieses Ziel der Notwendigkeit der Transformation des Seins an sich erkannt worden ist und mit großer Wahrscheinlichkeit von höchst entwickelten planetoiden Sozietäten und Kulturen bereits konsequent verfolgt wird.

Denn daß dieses Universum einen »metaphysischen Skandal« darstellt, trotz der vielen Geheimnisse, Wunder und Schönheiten, die es auch offenbart, ist nicht mehr zu übersehen. Seine Transformation in ein höheres Sein erscheint daher als ein sittliches, geistiges und demiurgisches Anliegen von allergrößter Notwendigkeit und Aktualität.

Wahrscheinlich wird es in der ferneren Zukunft »n« viele Möglichkeiten geben, um zu einer Transformation, vielleicht sogar auch zu einer Schöpfung eines neuen Seins zu gelangen. Sie sind derzeit noch nicht erkennbar, aber es gibt vielleicht von unserer wissenschaftlich noch sehr begrenzten Anfangslage einige Einstiege, die in einem allgemeinen Sinne dahin weisen könnten. Momente, die hier selbstverständlich nur als Hypothesen mit allem notwendigen Vorbehalt zur Diskussion gestellt werden, die aber vielleicht interessant erscheinen und das Problem einsichtiger machen:

Da es uns gelungen ist, die Materie zu atomisieren, so könnte es uns vielleicht einmal auch gelingen, diese Materie in etwas zu transformieren, das wir noch nicht kennen, das aber subtiler, feiner, differenzierter sein könnte als eben diese Materie, so wie wir sie bisher erforschten. Mit anderen Worten: Vielleicht könnten wir diese Wirklichkeit in eine neue transformieren, die sich geistigen Bildstrahlungskräften gleichsam mit einer ähnlichen »Sehnsucht« zubewegt, mit der auch im kosmischen Sinne das Weibliche sich dem Männlichen zu öffnet.

Weiterhin: So könnte zum Beispiel vom physikalischen Standpunkt an die nukleare Kraft gedacht werden. Sie ist nämlich die einzige, welche die Atomkerne zusammenhält. Und auch Carl Sagan weist nachdrücklich darauf hin, daß gerade auf diesen nuklearen Kräften die Stabilität der Atome und damit auch aller chemischen und biologischen Vorgänge beruht. Diese bewirken auch die thermonuklearen Reaktionen im Inneren der Sterne, die sie erstrahlen lassen. Vielleicht wäre es also einmal möglich, um diese Hypothese zu wagen, diese eminenten nuklearen Kräfte zu transformieren. Und da Albert Einstein bewiesen hat, daß Energie nicht vernichtet, sondern nur umgeformt werden kann, so wären die nuklearen Energien in andere Energien umzuwandeln, etwa in Energien »höherer Zustände«.

Fraglich ist, ob die »Elementarteilchen« überhaupt als materielle Teilchen zu begreifen sind oder nicht etwa als »Ereignis« bzw. als »Zustände«. Zu dieser ungemein interessanten Frage bemerkt Peter von der Osten-Sacken in seinem Buch »Kosmos plus minus« (S. 270) u. a.: »Sind es überhaupt ›Teilchen‹, also etwas Materielles? Sind es nicht eher Zustände? Energiezustände des Raumes, an denen wir die Teilchen annehmen? So veränderlich die Zustände sein können, so veränderlich müssen auch darum die Teilchen sein.« Und von der Osten-Sacken stellt dann die weitere Frage: »Wo bleibt denn das, was wir Materie nennen? Was existiert, ist demnach nur ein Materiefeld, eine Zustandsart des Raumes. Diesen Zustand können wir bis zu einem gewissen Grad berechnen, ihn in Formeln kleiden, wir können ihn uns aber nicht mit unseren ›makroskopischen‹ Gedanken vorstellen. Auch an dieser Stelle stoßen wir an eine Grenze, die zu überschreiten uns Menschen nicht vergönnt ist. Die Materie zerfließt in mathematische Begriffe. Eine weitere Maßstabänderung unserer Tafeln ist sinnlos. Etwas kleineres als das Kleinste gibt es nicht.«

An diesem Punkt ist nochmals, die vorhin angeführte Darlegung von von der Osten-Sacken in Erinnerung rufend, zu bemerken, daß die moderne Physik ausdrücklich erklärt, daß die Vorstellung von sogenannten »Grundbausteinen« der Materie nicht mehr aufrechtzuerhalten ist. Man erklärte vielmehr, daß atomare Teilchen »Prozesse« und keine Objekte sind. Daher betont, wie auch Fritjof Capra in seinem Buch »Der kosmische Reigen« meint, die moderne Physik die Bewegung, die Umbildung, den Wandel, wobei die Teilchen als Übergangszustände in einem »fortlaufenden kosmischen Prozeß« (S. 284) zu verstehen sind.

Und wenn es ferner so ist, daß in der subatomaren Ebene Materie nicht mit Sicherheit an bestimmten Orten existiert, sondern eher »eine Tendenz zu existieren« zeigt, und atomare Vorgänge nicht mit Sicherheit auf bestimmte Weise ablaufen, sondern eher die Tendenz zu »erscheinen« besitzen, Tendenzen, welche in der Quantenmechanik als Wahrscheinlichkeit ausgedrückt werden, so deutet dieser Charakter der Materie auf Momente, die sich einer künftigen demiurgischen Transformation zu öffnen könnten.

Auch der von von der Osten-Sacken erwähnte Begriff eines »Materiefeldes« erinnert an das Ringen der modernen Physik um eine einheitliche Feldtheorie. Es handelt sich hier um eine Theorie, welche es ermöglichen würde, die zwei entscheidenden Feldarten als Varianten eines übergeordneten Begriffes zu erklären. Ein Ziel, das Einstein, Weyl, Eddington, Schrödinger und Heisenberg angestrebt haben, doch nicht erreichten. Es handelt sich hier nämlich darum, die alles beherrschenden Kräfte im Makrokosmos, die Gravitation einerseits und die elektrische (Coulombsche) Kraft im atomaren Raum, die wieder eng mit den magnetischen Feldern verknüpft ist, in einheitlichen Feldern bzw. in einer ihnen beiden zugrunde liegenden Feldtheorie zu verbinden. Aber es darf vielleicht angenommen werden, daß in Zukunft das bisher erfolglose Ringen um eine einheitliche Feldtheorie zu einem Resultat und dadurch zu einem weiteren möglichen Ausgangspunkt einer Transformation werden könnte.

Es gibt aber auch noch andere interessante Aspekte, die in Zukunft auf eine mögliche Transformation deuten. So hat der Physiker Burkhard Heim, der sich besonders mit der Natur der Kraftfelder beschäftigt, in seinem Artikel »Der kosmische Erlebnisraum des Menschen« (veröffentlicht in IMAGO MUNDI, Bd. V) solche Aspekte zur Diskussion gestellt. Es zeigt sich nämlich, daß von den Elementarkorpuskeln »nur Elektron und Proton eine unbegrenzte Lebensdauer haben, wodurch die Existenz zeitlich stabiler Materie in dieser Welt bedingt wird« (S. 23). Gelingt es also, irgendwie die unbegrenzte Lebensdauer von Elektronen und Protonen zu verändern, so vermögen wir vielleicht den stabilen Charakter der Materie in einen instabilen bzw. in einen transformativen zu wandeln.

Burkhard Heim verweist in seiner Abhandlung auch auf das Problem der sogenannten »elementaren Materiefeldquanten« und meint dazu: »Zwar gelten empirisch auch im Bereich der elementaren Materiefeldquanten – also der Elemente der materiellen Welt an sich – die allgemeinen Erhaltungsprinzipien von Energie, Impuls (Drehimpuls) und elektrischer Ladung, doch scheinen diese Elementarstrukturen in sich selbst widersprüchlich zu sein. Bezogen auf die Eigenschaft, Materie zu sein, tragen die Elementarkorpuskeln offenbar wirklich einen elementaren Charakter, während sie paradoxerweise trotzdem durch radioaktive Prozesse ineinander transmutieren, was dem elementaren Charakter zu widersprechen scheint.« (S. 23) Das bedeutet, daß sich hier vielleicht »Öffnungschancen« für eine künftige Transformation ergeben könnten, erweist sich doch der elementare Charakter der Elementarkorpuskeln »paradoxerweise« durch bestimmte, nämlich durch radioaktive Prozesse ineinander »transmutierbar«.

An der Wandelbarkeit der Materie aber ist nicht mehr zu zweifeln. So zeigten die sogenannten Hochenergie-Streuexperimente der letzten Jahrzehnte »überzeugend die dynamische und ständig wechselnde Natur der Teilchen. Die Materie erschien in diesen Versuchen«, wie Fritjof Capra in seinem Buch »Der kosmische Reigen« bemerkt, »als völlig wandelbar. Alle Teilchen können in andere Teilchen umgewandelt werden, sie können aus Energie entstehen und zu Energie zerfallen.« (S. 80)

Diese Wandelbarkeit des Universums entspricht aber irgendwie der eminenten Bewegung und Unruhe des Universums. Stimmt es, daß nach Werner von Heisenbergs These alles Geschehen im mikrophysikalischen Raum letztlich unbestimmbar, also alle Zukunft offen ist, so ist in dieser Unbestimmbarkeit und Offenheit auch die Möglichkeit zu einer Transformation eingeschlossen. Gerade diese aber legt die These Heisenbergs nahe.

Und Walter Theimer, der in seinem 1978 erschienenen »Handbuch naturwissenschaftlicher Grundbegriffe« auf die Kritik hinweist, welche gegen die Thesen Heisenbergs vorzubringen sind, der »beanspruchte, einen Umsturz des gesamten Denkens eingeleitet zu haben«, gerade Theimer hat aber vor seiner Kritik die interessanten Konsequenzen der Heisenbergschen Thesen eindringlich charakterisiert: Heisenberg entwikkelte nämlich aus der Quantenmechanik eine eigene Philosophie, die, nicht von Demokrit, sondern von Platon ausgehend, besagt, daß die Annahme, Atome wären objektive Dinge, eine Illusion ist, existiert doch überhaupt keine objektive Realität. In diesem Sinne lehnte daher Heisenberg die traditionelle Erkenntnistheorie ab und verurteilte sie als »dogmatischen Realismus«. Nach Heisenberg ist nämlich alles Geschehen indeterminiert, alle Zukunft grundsätzlich offen. Und was die bekannte Unschärferelation Heisenbergs betrifft, so bedeutet sie »nicht nur Unzulänglichkeit einer an sich vorhandenen Information, sondern diese Information existiert nicht. Die Objekte besitzen die aristotelische potentia, die ihnen mehr Möglichkeiten verleiht, als man bisher annahm.« (S. 399)

Wie auch immer, so ist es gerade die Quantentheorie, die uns eine grundlegende Unruhe offenbart. Es ist eine Unruhe, eine Dynamik, die das gesamte universale Sein charakterisiert. Zu diesem Moment bemerkt Fritjof Capra in seinem vorhin erwähnten Buch u. a.: »In der Physik erkennen wir die dynamische Natur des Universums nicht nur in den kleinsten Dimensionen – der Welt der Atome und Atomkerne –, sondern auch in den großen Dimensionen der Sterne und Galaxien. Unsere starken Teleskope beobachten ein Universum in unaufhörlicher Bewegung.« (S. 194)

Diese eminente Unruhe und Dynamik des Universums aber läßt auch an das Problem der Schwingung denken. Nach der Relativitätstheorie Einsteins kann Masse in Energie verwandelt werden, vielleicht auch in Energieformen einer feineren Art von Schwingung. Energie wird überhaupt in Schwingung wirksam und ist für uns nur auf bestimmten Wellenlängen sichtbar, fühlbar und hörbar. Nun könnte es verschiedene Schwingungsebenen bzw. verschiedene Schwingungsdimensionen geben, denen verschiedene Wirklichkeiten und verschiedene Universen entsprechen. Vielleicht öffnet sich auch von dem Problem der Schwingung aus die Möglichkeit zu einer künftigen Transformation.

Noch ein anderer Begriff, nämlich der des »Feldes«, legt die Idee der Möglichkeit einer Transformation nahe. In der modernen Physik zeichnete sich immer mehr die Entwicklung der Quantenmechanik zu der Konzeption eines sogenannten »Quantenfeldes« ab. Eine Vorstellung, die dominant geworden ist, begreift man doch die allerkleinsten Teile eines Atomkernes nur mehr als örtliche Verdichtung des Feldes, als eine Konzentration von Energie.

Der österreichische Physiker Walter Thirring bezeichnete nun in einer seiner Abhandlungen die Materie überhaupt nur als etwas wie einen »Schmutzeffekt des vollkommenen Zustandes eines Feldes«. In der Quantenfeldtheorie wird nämlich das Feld überhaupt als »die Basis aller Teilchen und ihrer Wechselwirkung verstanden«. In diesem Sinne meint dann Walter Thirring weiter: »Das Feld existiert immer und überall, es läßt sich durch nichts entfernen, es ist der Träger allen materiellen Geschehens.« Und: »Bestehen und Vergehen von Teilchen sind nur Bewegungsfaktoren des Feldes.« (»Urbausteine der Materie«, im Almanach der österreichischen Akademie der Wissenschaften, Bd. 118, 1968, S. 159, zit. aus Fritjof Capra, »Der kosmische Reigen«). Das in diesen Darlegungen in den Vordergrund gerückte Quantenfeld könnte nun in einem gewissen Sinne in das Transformationsereignis einbezogen werden.

Aber die Wahrscheinlichkeit einer in Zukunft vielleicht endlich doch gelösten »Feldtheorie«, also die Erstellung einer Formel, welche die makrokosmischen mit den mikrokosmischen Kräften verbindet, letztlich eine wahrhaft »faustische Einheitsformel«, aber läßt auch – sieht man von Transformationsaktionen im Kern einer Galaxis ab – an eine einzigartige, gewaltige Vision denken: Unvorstellbar große galaktische Massen, aber auch Mengen interstellarer Materie, in bestimmte, geradezu ungeheure »Sammelplätze« und Schwerpunkte des Universums zu konzentrieren, um sie dort in einen höheren und feineren Stoff zu transformieren, vielleicht sogar in eine besondere Art eines zu Gestaltungen fähigen und in diesem Sinne auch formbaren »Lichtstoffes«. Jedenfalls in ein Strahlungsereignis, in das die neuen »kreativen Weltschöpfungsmodelle« dann sozusagen »eingeworfen« werden könnten. So wie man Samen und mit ihm die Bildekräfte dieses Samens in ein neues Erdreich einwirft.

Diese Konzentration gewaltiger Massen von kosmischer Materie ist jedoch an manchen Punkten unseres Universums bereits gegeben. So haben z. B. Astronomen des Observatoriums in Leiden in Holland 1974 mit Hilfe von Radiosignalen die bisher größte Masse im Weltraum entdeckt. Sie ist sechsmal so groß wie die bisher bekannte. Es handelt sich hier um eine gigantische Wolke aus kosmischen Partikeln, die eine Galaxis umgeben. Es ist eine Wolke, die sich über eine geradezu unvorstellbare Entfernung von 20 Lichtjahren erstreckt. Diese »Wolke« befindet sich nicht weniger als 2 Milliarden Lichtjahre von der Erde entfernt. Neueste Entdeckungen haben, wie vorhin erwähnt, eine Materiewolke noch viel größeren Ausmaßes zutage gefördert: Sie soll so viel Masse enthalten wie das gesamte bisher bekannte Universum.

Eine bewußt demiurgische Konzentration von Materie könnte auch mit den sogenannten »toten Galaxien« durchgeführt werden, das heißt mit jenen, welche nach dem Stand unserer gegenwärtigen Forschung kein Leben entwickeln, da sie nicht die zum Leben bereite Spiralstruktur besitzen, sondern eine elliptische Struktur.

Die Materie könnte dann in eine besondere Art von Lichtsubstanz verwandelt werden. In der letzten Zeit wurden ungemein interessante Theorien über die Beziehung zwischen Universum und Licht zur Diskussion gestellt. So behauptete der französische Wissenschaftler Jean Charon in seinem Buch »Cosmology« die Verformbarkeit der Zeit, die mit wachsender Lichtgeschwindigkeit auch die Verformbarkeit des Raumes, das Schrumpfen des Raumes zur Folge hat. Jean Charon erklärte dann weiterhin, »und zwar auf Grund einwandfreier physikalischer und mathematischer Berechnungen sogar, daß bei Lichtgeschwindigkeit alle Entfernungen innerhalb des bekannten Universums auf Null reduziert werden: Der Weltraum existiert dann nicht mehr, und wir wären bei dieser Geschwindigkeit überall gleichzeitig«. Und: »Charons Interpretation der Relativität regt zu Überlegungen an, die das Geheimnis des Kosmos sogar noch mehr betonen. Die Identifikation der Natur des Lichtes mit der Möglichkeit, allgegenwärtig zu sein, ist fast unheimlich und sehr verblüffend. Licht zu werden bedeutet, überall gleichzeitig zu sein, so daß jegliche Ortsveränderung überflüssig ist.« Mit diesen Worten kommentierte Louis E. Navia in seinem bereits schon vorhin erwähnten Buch »Unsere Wiege steht im Kosmos« (S. 179) diese faszinierende Theorie von Charon.

Bestätigen sich diese Theorien, so ergeben sich jedoch auch von diesem Aspekt aus für die demiurgische Transformationsmöglichkeit gewisse Konsequenzen: Gelingt es bestimmten galaktisch-personalen Wesen, nicht nur um sich Lichtauren zu entwickeln, sondern sich auch sozusagen zu »verlichten«, gelingt es also diesen Wesen tatsächlich, »Licht zu werden«, was Heilige und Yogis in seltenen Fällen geglaubt haben, tun zu können, so bedeutet das auch, daß sie überall gleichzeitig sind. Denkt man sich nun diese galaktischen Wesen eminenten geistigen aber auch physikalischen Energiepotenzen verbunden, so könnte die Summe dieser personalen Lichtpotenzen bzw. ihrer Energien, die dann an mehreren Punkten gleichzeitig wirksam werden, die Transformation des galaktischen Seins in ein Lichtfeld, ja in ein einziges Lichtereignis mit bewirken.

Es ist ein Lichtfeld jedenfalls, in das dann nach dem sogenannten »demiurgischen Schlüssel« die »kreativen Weltmodelle«, die Reihen der künftigen Bildschöpfungsalphabete »eingeführt« werden. Weltschöpfungsmodelle, die dann in einer Herrlichkeit ohnegleichen zu strahlen, zu leben und auch zu wirken beginnen könnten, sind diese neuen Lichtgestaltungen doch als Strahlungen einer neuen Geistenergie zu begreifen.

Bereits Max Planck hat darauf hingewiesen, daß das Licht stets den kürzesten Weg wählt, so als ob es eine ihm eigene Intelligenz besäße. Doch davon abgesehen hat man stets zwischen verschiedenen Arten und Eigenschaften des Lichtes unterschieden. Rein physikalisch wird heute das Licht als eine aus glühenden Körpern stammende Erscheinung definiert, »die vom Auge und der Sehregion des Gehirns als sinnliche Wahrnehmung eigener Art wahrgenommen wird... Es wird mit zwei Modellvorstellungen beschrieben, dem Wellen- und dem Teilchenmodell. Das Wellenmodell betrachtet das Licht als elektromagnetische Welle und schreibt ihm alle Eigenschaften von Wellen zu. Nach dem Teilchen- oder Korpuskularmodell besteht das Licht aus Teilchen oder Korpuskeln, die Photonen genannt werden.« In diesem Sinne breitet sich das Licht von einer punktförmigen Lichtquelle »nach dem Wellenmodell als Kugelwelle nach allen Seiten aus, nach dem Teilchenmodell durch gleichmäßig nach allen Seiten abgestrahlte Photonen« (zit. n. Walter Theimer, »Handbuch naturwissenschaftlicher Grundbegriffe, 1978, S. 271).

Doch ist nach der Definition der modernen Physik die *Natur des Lichtes* bis heute unbekannt geblieben. Auch dieses Moment läßt es verständlich erscheinen, daß das Licht nicht nur in der Lichtlehre Platons eine besondere Bedeutung besitzt, sondern daß es durch alle Jahrtausende hindurch stets als ein Ereignis besonderer Art empfunden worden ist. So wurde Licht oft mit dem Geiste und Worte Gottes gleichgesetzt, und nach den Platonikern besaßen die Ideen die Eigenschaft, Licht zu strahlen. Das alte Ägypten glaubte an eine geistige Lichtsonne als Zentrum eines ewigen Ägyptens. Philon von Alexandrien (25 v. Chr. – 50 n. Chr.) wieder schaute Gott als Urlicht. Einen ihrer reinsten Höhepunkte erreichte die *Lichtmetaphysik* jedoch in der Lehre des hl. Bonaventura (1221–1274). Nach ihm gibt es außer dem natürlichen Licht, dem »lumen naturale«, der menschlichen Vernunft, noch ein übernatürliches Licht, das »lumen supranaturale«, das durch göttliche Offenbarung zu einer besonderen Einsicht führt. Für den hl. Bonaventura wie für seinen Zeitgenossen Robert Grosseteste, der damals in England lebte, ist Licht durch seine Tätigkeit selbst Wesenheit, weil man es als sich selbst fortpflanzend und ausstrahlend (nämlich multiplicativa et diffusiva sui) definieren kann, wie Stefan Gilson in seinem bekannten, bereits 1929 erschienenen Buch »Der heilige Bonaventura« bemerkt.

Und der bereits vorhin erwähnte Robert Grosseteste (1175–1253), einer der interessantesten Scholastiker, der sich nämlich als erster christlicher Denker bewußt auf Mathematik und physikalisch auf eine Lichtmetaphysik stützt, ging in seiner »Optik« davon aus, daß das Licht der gründende Übergang vom reinen Geist (Gott) zur materiellen Welt hin darstellt, in der es als Urform jeder Körperlichkeit zu verstehen ist. Eine Ansicht, die er mit dem hl. Bonaventura teilt.

Aber in dem gleichen Zeitraum beschäftigt sich auch Albert der Große (1193–1280), als »Doctor universalis« im Mittelalter bezeichnet, mit dem Wesen des Lichtes. Er lehrte, daß Gott als das »ungeschaffene« Licht das erste »geschaffene« Licht bewirkt hat, aus dem dann stufenweise das Sein allen Geschöpfen der Welt zufließt (vgl. Müller/Halder »Herders kleines philosophisches Wörterbuch«, 1966, S. 90).

Vielleicht lassen diese Darlegungen den bereits zur Diskussion gestellten Hinweis auf ein neues, durch die demiurgische Transformation bewirktes Lichtfeld verständlicher erscheinen. Es handelt sich nämlich bei dieser Hypothese keineswegs um ein rein physikalisches Licht, wie es die moderne Physik definiert, also um ein Licht, das erst durch unsere Augen und unsere Sinnesorgane als ein solches erscheint, sondern es handelt sich hier um ein Licht bzw. um ein Lichtfeld besonderer Art, das als etwas wie ein *Feld strahlender geistiger Energie* zu verstehen ist. Eine Eigenschaft, die es also ungemein dafür geeignet erscheinen läßt, daß gerade in dieses einzigartige Lichtfeld die kreativen Weltmodelle, die demiurgischen Bildschöpfungsalphabete eingeführt bzw. eingeworfen werden können.

Auf diese phantastische, aber auch von der Geistphilosophie her nicht undenkbare Möglichkeit – nehmen doch die Gnostiker von Princeton bereits in diesem Sein eine Universalität der Intelligenz an – weist vor allem auch der Yoga hin: Gerade er enthüllt sich als ein möglicher Weg, nicht nur um zu einem geistigen Lichtbewußtsein, ja zu einer Art Lichtwerdung des Menschen zu gelangen, sondern auch um zu einer intuitiven Schau des zutiefst göttlichen Wesens des Universums zu kommen, das grundsätzlich von dem sinnlosen, von dem pantragischen, von dem zum Katastrophalen treibenden anderen Aspekt des Universums zu unterscheiden ist. Die Größe einer kosmischen Lichtvision läßt Paramhansa Yogananda erahnen, schreibt er in seiner »Autobiographie eines Yogi« 1971 u. a.: »Ein Yogi, dessen Bewußtsein sich in tieferen Meditationen mit dem Schöpfer vereinigt hat, schaut die Substanz des Kosmos als reines Licht... er sieht das Universum so, wie Gott es geschaffen hat, als eine im wesentlichen undifferenzierte Masse von Licht.« Bei der Annahme eines bewußt demiurgisch bewirkten Lichtfeldes handelt es sich auch zuerst um eine im wesentlichen undifferenzierte Masse von Licht, allerdings von einer besonderen geistigen Energie, die dann durch die eingeworfenen kreativen Weltmodelle, durch die demiurgischen Bildschöpfungsalphabete differenziert wird.

Schließlich kann man sich das demiurgische Transformationsereignis, das den Schwerpunkt der demiurgischen Revolution des galaktischen Seins bildet, noch von einer anderen Überlegung, noch von einer zweiten Formel aus vorstellen. Diese Formel wird jedoch nicht wie vorhin von der Äquivalenzformel Einsteins aus entwickelt, sondern geht von der Dialektik des galaktischen Seins aus.

In dieser Formel bildet nun die Antithetik den erregenden Ausgangspunkt. Das heißt, der Gegensatz, der innerhalb einer Galaxis, und zwar zwischen allen geistigen Energien aller existenten planetoiden Sozietäten einerseits und den pantragischen, zum Untergang und zur Sinnlosigkeit drängenden Energien andererseits, besteht.

Diese Antithetik drängt zur Herausforderung, zur Bewältigung des Pantragischen durch die demiurgischen Potenzen, drängt zur demiurgischen Aktion, drängt zur Transformation des galaktischen Seins in ein höheres und drängt zugleich auch zur Synthese. Die Formel dafür lautet also:

$$E_{sp_{G\,1_{pl.Sz.^{n}}}} : E_{Tr_{G\,1_{pl.Sz.^{n}}}} \longrightarrow ED_{G\,1_{pl.Sz.}} <_{Trf.G\,1_{pl.Sz.^{n}}}$$

In dieser Formel bedeutet nun »E_{Sp}« die pangeistigen, »E_{Tr}« die pantragischen und »ED« die demiurgischen Energien, die dann zur »$<_{Trf.G\ 1}$«, zur Transformation der Galaxis führen.

In dieser Formel wurde »G 1« für unsere Heimatgalaxis eingesetzt. Es kann aber ebenso für Gruppengalaxien und schließlich für alle existenten Galaxien unseres Universums eingesetzt werden, die Leben und geistige Energie entwickeln. In diesem Falle wäre dann die eine Galaxis »1« mit der Anzahl der angenommenen Galaxien zu multiplizieren.

Die demiurgische Revolution wird also nicht nur als die Vollendung allen wissenschaftlichen Forschens und Denkens, sondern auch als die höchste Kunst kreativen Geistes, mehr noch als die Vollendung aller Aktionen der Phantasie und Poesie auch all jener planetoider Sozietäten zu verstehen sein, die auf eine demiurgische Transformation hinwirken.

So ist also das galaktische Sein zuletzt nicht nur auf eine demiurgische Revolution, sondern auch vor allem auf eine künftige Realisierung einer weltschöpferischen Poesie hin angelegt, das heißt auf die kreative Chance, Möglichkeitswelten von einer besonderen Herrlichkeit und Phantasie erstmals neu durch eminente Bildkräfte zu schaffen.

11.
Die Kategorien der künftigen Demiurgen. Der galaktische Areopag

Wie es nun verschiedene Kategorien von »kreativen Weltmodellen« und verschiedene Aspekte der Transformation des galaktischen Seins geben mag, so sind auch allererste Ausgangsbasen der verschiedenen Kategorien von Demiurgen anzunehmen, welche die demiurgischen Aktionen zu verwirklichen versuchen werden.

Vor allem könnte man hier an Teams von Demiurgen denken, vor allem aber an jene Gruppe, welche verschiedene Teams leitet und sie koordiniert einsetzt. Eine Art »Generalstab« also, der allerdings nicht Vernichtung und Tod, sondern ein neues, ein herrlicheres Sein und Leben plant.

Diese dem Generalstab angehörenden Demiurgen könnte man als *Transformatore* bezeichnen, weil das dominante Ereignis, die revolutionäre Aktion der Transformation des galaktischen Seins, im Zentrum ihrer Planung, Vorbereitung und Durchführung steht. Diesen »Transformatoren« sind nun verschiedene Teams von Demiurgen entsprechend ihren speziellen Aufgaben zugeordnet.

So ist hier vor allem an das Team der *galaktischen Dynamiker* bzw. der *galaktischen Kreatoren* zu denken. Ihnen vor allem fällt die Aufgabe zu, die Strukturen innerhalb der ihnen zugeordneten Galaxien zu ändern und zu verbessern. Etwa: Sonnen und Planeten in andere zweckmäßigere Umlaufbahnen zu bringen oder Sonnen- und Planetenkerne zu sprengen, um dafür neue, zweckvollere und vor allem lebentragende Systeme zu verwirklichen. Auch für die Neuordnung innerhalb der galaktischen Bereiche sind diese »galaktischen Kreatoren« verantwortlich. Sie erscheinen auch dafür berufen, die Galaxis zu einem einzigen sozialen Geistorganismus zu entfalten bzw. den Kontakt der planetoiden Sozietäten innerhalb einer Galaxis zu intensivieren und in diesem Sinne galaktische Kommunikationssysteme, wo solche bestehen, zu verbessern oder solche zu errichten. Die Aufgabe dieser »galaktischen Kreatoren« gipfelt letztlich in dem Ziel, im Bereich einer Galaxis die demiurgischen Potenzenergien zu aktualisieren.

Die Teams der sogenannten *Bio-Kreatoren* haben die Aufgabe, sich mit der Verlängerung, Verbesserung und Intensivierung des Lebens, besonders der galaktisch-personalen Wesen wie ihrer unmittelbaren und weiteren planetoiden und solaren Umwelt zu befassen. Diese »Bio-Kreatoren« haben sich vornehmlich auch der »Chromosomenkultur« zuzuwenden. Das heißt, sie haben die Erbgene so zu entwickeln, daß sie sich höchsten geistigen und demiurgischen Potenzen zu öffnen, zumindest soweit dafür in diesem Bereich die entsprechenden Voraussetzungen geschaffen werden können.

Die Teams der *Psycho-Kreatoren* haben die Aufgabe, die seelischen, d. h. die astralen und mentalen personalen Energien zu kultivieren und sie einerseits mit den durch die »Bio-Kreatoren« verbesserten biologischen Bedingungen und Erbsystemen in eine besondere Synthese zu bringen, andererseits aber auch danach zu streben, diese seelischen Einheiten von den zu dominanten Einflüssen des Bios zu befreien,.um diese für astrale und mentale Reisen in andere Galaxien und Seinsbereiche vorzubereiten. Den »Psycho-Kreatoren« fällt daher nicht nur die Aufgabe zu, jene Kräfte, die wir heute noch als »parapsychologische Energien« bezeichnen, sondern auch »kosmo-energetische Kräfte« zu entwickeln.

Die *Meta-Kreatoren,* ein weiteres Demiurgenteam, haben die Wechselbeziehung zwischen den meta-galaktischen und den galaktischen Bereichen zu intensivieren. Sie sollten die karmatische Kommunikation verbessern und die Tore vom galaktischen Sein zu den Bereichen des meta-galaktischen Seins stets »weit offen« halten, und zwar in Zusammenarbeit mit den »Bio-Kreatoren« und den »Psycho-Kreatoren«.

Die *Theo-Kreatoren* sind nun als die sittlich und geistig höchststehenden Demiurgenteams zu begreifen. Sie konzentrieren sich auf die Verherrlichung der galaktisch-personalen Wesen. In diesen »Theo-Kreatoren« gelangt etwa auch der von Sri Yukteswar und Paramhansa Yogananda verkündete kosmisch-demiurgische Krishna Yoga zur höchsten Vollendung. Sie sind es, die gemeinsam mit den »Meta-Kreatoren« die Transformation des galaktischen Seins mitbewirken, mitregeln und auch überwachen. Sie sind es vor allem, die demiurgische Modelle, Weltschöpfungsalphabete in das sich in Transformation befindliche galaktische Sein, und zwar in den dafür geeigneten Zeitpunkten, »einrücken«.

Diese Aufgabe aber setzt wieder voraus, daß diese kreativen Weltmodelle, diese Keimanlagen einer neuen Schöpfung vorerst in ihren geistigen Strahlungskräften, in ihrer eminenten Omnipotenz entwickelt werden. Dieses gleichsam höchste demiurgische Ereignis kreativer Weltmodelle wird nun durch das sehr bedeutsame Team der *Onto-Kreatoren* bewirkt.

Diese »Onto-Kreatoren« stellen zweifellos die vornehmste Gruppe der Demiurgen dar. Denn sie sind es vor allem, welche aus ihren poetischen und intuitiven Potenzen die neuen kreativen Urbildreihen bewirken, die in das neue höhere Sein dann »eingeführt«, »eingeworfen« und »eingebildet« werden.

Die »Transformatoren« entwickeln und beherrschen die höchsten und auch geheimsten Wissenschaften und Gestaltungskräfte der Zukunft. Sie konzentrieren in sich alle Wissenschaften der Kosmologie, der Physik wie der Astrobiologie, die wahrscheinlich – noch vielen neuen, noch ungeahnten Wissenschaften der Zukunft verbunden – in einer *galaktischen oder kosmischen Einheitswissenschaft* vereint werden.

Die »Transformatoren« beherrschen ferner auch jene Wissenschaft und Kunst, die sich erst in der Zukunft entfalten wird und die etwa als *Transformationsdemiurgie* bezeichnet werden könnte. Diese Wissenschaft wird nicht nur von der allerletzten Kenntnis des galaktischen Seins, der galaktischen Strukturen und der planetoiden Sozietäten bestimmt, sondern sie hat auch das Wissen über die anderen möglichen »n« Wirklichkeiten und »n« Universen zur Voraussetzung. Die Transformationsdemiurgie aber weiß auch um die Vielfalt und Eigenart etwa vorhandener galaktischer und meta-galaktischer Strahlungen wie um die Logos- oder Geistentfaltungen in den verschiedenen Galaxien wie im Universum im ganzen, wie sie selbstverständlich die eigentlichen Momente und Aspekte des Pantragischen in ihre kreativen Transformationskalkulationen einzuschließen haben wird.

In diesem Sinne integriert die »Transformationsdemiurgie« auch alle überhaupt nur in diesem Universum feststellbaren Informationspools bzw. Informationszentren, die aber keineswegs nur das Wissen von »n« galaktischen Sozietäten, sondern möglicherweise auch das Wissen meta-galaktischer Sozietäten und Eliten – denn auch mit solchen ist zu rechnen – einschließen könnten.

Ebenso aber weiß die »Transformationsdemiurgie«, die gleichsam einen theoretischen und einen praktischen Bereich umfaßt, im Sinne des letzteren um die praktische Durchführungsmethodik, eben um jene, welche demiurgische Aktionen real bewirkt. Sie weiß daher auch um die eminenten geistigen und physikalischen Energien, die überlegt und konzentriert für die praktische Transformation des galaktischen Seins eingesetzt werden können, und um die Art und Weise, wie sie zielgerichtet eingesetzt werden müssen, um die »kreativen Weltmodelle«, welche die »Onto-Kreatoren« geschaffen haben, in dieses in Transformation befindliche galaktische Sein sozusagen als »kreative Samen« einwerfen zu können.

Die »Transformatoren«, welche die demiurgische Revolution, sei es aus dieser galaktischen Wirklichkeit oder aus einer meta-galaktischen Ebene oder auch aus beiden zugleich, durchführen werden, sind schließlich auch jene Demiurgen, die integral den »Onto-Kreatoren« diese demiurgische Transformation bewirken.

Die *Kosmo-Kreatoren* sind nun jenes Team von Demiurgen, welche sich der demiurgischen Transformation, die von den »Transformatoren« im Zusammenwirken mit den »Onto-Kreatoren« durchgeführt wird, in die Endplanungen und Endbewirkungen einschließen.

Denn eben diese »Kosmo-Kreatoren« sind es, welche die Transformation unseres Universums in seiner kaum vorstellbaren Ganzheit – falls dieser Begriff überhaupt zutreffend erscheint – in ein Universum eines höheren Seins, einer variierten oder überhaupt neuen Wirklichkeit entscheidend mitbewirken.

So ergänzt das Wirken der »Kosmo-Kreatoren«, das auf die umfassenden Dimensionen des neuen Universums gerichtet ist, das Wirken der »Transformatoren«, das sich auf den unmittelbaren Transformationsakt und auf seine Methodik konzentriert, wie auch das Wirken der »Onto-Kreatoren«, welche die neuen Bildschöpfungsalphabete kreativ entwickeln. So sind es vielleicht zuletzt diese »Kosmo-Kreatoren«, welche die verschiedenen demiurgischen Aktionen auf ein eminent Herrliches und Ganzes, auf ein unvorstellbares Ereignis konzentrieren.

Die »Kosmo-Kreatoren« sind es vielleicht, die zuletzt die Transformation unseres Universums aus der Verbundenheit, sozusagen aus den möglichen »Scharnieren« und »Verklammerungen« zu etwaigen anderen Universen lösen, um es zu einem einzigartigen Ereignis werden zu lassen. Zu einem Ereignis, das sich unendlichen Seinsbereichen zu öffnet, die derzeit überhaupt nicht ahnbar oder vorstellbar sind.

Diese so vielschichtigen und doch einander ergänzenden Demiurgen-Teams aber umfassen innerhalb ihrer spezifischen Gruppierungen und Aufgaben Demiurgen, welche wahrscheinlich aus sehr verschiedenartigen planetoiden Sozietäten und Galaxien hervorgehen werden.

Jedenfalls werden diese Demiurgen-Teams die höchsten überhaupt nur vorstellbaren personalen Potenzen der geistig am weitesten entwickelten planetoiden Sozietäten unseres Universums umfassen. Unter jedem Demiurgen, der innerhalb jeder planetoiden Sozietät sozusagen die Spitze einer unter ihm befindlichen Geist- und Sozietätspyramide bildet, liegen die geschichtlichen Entwicklungen, aber auch die geistigen Entfaltungen und sittlichen Bewährungen jener planetoiden Sozietäten, aus denen sie hervorgegangen sind.

Es werden also planetoide Sozietäten sein, welche die verschiedenen apokalyptischen Grenzschwellen innerhalb ihrer eigenen Entwicklung, aber auch in Kommunikation zu anderen planetoiden Sozietäten bewältigt haben. Ob unsere Menschheit in dieser allerhöchsten Elite des Universums, in diesem galaktischen Areopag vertreten sein wird, das wird von ihr selbst und von ihrer künftigen sittlichen, geistigen und gesellschaftlichen Entwicklung abhängen.

Selbstverständlich erscheinen diese Vorstellungen von demiurgischen Kreatoren und von Demiurgenteams augenblicklich geradezu fremdartig und phantastisch, aber auch unheimlich. Sie lassen uns plötzlich erahnen, daß es Entwicklungen geben könnte, die keineswegs auf den Menschen als das einzig Absolute bezogen sein können, sondern auf etwas, das über den Menschen weit hinaus weist, das ihn bestenfalls integriert bzw. in eine Menge von »n« phantastischen Seinsentfaltungen mit einschließt. Und irgendwie lassen uns diese Vorstellungen von demiurgischen Kreatoren und demiurgischen Teams auch an Titanen denken. Aber es handelt sich, wie hier angenommen wird, doch um ganz andere, nämlich um ungemein vornehme, geistige und herrliche Wesen. Wir haben uns daher die Demiurgen als fast heilige oder wirklich heilige Wesenheiten vorzustellen, die eine franziskanische Demut mit einer für uns derzeit unbegreiflichen Geistesomnipotenz integrieren.

Diese Demiurgen, diese künftigen höchsten galaktischen Wesen sind durch allerhöchste Stufen und Prüfungen geistiger Meditationen hindurchgegangen und durch sie auch geläutert worden. Aber es sind auch nicht Wesenheiten, die wie etwa Mönche oder Asketen von der Welt zurückgezogen leben, sondern es sind galaktisch-personale Wesen, von denen einige bereits unsere Wirklichkeit durchstoßen haben könnten oder in Zukunft noch werden, die aber auch dort, jenseits unserer Wirklichkeit, ihre franziskanische Demut und ihre heilige Geistesmacht mit einer eminenten Kreativität verbinden, entschlossen, die Transformation des galaktischen Seins durchzuführen.

Zugleich aber werden es personale Wesen sein, die nicht nur von einem eminenten, für uns derzeit unbegreiflichen Wissen, sondern auch von einer umfassenden Liebe und von der Fähigkeit eines einzigartigen Mitleidens bestimmt sein werden. Es werden aber auch galaktisch-personale Wesen sein, und dies mag das Spektrum der anderen hier aufgezeigten Eigenschaften überhöhen, die von einer eminenten Gestaltungskraft und Phantasie bestimmt sein werden.

Die Demiurgen sind nicht nur als höchste und allerhöchste Meister, nicht nur als Wissenschaftler, sondern ebenso, vielleicht noch mehr, aber als eminente Künstler zu begreifen. Denn niemals darf vergessen werden, daß die Transformation unseres Universums – zumindest gewisser Teilbereiche – hin zu dem einzigartigen Ereignis eines höheren Seins nicht nur das Ergebnis neuer, für uns noch unerahnbarer Wissenschaften, sondern ebenso auch das einer einzigartigen Kunst bildet. In diesem Sinne ist überhaupt diese demiurgische Kunst – denn eben um eine solche handelt es sich hier – als Kunst aller Künste zu verstehen.

Die entscheidende Voraussetzung, daß die künftigen Demiurgen jedoch nicht zu »asuras«, zu Dämonen entarten, beruht zutiefst in ihrer Verbundenheit zum Göttlichen.

Für den Christen der Zukunft bedeutet dies – da dieser eben das Göttliche unmittelbar durch Christus erlebt –, daß die künftigen Demiurgen dem Inkarnationsereignis des Christus im Universum verbunden sein werden. Ein Inkarnationsereignis, das sich nicht nur in dieser Menschheit allein, sondern auch in allen anderen existenten planetoiden Sozietäten vollzogen haben wird, die durch ihre Entwicklung reif geworden sind, das Göttliche zu integrieren. Und so werden wir das Ereignis der Inkarnation des Christus unter den verschiedensten Namen und Geschehnisarten – denn die Kreuzigung war nur das kosmische Stigma unserer Menschheit – vorzustellen haben. Aber auch in unserer Menschheit kann das Ereignis der Inkarnation des Christus als der eigentliche Impakt zur Revolution des Menschen, der Gesellschaft und des Universums – vor allem durch die Perspektivität der Parusie und durch den Hinweis auf die Neuschöpfung des kosmischen Seins beim hl. Paulus und beim hl. Johannes vorbereitet – verstanden werden.

Durch eben dieses kosmisch-galaktische Inkarnationsspektrum, durch seine Aktualität und Offenbarung in wahrscheinlich »n« vielen planetoiden Sozietäten, hat das Inkarnationsereignis Christi auch jene Dimension konstituiert, innerhalb derer die Entwicklung der galaktisch-personalen Wesen bis zur Demiurgie, und zwar in Integration hin zum Göttlichen, möglich ist, also eine Entfaltung zur höchsten und freiesten Kreativität denkbar wird.

Hinduismus und Buddhismus aber, die stets als eminent kosmische Weltreligionen unserer Menschheit lange vor der Entstehung des Christentums zu verstehen sind, werden voraussichtlich in der sogenannten »Avatarlehre« bzw. in der Lehre von den herabsteigenden Bodhisattvas ihre Ausgangspunkte finden.

Unter dem Begriff »avatara« wird im Hinduismus das »Herableuchten«, vor allem aber das »Herabsteigen« Gottes aus den göttlichen Bereichen der Freiheit in die Welt der Zeit und des Raumes, in die »Mahamaya«, verstanden, wobei sich allerdings die göttliche Natur keineswegs substantiell verändert. Und da der herabsteigende avatara in keiner Weise den Gesetzen der Mayawelt verfällt, unterwirft er sich also nicht – wie etwa Christus nach dem Glauben der Christenheit – einer Fleischwerdung. Daher inkarniert er sich auch nicht in der Menschheit. Der Hinduismus kennt viele Avatare, die sich voneinander durch die verschiedene Fülle ihrer Göttlichkeit unterscheiden. Einer der bedeutendsten Avatare, vielleicht der größte überhaupt, ist nach dem Glauben des Hinduismus Krishna, der nicht nur selbst ein Avatar ist, sondern der zugleich auch als Avatarin, d. h. als der Aussender aller Avatare verstanden wird (vgl. Walther Eidlitz, »Der Glaube und die Heiligen Schriften der Inder«, 1957, S. 284).

Unter den Bodhisattvas versteht man nun im Buddhismus nicht nur jene Menschen, welche bewußt danach streben, den Weg der Buddhaschaft zu verwirklichen, sondern auch jene, die mitfühlend das Leid der Samsara, trotz ihres hohen Wissens aus Mitleid (karuna) und aus Liebe ihr eigenes, bereits gefundenes Reich seliger Herrlichkeit verlassen, um sich erneut unter den Menschen zu verkörpern, dadurch für die Erlösung aller Wesen weiter wirkend (vgl. Edward Conze, »Der Buddhismus. Wesen und Entwicklung«, 1953, u. Walter Korwath, »Buddhismus für das Abendland«, 1971, S. 334).

So könnte es sich nun erweisen, daß die herabsteigenden Avataras und Bodhisattvas, vor allem aber die Idee eines galaktischen Christus – nämlich eines Christus, der sich in allen planetoiden Sozietäten aller Galaxien unter welchem Namen und in welcher Art auch immer offenbart –, etwas wie einen einzigen Erleuchtungskegel darstellen, der seine Spitze im Göttlichen selbst besitzt.

Aber vergessen wir andererseits keinen einzigen Augenblick, daß dieses einzigartige Inkarnationsspektrum, wird es universal verstanden und nicht auf unsere Menschheit allein bezogen, eine auch universale Resonanz findet.

Von diesem Aspekt sind auch die Worte des indischen Kulturphilosophen Sarvapalli Radhakrishnan zu verstehen: »Das Ziel des Universums ist nach den Upanishaden, Wesen hervorzubringen, deren Gemüt (manas) und Verstand (vijñàna) zu einer geistigen Vollkommenheit (ananda) führen sollen. Wenn das Königreich des Geistes errichtet ist – brahma loka wird es genannt –, dann ist der Triumph und die Erfüllung der Entwicklung des Kosmos erreicht. Die Verheißung dieses Königreiches Gottes ist uns in den Gott-Menschen Buddha, Zoroaster, Sokrates und Jesus gegeben.« (Zit. n. »Erneuerung des Glaubens aus dem Geist«, 1959, S. 73.)

Doch diese Verheißung ist real, auch in Äonen, das gesamte Universum erfassend, zu verwirklichen. Und in diesem Sinne sind die Demiurgen als die »Verwirklicher«, als die »Vollender« der »Verheißer« zu verstehen. In diesem Sinne setzen die Demiurgen geradezu geist-organisch die Linie der Verheißer, der Gott-Menschen Buddha, Zoroaster, Sokrates und Jesus wie aber auch Krishna fort.

In dieser Perspektive setzen sie vom Standpunkt des Christentums, das von einem neuen, von einem »Kosmischen Evangelium« aus bestimmt werden wird, die Erlösung durch Christus, durch den kosmischen Christus, durch die folgenden Zeiten fort, um die Erlösung Christi zu einer Erlösung des gesamten kosmischen Seins und Lebens werden lassend, um sich eben dadurch als die »Söhne Gottes«, als die »Söhne Christi« zu offenbaren. Als jene Söhne des Christus, die in allen planetoiden Sozietäten aller Galaxien dieses Universums wirken. Und nur diese kosmische Perspektivdimension entspricht der eines kosmischen Christus.

So bringt das Universum Wesen hervor, die tatsächlich das Königreich des Geistes – brahma loka – verwirklichen. Dieses Ziel aber kann nur durch die Demiurgen, durch die geist-revolutionäre Transformierung des galaktisch-universalen Seins verwirklicht werden.

So sind es eben diese Demiurgen, welche die Upanishaden auch meinen, und sie sind es auch, welche das letzte Ziel des Universums, nämlich seine Vergeistigung, durch die Transformierung hin zu einem neuen Sein verwirklichen könnten.

Und es sind gerade die galaktischen Perspektiven, die sich in diesem Sinne einer einzigartigen künftigen Kreativentfaltung aller nur vorstellbaren planetoiden Sozietäten aller Galaxien entgegen öffnen. *Und von diesen Perspektiven aus sind daher die Inkarnationen des Göttlichen, und zwar ebenfalls in universalen und galaktischen Dimensionen gesehen, als eine Art »Aufbruch«, als eine Art »Auferweckung« zu einer Demiurgwerdung zu verstehen.*

Sind aber diese Einstrahlungen und Verkörperungen des höchsten Geistes, des Göttlichen, in den verschiedenen planetoiden Sozietäten Realität – sei es, daß sie schon stattgefunden haben oder noch stattfinden werden –, so stellen dann die aus den planetoiden Sozietäten der Galaxien erstandenen Demiurgen die entscheidende Antwort auf den »Aufbruch«, auf die »Erweckung«, auf die universale Inkarnationsrhythmik dar.

Eine Antwort, welche geradezu überwältigend die Kreativität der dem galaktischen Sein eingeschlossenen personalen Wesen enthüllt.

Diese Demiurgen flüchten allerdings weder aus der »samsara«, aus dem stets Leiden bringenden Kreislauf der Welt, noch unterwerfen sie sich ihr oder tangieren sie nur wie die Bodhisattvas, sondern sie zerschlagen gleichsam dieses Rad der Welt, indem sie es gleichsam in ein geistiges Sonnenrad transformieren. Eine Transformation, durch die sie ihr eigentliches, ihr weltschöpferisches, ihr zutiefst göttliches Wesen befreien, offenbaren und demonstrieren.

Statt dem »Entsprung« aus dem Rad der Wiederkehr werden die Demiurgen durch ihre eminente kreative Poesie ein neues Universum schaffen, das wieder in sich aus unzählbar vielen Universen und Schöpfungsbereichen besteht. Es sind dies kreative Gestaltungen besonderer Art. Sie unterscheiden sich von den Aspekten des Göttlichen dadurch, daß sie gleichsam nicht von »oben«, nicht aus der Fülle des Geistes, nicht aus einem »pleroma«, wie das griechische Wort dafür lautet, nicht aus einem »Super-Universum«, das die Gnostiker aus Princeton annehmen, auch nicht aus einem Logos, aus einem Wort, aus einem Sinn ausgegangen sind.

Vielmehr sind die Demiurgen durch das Tragische, durch das Sinnlose, durch das Katastrophale hindurchgegangen, nicht nur um es zu bewältigen und aufzulösen, sondern um eben dadurch den einzigartigen und mit nichts anderem zu vergleichenden Charakter einer weltenschöpferischen Energie, einer eminenten Poesie, zu verwirklichen, der von einer besonderen ideoplastischen Intensität bestimmt werden könnte.

Existiert aber, wie viele meinen, das Göttliche, in welcher Art und Form auch immer, nicht, so schafft sich dieses Göttliche in diesem katastrophalen Universum überhaupt erstmals selbst, indem es zur Existenzbildung von Demiurgen und dadurch zu einer Demiurgie, zu einer revolutionären Aktion vordringt, die ein neues, ein herrlicheres Universum und Sein schaffen wird.

So begegnen sich die beiden einander ausschließenden Weltanschauungen unserer Zeit, nämlich die geistig-religiöse einerseits und die atheistische andererseits, in dem gleichen Perspektivpunkt einer Demiurgie, welche die größte Idee des Universums, seine Transformation, verwirklicht.

12.
Die Summe:
Manifest einer »Galaktischen Philosophie«

Das ist die ungeheuerlichste und radikalste Revolutionsphilosophie, die vielleicht jemals in diesem Sonnensystem proklamiert wird! In ihrer Konzeption und Dimensionsperspektivität überhöht sie jede andere Revolutionsideologie, weil sie die Verwandlung des galaktischen und zuletzt des universalen Seins hin zu anderen Wirklichkeiten, ja die Neuschöpfung der Wirklichkeit selbst fordert.

Diese Zielsetzung der »Galaktischen Philosophie«, die in der tiefsten und reinsten Sehnsucht jedes Menschen, in jedem seiner vorwärtsdringenden Denkakte, in seiner Intuition und Visionskraft wie in dem Spiel jedes Kindes gründet, billigt der Kreativität des Menschen eine Bedeutung und Erlösungseffizienz zu, die unvergleichlich ist. Ebenso aber ist diese Kreativität, in welcher Art und Form auch immer, allen anderen galaktisch-personalen Wesen eigen, liegt doch – wie angenommen wird – dem gesamten Universum ein einziges »kreativ galaktisches Feldereignis« zugrunde, in dem sie alle verwurzelt sind.

Diese eminente Radikalität, diese geist-revolutionäre Energie ohnegleichen wird durch die Radikalität des Tragischen und Sinnlosen wie Katastrophalen, das diesem Kosmos real präsent ist, provoziert. Mit diesem negativen, diesem medusenhaften Bestand des Seins – das Christentum bezeichnet ihn als Sünde, der Buddhismus als Leid – wird in der »Galaktischen Philosophie« kein Kompromiß geschlossen. Gegen diesen erbärmlichen Zustand, der die Kraft, Herrlichkeit und Würde des menschlichen Geistes und des Geistes auch der anderen planetoiden Sozietäten beleidigt und herausfordert, wird ein gnadenloser Kampf aufgenommen.

Mit anderen Worten: Der metaphysische wie ontologische Skandal, der in unserer galaktischen Wirklichkeit einsichtbar wird, aber auch das Negative in uns selbst, all das, was in uns jenseits der Liebe, der Freiheit und des Schöpferischen, des fröhlichen und hoffnungsvollen Geistes liegt, wird »total gestellt« und durch die Bewußtwerdung einer Revolution überwunden, die nicht nur den Menschen und die Gesellschaft, sondern erstmals auch das kosmische Sein selbst bis in seine letzten Wurzeln hinein ergreift.

So verstanden ist also die »Galaktische Philosophie« im wahrsten Sinne des Wortes auch die »Weltphilosophie der Zukunft«, die nicht nur in Äonen denkt, sondern auch in Äonen praktisch wirkt, weil sie zu einer eminenten Bewußt- und Gestaltwerdung der kreativen Potenzen auffordert, die durch nichts mehr zu übertreffen ist.

Es ist eine Philosophie, welche in den Demiurgen die höchsten geistigen Eliten aller galaktischer Sozietäten erkennt. Das trifft selbstverständlich auch auf unsere Menschheit zu, die ihren künftigen Schwerpunkt in ihren Demiurgen besitzen wird. Also in jenen Menschen, in denen die Geistnatur ihre kreativste, ihre weltenschöpferische Offenbarung gefunden hat. In diesem Sinne ist die »Galaktische Philosophie« als eine »Demiurgische Philosophie« und zugleich auch als die Kegelspitze aller bisherigen großen Philosophien unserer Menschheit, ihrer Geschichte, zu begreifen.

Die »Galaktische Philosophie« erkennt ferner den Begriff des Demiurgen auch in der Linie einer einzigartigen Weiterentfaltung des Christentums liegend. Denn: Die »Söhne Gottes«, zu denen zu werden uns das Johannesevangelium auffordert, sind eben die Demiurgen der Zukunft, die als die »galaktischen Söhne Christi« das Erlösungsmysterium von Golgatha mit zu einem Ostern für das Universum werden lassen.

So verstanden wird die »Galaktische Philosophie« auch zu jener »Frohen Kosmischen Botschaft«, die nicht einer Menschheit, nicht einer einzigen planetoiden Sozietät allein, sondern die allen planetoiden Sozietäten in die sich weit öffnenden Zeiten hinein verkündet wird. So gesehen aber zielt die »Frohe Kosmische Botschaft« zuletzt einem »Evangelium Aeternum«, einem Ewigen Evangelium, einem neuen Seinszustand entgegen, bereitet es zumindest vor. In diesem Sinne verkündet es auch die endliche Realwerdung eines Reiches des Kreativen, eines Reiches schöpferischen Geistes, eines Reiches der Herrlichkeit der gestaltenden Phantasie und Poesie ohnegleichen.

Und eben dahin zielt zuletzt die »Galaktische Philosophie«, die eine Transformation der Wirklichkeit fordert, wobei die entscheidenden Verwandlungsfaktoren in dem »geist-kreativen Potenzfeld« unseres Universums liegen, also in den unzählbar vielen planetoiden Sozietäten und Demiurgen.

So gesehen tangiert die »Galaktische Philosophie« nicht nur die vornehmsten und letzten Perspektivdimensionen der Christenheit, sondern führt sie in Integration hin zu allen anderen sogenannten »Weltreligionen« unserer Menschheit wie aber auch in Integration zu den möglichen kosmischen Religionen der anderen planetoiden Sozietäten, die wir annehmen dürfen, zu einer Bedeutung und Würde des Kreativen in allen galaktisch-personalen Wesen.

Denn das Schauen des »Antlitzes Gottes«, wie es die Mystik vieler Religionen und viele Geheimlehren als höchstes Ziel nahelegen, bedingt auch ein Schauen der kreativen Potenzen des Göttlichen im Menschen bzw. in den verschiedenen galaktisch-personalen Wesen.

Dieser eminenten Kreativität, die den Kern jedes galaktisch-personalen Wesens charakterisiert, ist aber auch der Atheismus verbunden, demonstriert sich doch gerade in eben dieser Kreativität die höchste überhaupt nur vorstellbare Entfaltungsmöglichkeit der Materie.

Zugleich aber ist es nicht nur die radikalste Revolutionslehre, die durch die »Galaktische Philosophie« erstmals proklamiert wird, sondern mehr noch, mit dieser Philosophie, mit diesem ersten und unvollkommenen Entwurf, beginnt dennoch etwas grundsätzlich Neues und bisher noch Nie-Dagewesenes in der Geschichte unserer Menschheit: Mit der »Galaktischen Philosophie«, die einem neuen kosmischen, einem galaktischen Weltbild entspricht, wird nämlich nicht nur jene »Galaktische Wende« eröffnet, die anstelle der »Kopernikanischen Wende« tritt, sondern die »Galaktische Philosophie« wird auch zu einer eminent tief in die Zukunft eingreifenden Weltrevolution, zu dem »Ereignis« an sich.

Und hier wird der Begriff »Weltrevolution« nicht in begrenzter Dimension, ausschließlich konzentriert auf die Veränderung der Sozietät eines winzigen Planeten unter »n« vielen in unserer Galaxis, eingesetzt, sondern hier wird Weltrevolution in ihrer absoluten und totalen geist-kreativen Erlösungsmacht wirklich und tatsächlich als die Revolution der Welt, d. h. des galaktischen und kosmischen Seins, des Universums zuletzt, nicht nur verstanden, sondern auch praktisch angezielt, und zwar in allen nur vorstellbaren und auch unvorstellbaren Konsequenzen.

So führt also die »Galaktische Philosophie« zu einer Weltrevolution des Kreativen an sich.

Die »Galaktische Philosophie« lehrt ferner, und zwar erstmals, in gewaltigen, kosmisch bio-energetischen und geistkreativen Feldern zu denken. Sie lehrt uns, daß selbst im Falle der Selbstvernichtung unserer Menschheit die Bewegung, die demiurgisch-revolutionäre Aktion hin zur Transformation des galaktischen Seins, hin zur Machtwerdung des kreativen Geistes von anderen planetoiden Sozietäten verwirklicht werden wird, weil dieses Ziel ausnahmslos allen hoch entwickelten planetoiden Sozietäten immanent ist.

So enthüllt sich die »Galaktische Philosophie« auch als jener »große und lange Marsch durch die Äonen«, der hin zur Schöpfung neuer Wirklichkeiten und neuer Wesen führt. Als jener Weg, der unsererm modernen Empfinden und Denken entspricht und der zugleich die Synthese zwischen den tiefsten Visions- und Glaubenswelten der Religionen einerseits und den hellsten Erkenntnissen der Vernunft, der Revolution der Wissenschaften, bildet.

So bricht also die »Galaktische Philosophie« am Beginn des dritten christlichen Jahrtausends auf, um mit einer geistigen Leidenschaft besonderer Art eine galaktisch-demiurgische Weltrevolution zu verkünden, die sich in dem Offenbarwerden einer neuen »Weltschöpfungspoesie« vollendet. Es ist jedoch zugleich auch eine Weltrevolution, die sehr real, vor allem auch sehr wissenschaftlich, tief in die Zukunft hinein zu denken, zu planen und zu verwirklichen sein wird.

Personenregister

Sachregister